孙开元　张丽杰　主编

常见机构设计

及应用图例

The Second Edition

第二版

U0213494

CHANGJIAN JIGOU
SHEJI JI YINGYONG TULI

化学工业出版社

·北京·

本书精选了约 380 个机构实例，囊括了平面连杆机构、凸轮机构、齿轮机构、轮系、间歇运动机构、螺旋机构、挠性传动机构、组合机构、特殊机构以及创新机构等全部的机构类型，采用运动简图、轴测简图、装配图、构造图、轴测构造图等各种机构图例，全面阐述了机构的工作原理、结构特点、运动特性以及选用要点。工程实例翔实，图例直观形象，文字简洁明了，方便读者查阅。

本书既可作为简明机械设计指南，供机械设计人员及相关技术人员学习、查阅和参考，还可作为《机械设计》的配套教材，满足高等院校机械设计课程和机械设计基础课程的教学要求。

图书在版编目（CIP）数据

常见机构设计及应用图例/孙开元，张丽杰主编 . —2
版. —北京：化学工业出版社，2013.4（2023.1重印）
ISBN 978-7-122-16617-3

Ⅰ.①常⋯　Ⅱ.①孙⋯②张⋯　Ⅲ.①机械设计-图解 Ⅳ.
①TH122-64

中国版本图书馆 CIP 数据核字（2013）第 039174 号

责任编辑：张兴辉　　　　　　　　　　　文字编辑：张绪瑞
责任校对：吴　静　　　　　　　　　　　装帧设计：王晓宇

出版发行：化学工业出版社（北京市东城区青年湖南街 13 号　邮政编码 100011）
印　　装：北京捷迅佳彩印刷有限公司
787mm×1092mm　1/16　印张 13　字数 308 千字　2023 年 1 月北京第 2 版第 19 次印刷

购书咨询：010-64518888　　　　　　　售后服务：010-64518899
网　　址：http://www.cip.com.cn

定　　价：48.00 元　　　　　　　　　　　　　　　　版权所有　违者必究

第二版前言

本书是参考读者建议、考虑读者需求，在第一版基础上修订而成的。本书延续了第一版的特点，依托大量翔实的工程实例，以图作架，以文为结，尽力阐明机构实例的工作原理与选用要点，相信能为读者在机构设计和开发中提供一定的帮助。

本书精选机构实例增至约 380 个，体系和章节顺序与第一版基本相同，共分十一章，内容主要包括：绪论、平面连杆机构、凸轮机构、齿轮机构、轮系、间歇运动机构、螺旋机构、挠性传动机构、组合机构、特殊机构以及创新机构等。

与第一版相比，本次修订在内容上作了更新和完善，不仅增加了图解法和解析法在机构运动分析中的应用，还增加了 80 多个机构实例，这些工程实例均为轴测构造图，图示的机构更富立体感，更加直观，便于读者查阅。

本书的主要特点如下：

（1）工程实例实用性强

所选机构典型全面，既有经典机械机构，又有创新机械机构；既有单一机构，又有组合机构；既有对机构实例的剖析，又有对创新机构的介绍，全方位地为读者展示各种工程实例。

（2）机构图例形象易懂

所选机构图例既包括简单明了的运动简图和轴测简图，又包括装配关系清楚的装配图、构造图和轴测构造图，力求通过这些直观形象的图例给读者以帮助。

（3）说明文字简明扼要

机构的设计原则与运动分析简明扼要，工程实例的工作原理、结构特点和设计选用要点说明脉络清晰，方便读者浏览。

本书由孙开元、张丽杰主编，李改灵、柴树峰、郝振洁、骆素君、田广才任副主编，参加编写的还有冯晓梅、冯仁余、李若蕾、王文照、孙爱丽、白丽娜、李立华、刘洁、石红霞、刘宁、王敏、徐来春、李玉兰、刘文开、王开勇、匡小平、张文斌、魏耀聪。全书由于战果主审。

编者殷切希望广大读者在使用过程中，对本书的不足和欠妥之处提出批评。

编者

目 录
CONTENTS

绪论

　　机器的主体部分是由若干机构组成的，一部机器可包含一个或若干机构，因此机构是研究机器的核心。在科学技术飞速发展的今天，机构设计的技术领域不断发展，各门学科交叉不断加剧，机构的门类变得越来越多，机构的种类和形式已经从传统机构基础上迅速地拓展和延伸。现代机构除了纯机械式的传统机构，如连杆机构、凸轮机构、齿轮机构、轮系、间歇运动机构、螺旋机构、挠性传动机构、组合机构外，还包括液动机构、气动机构、光电机构、电磁机构、微动机构、信息机构等广义机构。不同的机构可以实现不同的运动，也可以实现相同的运动，同一机构经过巧妙地改造能够获得和原来不同的运动或动力特性。一个机械产品的工艺动作有时只需要一个很简单的机构就可以实现，有时需要一些复杂的机构，甚至需要多个机构共同协调运动才能实现。

　　为了满足设计者和生产实践的需要，本书收集大量常用机构图例，并对其构成及原理进行详尽说明。

1.1　机构要素

　　机器是执行机械运动的装置，用以变换或传递能量、物料和信息。其中有一个构件为机架的、用构件间能够相对运动的连接方式组成的构件系统称为机构。机构要素包括构件和运动副。

1.1.1　构件

　　组成机构的运动单元体称为构件，构件可以是一个零件，也可以是若干零件连接在一起的刚性结构。如图 1-1 所示，该连杆构件是由连杆体 1、螺栓 2、螺母 3 和连杆盖 4 等零件构成的。

　　零件是制造的单元，机械中的零件可以分为两类：一类称为通用零件，它在各种机械中都能遇到，如齿轮、螺钉、轴、弹簧等；另一类称为专用零件，它只出现于某些机械中，如内燃机的活塞，汽轮机的叶片等。

　　图 1-2 是最常用的曲柄摇杆机构，该机构中的构件可分为三类。

　　（1）固定构件（机架 AD）

　　用来支撑活动构件（运动构件）的构件。研究机构中活动构件的运动时，常以固定构件作为参考坐标系。

　　（2）原动件（主动件 AB）

　　运动规律已知的活动构件。它的运动是由外界输入的，故又称为输入构件。

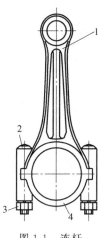

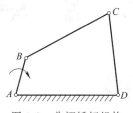

图 1-1　连杆

1—连杆体；2—螺栓；

3—螺母；4—连杆盖

图 1-2　曲柄摇杆机构

（3）从动件（连杆 BC 和摇杆 CD）

机构中随原动件运动而运动的其余活动构件。其中输出预期运动的从动件称为输出构件，其他从动件则起传递运动的作用。

1.1.2　运动副

机构是由许多构件组成的，机构的每一个构件都以一定的方式与某些构件相互连接。这种连接不是固定连接，而是能产生一定相对运动的连接。这种使两构件直接接触并能产生一定相对运动的连接称为运动副。

两构件组成的运动副，不外乎通过点、线或面的接触来实现。按照两构件的接触情况，通常把运动副分为低副和高副两类。

（1）低副

两构件通过面接触组成的运动副称为低副。平面机构中的低副有转动副和移动副两种。

① 转动副：若组成运动副的两构件只能在一个平面内相对转动，这种运动副称为转动副或称铰链，如图 1-3 所示。

② 移动副：若组成运动副的两构件只能沿某一轴线相对移动，这种运动副称为移动副，如图 1-4 所示。

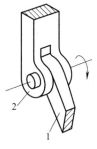

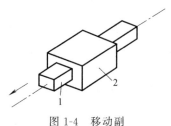

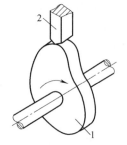

图 1-3　转动副

1,2—构件

图 1-4　移动副

1,2—构件

图 1-5　高副

1,2—构件

（2）高副

两构件通过点或线接触组成的运动副称为高副，如图 1-5 所示。

按一对运动副元素保持接触（闭合）的方法分几何闭合和加力闭合两类。几何闭合即一对运动副元素的几何形状形成包容与被包容状态；加力闭合即利用重力、弹簧力等保证一对运动副元素保持接触。

1.2　机构图示方法

在工程实践中，要说明机器的工作原理、运动、构造以及制造和使用、维修等问题，最清晰、明确、简洁的"语言"即是工程图样。表示机械运动和工作原理的图形通常有机构运动简图、机构装配图、机构构造图、机构轴测构造示意图、机构轴测简图五种。

1.2.1　机构运动简图

机构的运动仅决定于运动副的类型和位置，而与构件的形状无关，因而描述机构运动原理的图形，可以用表征运动副类型（运动副元素形状）和位置的简单符号以及代表构件的简单线条来画出。如果要准确地反映机构运动空间的大小或要用几何作图法求解机构的运动参数，则运动副的位置要与实际机构中的位置相同或成比例关系，这样画出的简图称为机构运动简图。

（1）运动副、构件简图的表示方法

常用运动副、构件的表示法见表 1-1。

表 1-1　常用运动副、构件的表示法

	两运动构件所形成的运动副	两构件之一为机架时所形成的运动副
转动副	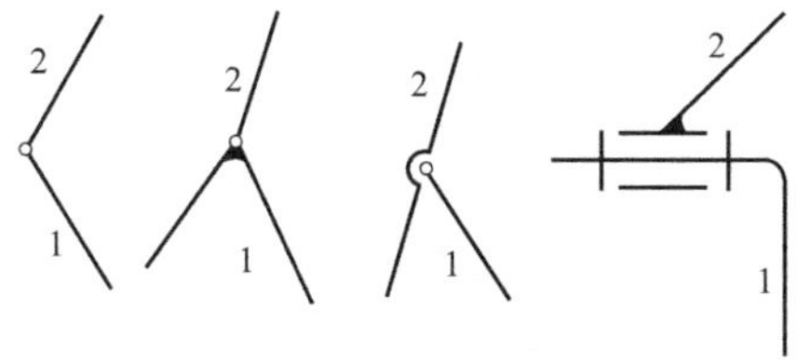	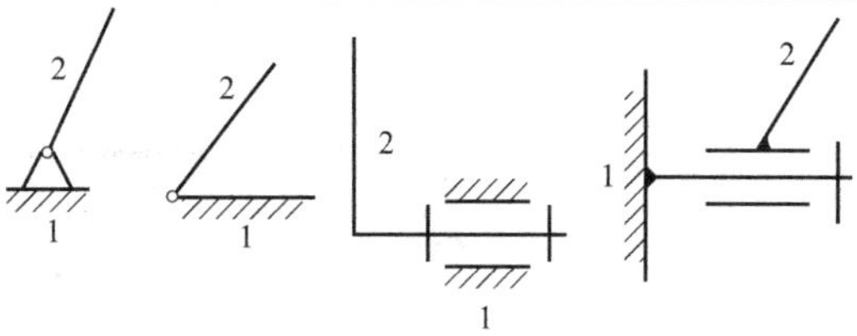
移动副	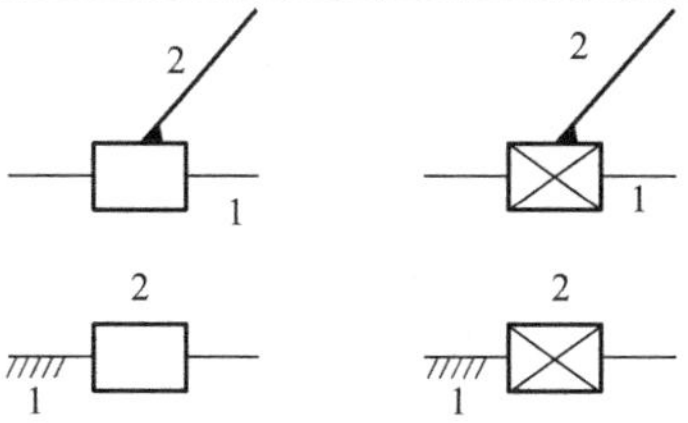	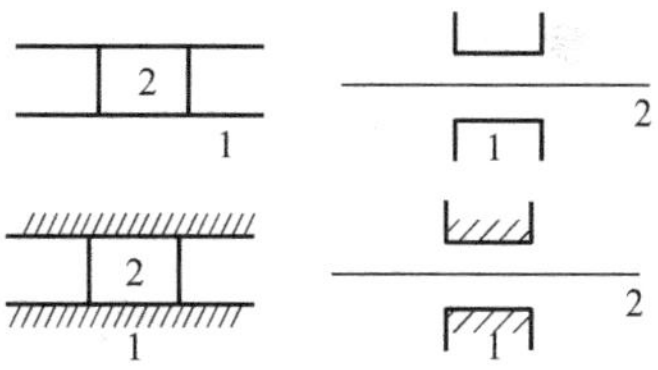
齿轮	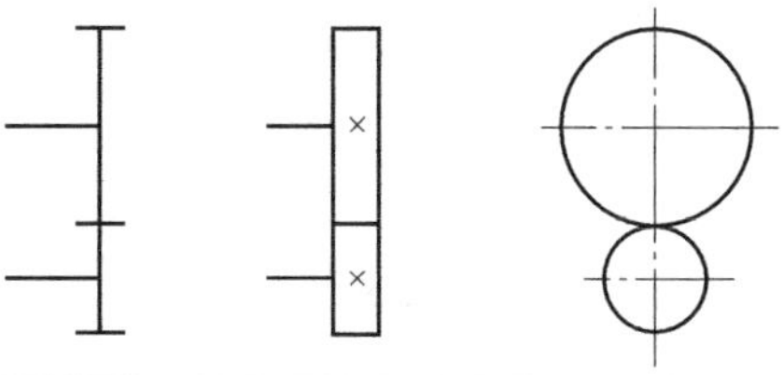	
凸轮	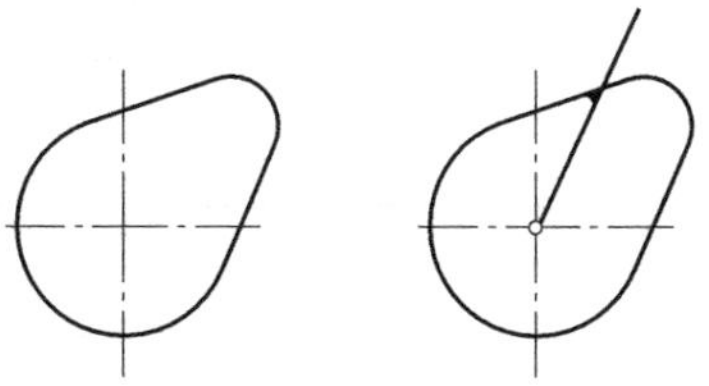	凸轮从动件的符号 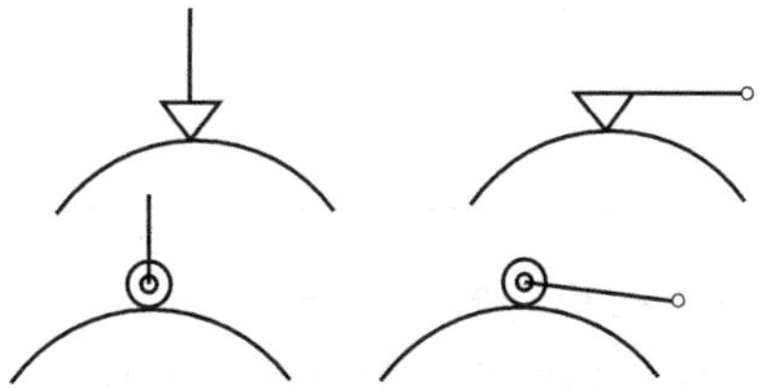

常见机构设计及应用图例

	双副元素构件	三副元素构件	多副元素构件

圆柱副

螺旋副

球销副

空间球面副

空间线高副

空间点高副

构件

（2）机构简图的表示方法

常用机构的简图符号见表1-2。

表 1-2　常用机构的简图符号

名　称	简 图 符 号		
	盘状凸轮		移动凸轮
平面凸轮机构			
	外啮合		内啮合
圆柱齿轮机构			
非圆齿轮机构			
圆锥齿轮机构			
交错轴斜齿轮机构			
蜗杆蜗轮机构			
齿轮齿条机构			

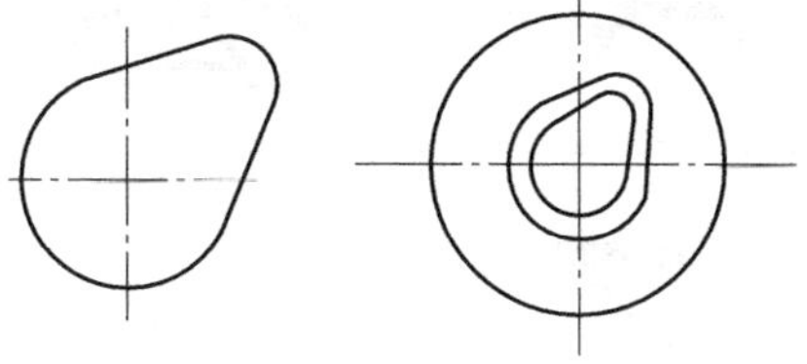

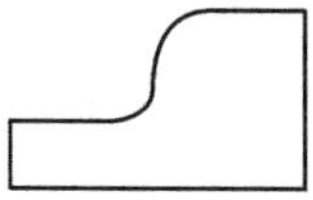

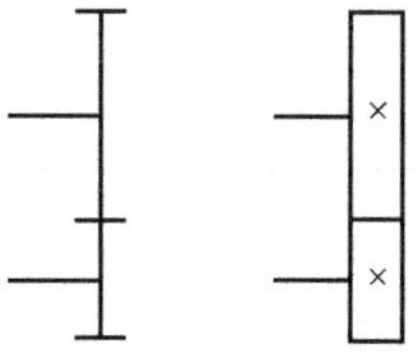

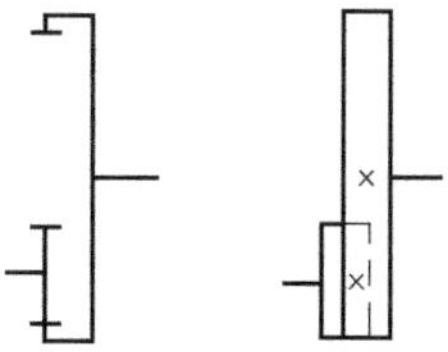

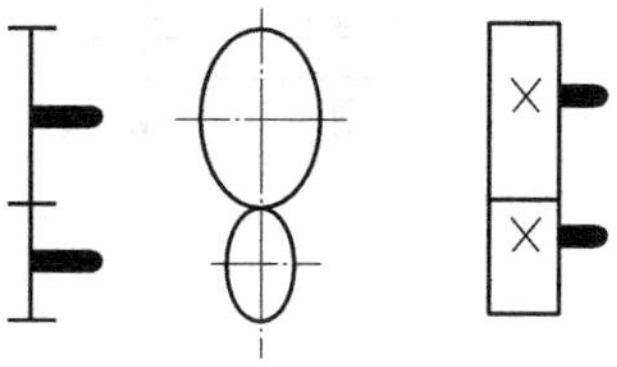

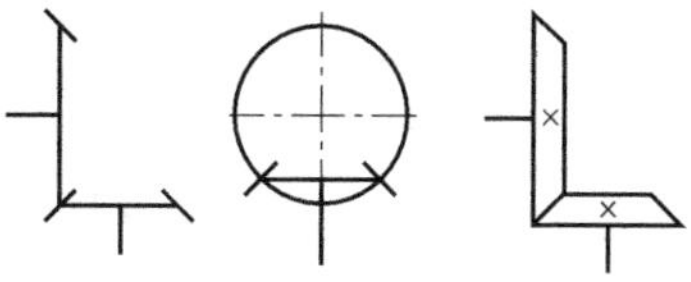

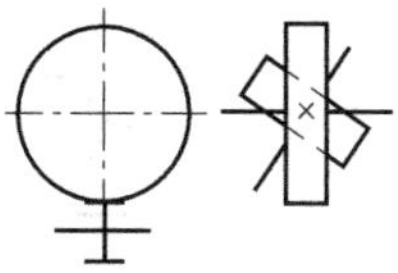

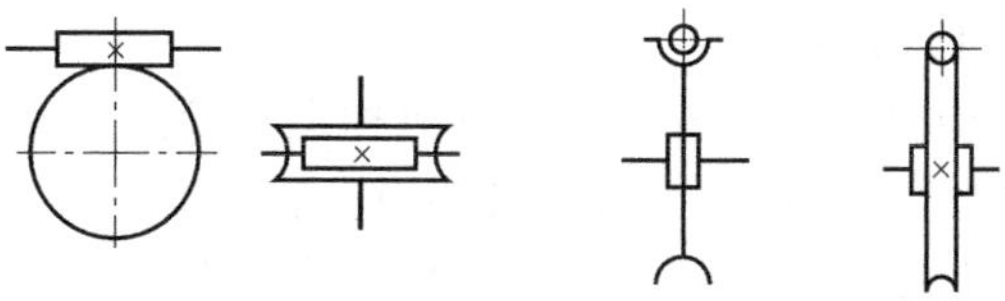

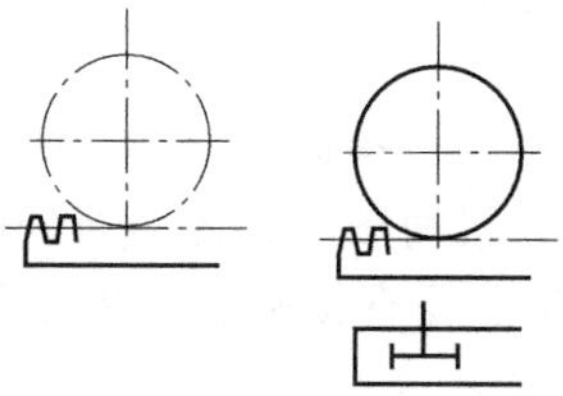

（左侧第二至末行合并跨列：齿轮机构）

常见机构设计及应用图例

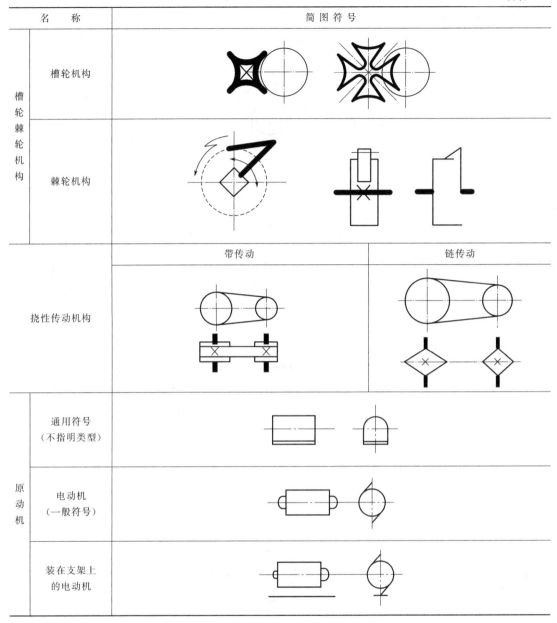

名　　称	简 图 符 号
槽轮棘轮机构 — 槽轮机构	
棘轮机构	
挠性传动机构	带传动 ／ 链传动
原动机 — 通用符号（不指明类型）	
电动机（一般符号）	
装在支架上的电动机	

（3）机构简图的作用

设计工作机构时，首先就是要绘制机构运动简图，其主要作用有以下几个方面。

① 表达机构设计的目标　设计机器时，首先是要确定采用怎样的运动方式来实现机器的功能，接着是要选择或创造合适的机构来实现要求的运动，最后，是确定机构与运动有关的尺寸，以较好地实现要求的运动规律，使机构有良好的工作特性。这一工作的结果，是以机构的运动简图来表达的。

如图1-6为小型压力机的机构运动简图。图1-7为颚式破碎机压碎机构运动简图。

图1-8为精密蜗轮滚齿机简图。其传动部分由变速、进给、滚削三部分组成。在传动系统中，齿轮A与齿轮B在空间直接啮合，由于简图为平面图，所以分开画出，以求清晰，但应用括号表明其啮合关系。

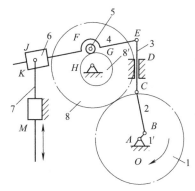

图 1-6　小型压力机机构运动简图

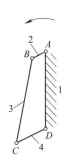

图 1-7　颚式破碎机压碎机构运动简图

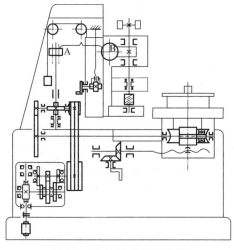

图 1-8　机构运动简图示例

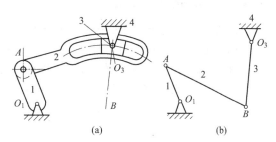

图 1-9　转动副 B 尺寸变化的简图差异

② 作为构造设计的依据　对机器的运动部分作具体的零部件构造设计时，首先应保证其运动特性不变。因此，构造设计是在已确定的机构运动简图的基础上进行的。图 1-9(a) 中构件 2 的导槽呈圆弧状，则可绘制成图 1-9(b) 所示的机构。也可以说图 1-9(a) 即是依据图 1-9(b) 所示的机构运动简图，按空间尺寸限制条件作构造设计时采用的变通办法。

③ 作为运动分析的"模型"　机构运动简图上仅保留了与运动有关的要素，如转动副的中心是相连两构件的同速点，移动副的导轨方位是相连两构件相对运动的方位，等等，必须通过这些点去求出构件的运动参数。所以运动简图可使问题突出，分析路线醒目明了。

机构运动简图在力作用相当的情况下才可以同时作为力分析的模型，如图 1-10 所示两机构，从运动观点看是完全相同的，而从移动件移动副中的受力情况看，却是有所不同。所以要作为受力分析的模型，应根据具体构造，从力传递过程中构件接触情况变化的角度来进行简化。如图 1-10 中所示若已是力分析的模型，则可知，图 1-10(a) 的滑块上有倾侧力矩作用，而图 1-10(b) 则没有。一般来说，运动简图只是进行运动分析的"模型"。

④ 在技术文件中用来说明机器的运动功能　因为它能简洁、直观、明了地表示出机器中各构件间的相互运动关系，文字叙述或语言叙述均无法替代。

⑤ 用作机器"专利"性质的判别　当对发明作专利审查时，要确定该发明是否为机构发明，首先就得从机构运动简图上进行判别。如图 1-11 所示是压缩机与泵机构对照，图 1-11(a) 是一泵机构，图 1-11(b) 是一压缩机专利，它们的机构运动简图相同，如图 1-11(c) 所示，因而压缩机专利不是机构的发明，最多是一种实用新型构造的专利。

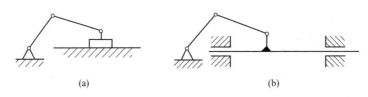

图 1-10　运动模型与力模型

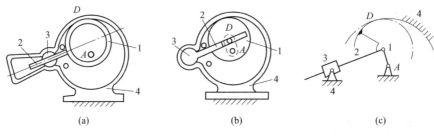

图 1-11　机构对照

1.2.2　机构装配图

机构装配图是指表达机构的结构形状、装配关系、工作原理和技术要求等的图样。

如图 1-12 是夹具机构装配图，工件 8 在钻模上以内孔端面及键槽与定位法兰盘 3 和定位块 10 相接触定位。当转动螺母 5 时，螺杆 9 将向右移动拉动开口垫圈 1 将工件 8 夹紧。当松开螺母 5 时，螺杆 9 在弹簧 4 的作用下左移，开口垫圈 1 松开，绕螺钉 7 转动开口垫圈即可取下工件 8。钻套 2 用来确定钻孔的位置并引导钻头，它被固定在夹具本体 6 上的钻模板上。

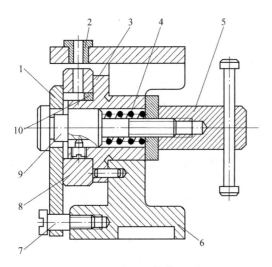

图 1-12　夹具机构装配图
1—开口垫圈；2—钻套；3—定位法兰盘；4—弹簧；
5—螺母；6—夹具本体；7—螺钉；8—工件；
9—螺杆；10—定位块

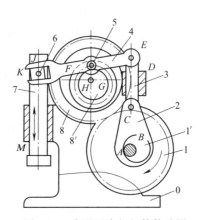

图 1-13　小型压力机机构构造图

1.2.3　机构构造图

机构构造图实际上就是按照《机械制图》标准，用平行投影的方法得到的含有机构部分的装配图，或将与运动无关的部分形状作了删减的装配图。

如图 1-13 为小型压力机的机构构造图，主动件是以 B 为圆心的偏心轮，绕轴心 A 回转。输出构件是压头 7，作上下往复移动。机构中偏心轮 $1'$ 和齿轮 1 固连一体；齿轮 8 和以 G 为圆心的偏心圆槽凸轮 $8'$ 固连一体绕 H 轴转动；以 F 为圆心的圆滚子与杆 4 组成销、孔活动配合的连接，滚子在凸轮槽中运动。

1.2.4　机构轴测构造示意图

按照《机械制图》的标准，用三维轴测投影方法画出的构造（装配）图，通常称为"立体图"。这类图形就是机构轴测构造示意图，它比较直观、形象地描绘机构的真实形象。特别对于空间机构和各个平面机构在空间布置的情况，很易看清。但这类图形难于完全表达清楚其正确的尺寸关系，而且有些细节也不易表达清楚，必须以文字说明作辅助。

如图 1-14 为纸箱折边机构的轴测构造示意图。折叠臂 1 和 4 分别由垂直轴 8 上的两个凸轮驱动；折叠臂 2 和 3 则由水平轴 6 上的两个凸轮驱动。两组凸轮的转动由一对锥齿轮 7 保持同步，各折叠臂动作的顺序则由凸轮轮廓决定。当纸箱 A 输送到位后，折叠臂 1、4 挡住纸箱的左右两盖，而臂 2、3 合拢，将纸箱的上下两盖折叠。然后臂 4 将右盖折叠，最后，臂 1 将左盖折叠，且靠左盖上预涂的胶水将左右盖粘合在一起。

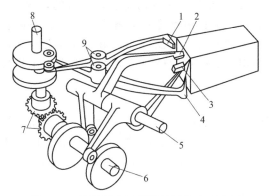

图 1-14　纸箱折边机构的轴测构造示意图

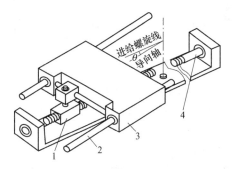

图 1-15　可变导程的螺旋送
进机构的轴测构造简图

如图 1-15 为可变导程的螺旋送进机构的轴测构造简图。若希望它在公制系统、英制系统都能应用，或使用步进电动机、旋转编码器驱动，而希望一个脉冲的移动量是可变的，则需要有效地变更螺旋导程，应用图示机构可满足这一要求。

1.2.5　机构轴测简图

机构轴测简图能更清楚地表示出机构构件或运动副所在的运动平面，其中转动副圆形符号在不同平面内的表示方法，即椭圆长短轴的方位和转动副轴线的方位最能显示机构构件的运动平面。但是，在一般位置上构件的图示尺寸并不是它的真实尺寸。这种主要用来简明地表示机构各构件间的空间位置关系和运动关系的简图就是机构轴测简图，也就是主要起到机构简图的作用。

如图 1-16 为变导程螺旋送进机构的轴测简图。

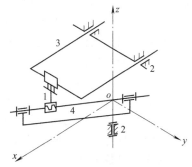

图 1-16　可变导程螺旋送
进机构的轴测简图

1.3 机构自由度计算

机构的各构件之间应具有确定的相对运动。显然，不能产生相对运动或无规则乱动的一堆构件难以用来传递运动。为了使组合起来的构件能产生运动并具有运动确定性，有必要探讨机构自由度和机构具有确定运动的条件。

1.3.1 机构的自由度

一个做平面运动的自由构件具有三个自由度。因此，平面机构的每个活动构件，在未用运动副连接之前，都有三个自由度，即沿 x 轴和 y 轴的移动以及在 xoy 平面内的转动。当两构件组成运动副后，相互间的相对运动便会受到某些限制，这些限制的程度称为相对约束度或简称为约束度，用符号 S 表示；而尚存的相对运动称为运动副自由度，用符号 F 表示。

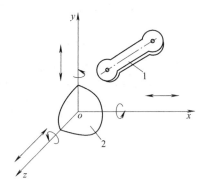

图 1-17　运动构件的自由度
1,2—构件

设有构件 1 和 2，若将构件 2 与图 1-17 所示直角坐标系相固连，则当构件 1 尚未与构件 2 组成运动副时，它在坐标系中相对构件 2 的运动完全是自由的，构件 1 相对构件 2 的每一个自由度都对应着沿某一坐标轴的移动和绕某一坐标轴的转动。设每一自由度或相对运动都是独立的，则构件 1 相对构件 2 能分别产生沿三个坐标轴的移动和绕三个坐标轴的转动，故构件 1 所具有的自由度 $F=6$。

若构件 1 和 2 组成运动副，则必然对构件间的相对运动添加了 S 个约束度，因而构件 1 或 2 所具有的自由度 $F<6$，也就是说，由运动副所引入的约束度必然是构件所丧失的自由度，即运动副的自由度应为两构件构成可动连接后一构件相对另一构件的自由度，且满足：$S+F=6$。

同理，设有两个作平面运动的构件 1 和 2，若将构件 2 与直角坐标系相固连，则当构件 1 尚未与构件 2 组成运动副时，构件 1 在平面内的运动是自由的，它具有的自由度为 $F=3$。组成运动副后，由于添加了 S 个约束度，必然使构件间的某些独立的相对运动受到限制。构件 1 的自由度 F 必将减少，即 $F<3$，但满足 $S+F=3$。

不同种类的运动副引入的约束度不同，所保留的自由度也不同。例如图 1-4 所示的移动副，约束了沿一轴方向的移动和在平面内的转动两个自由度，只保留了沿另一轴方向移动的自由度；图 1-3 所示的转动副，约束了两个移动自由度，只保留一个转动自由度；图 1-5 所示的高副则只约束沿接触处公法线方向移动的自由度，保留了绕接触处转动和沿接触处公切线方向移动两个自由度。也可以说，在平面机构中，每个低副引入两个约束，使构件失去两个自由度；每个高副引入一个约束，使构件失去一个自由度。

设某平面机构共有 K 个构件。除去固定构件，则活动构件数为 $n=K-1$。在未用运动副连接之前，这些活动构件的自由度总数为 $3n$。当用运动副将构件连接组成机构之后，机构中各构件具有的自由度随之减少。若机构中低副数为 P_L 个，高副数为 P_H 个，则运动副引入的约束总数为 $2P_L+P_H$。活动构件的自由度总数减去运动副引入的约束总数就是机构自由度 F，即计算平面机构自由度的公式为 $F=3n-2P_L-P_H$。由公式可知，机构自由度取决于活动构件的件数以及运动副的性质和个数。

1.3.2 机构具有确定运动的条件

机构的自由度也就是机构相对机架具有的独立运动的数目。由前述可知，从动件是不能独立运动的，只有原动件才能独立运动。通常每个原动件具有一个独立运动，因此，机构具有确定运动的条件是：机构中原动件的数目等于自由度数，即 $F \geqslant 0$ 且等于原动件数。

1.3.3 常见机构自由度计算实例

常见机构自由度计算实例见表 1-3。

表 1-3　常见机构自由度计算实例

名　　称	机构运动简图	构件、运动副数	自由度计算
曲柄滑块机构	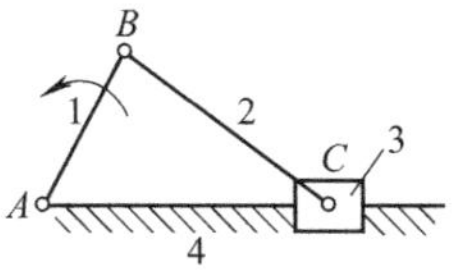	$K=4$ $n=3$ $P_L=4$ $P_H=0$	$F=3n-2P_L-P_H=3\times3-2\times4=1$
铰链五杆机构	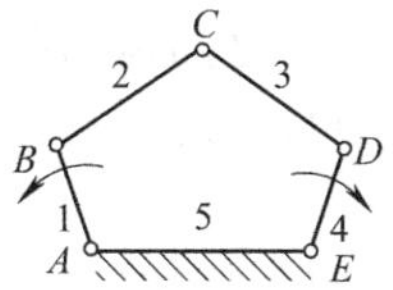	$K=5$ $n=4$ $P_L=5$ $P_H=0$	$F=3n-2P_L-P_H=3\times4-2\times5=2$
五杆运动链	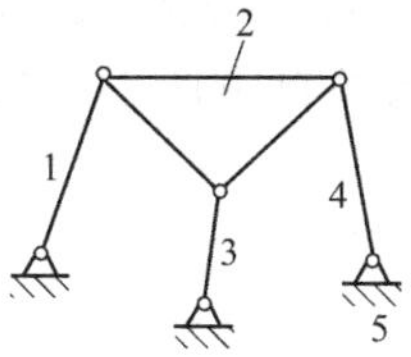	$K=5$ $n=4$ $P_L=6$ $P_H=0$	$F=3n-2P_L-P_H=3\times4-2\times6=0$
凸轮机构	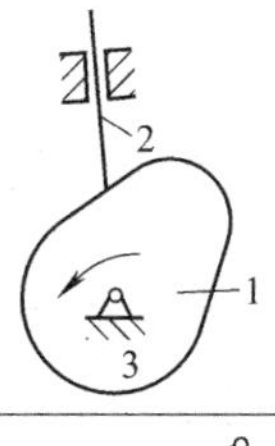	$K=3$ $n=2$ $P_L=2$ $P_H=1$	$F=3n-2P_L-P_H=3\times2-2\times2-1=1$
凸轮连杆机构	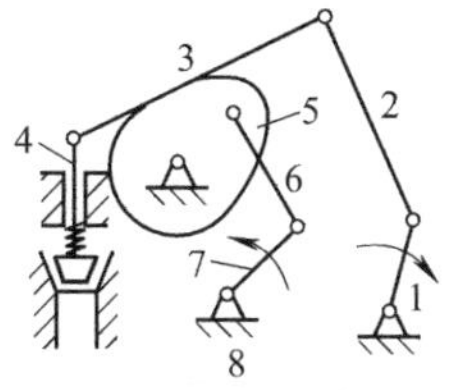	$K=8$ $n=7$ $P_L=9$ $P_H=1$	$F=3n-2P_L-P_H=3\times7-2\times9-1=2$

1.3.4 计算平面机构自由度时应注意的问题

计算平面机构自由度时，必须正确了解和处理下列几种特殊情况，否则不能准确计算出与实际情况相符的机构自由度。

（1）复合铰链

两个以上的构件同时在一处用转动副连接就构成复合铰链。

如图 1-18(a) 表示了三个构件在运动简图上 A 处组成转动副，但它应视为分别由构件 1

和 2 以及构件 1 和 3 组成的转动副，如图 1-18(b) 所示。因此在 A 处的转动副数应计为 2。因此，如果 K 个构件在同一处用转动副连接，那么该复合铰链有（K－1）个转动副。

如图 1-19 所示为振动式传送机机构运动简图，此机构中 C 处是复合铰链，该复合铰链有 2 个转动副。因此该机构的自由度 $F=3n-2P_L-P_H=3\times5-2\times7-0=1$。

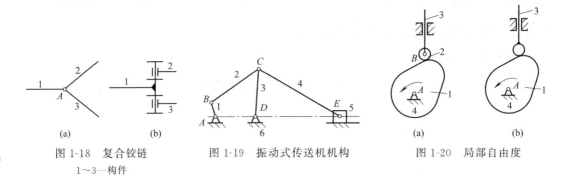

图 1-18　复合铰链　　　图 1-19　振动式传送机机构　　　图 1-20　局部自由度

1～3—构件

（2）局部自由度

在某些机构中，常常存在某些不影响输入件与输出件之间运动关系的个别构件的独立运动的自由度。通常将这种自由度称为局部自由度或多余自由度。在计算机构自由度时，应将此局部自由度除去不计。

如图 1-20(a) 所示为滚子直动从动件盘形凸轮机构，从动件 3 端部的滚子 2 绕轴线 B 的独立转动不影响输入杆 1 和输出杆 3 之间的运动关系，故该机构可以转化为图 1-20(b) 的形式，即将滚子与从动件 3 固连在一起，此时该机构的自由度 $F=3n-2P_L-P_H=3\times2-2\times2-1=1$。

机构中的局部自由度常用于以滚动摩擦代替滑动摩擦来提高机械效率以及用于减少高副运动副元素的磨损。

（3）虚约束

在运动副引入的约束中，有些约束对机构自由度的影响是重复的，对机构运动不起任何限制作用。这种重复而对机构不起限制作用的约束称为虚约束或消极约束。在计算自由度时应当除去不计。平面机构中的虚约束常出现在下列场合。

① 两构件之间组成多个导路平行的移动副时，只有一个移动副起作用，其余都是虚约束。如图 1-21(a) 所示，A、B、C 是三个导路平行的移动副，其中只有一个移动副起作用，其余两个都是虚约束。

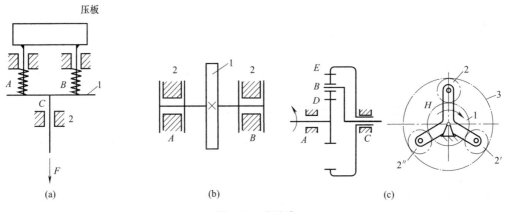

图 1-21　虚约束

② 两构件组成多个轴线重合的转动副时，只有一个转动副起作用，其余都是虚约束。如图 1-21(b) 所示，两个轴承支撑一根轴只能看作一个转动副。

③ 机构中传递运动不起独立作用的对称部分。如图 1-21(c) 所示轮系，中心轮 1 通过三个均匀分布的小齿轮 2、2′和 2″ 驱动内齿轮 3，其中有两个小齿轮对传递运动不起独立作用，但第二个和第三个小齿轮的加入，使机构增加了两个虚约束。

1.4 机构的分类

1.4.1 执行动作和执行机构

为了实现机械的某一生产动作过程，可以将它分解成几个动作，这些动作称为机械的执行动作，以便与其他非生产性动作区别开来。

完成执行动作的构件称为执行构件，它是机构中许多从动件中能实现预期执行动作的构件，故亦称为输出构件。

实现各执行构件所需完成的执行动作的机构称为执行机构。一般来说，一个执行动作由一个执行机构完成，但也有用多个执行机构完成一个执行动作，或者用一个执行机构完成一个以上的执行工作的。

在机械运动方案的确定过程中，对于执行动作多少为宜、执行动作采用何种形式以及各执行动作间如何协调配合等都可以成为富于创造型设计的内容。采用什么样的执行机构来巧妙地实现所需的执行动作，这就要求深入了解各类机构的结构特点、工作性能和设计方法，同时也要有开阔的思路和创新的能力，以便创造性地构思出新的机构来。

1.4.2 执行构件的基本运动和机构的基本功能

进行机械设备的创新设计，就是采用各种机构来完成某种工艺动作过程或功能，因此，在设计中需要对执行构件的基本运动和机构的基本功能有一全面的了解。

（1）执行构件的基本运动

常用机构的执行构件的运动形式有回转运动、直线运动和曲线运动三种，回转运动和直线运动是最简单的机械运动形式。按运动有无往复性和间歇性，基本运动的形式如表 1-4 所示。

表 1-4 执行构件的基本运动形式

序号	运动形式	举　　例
1	单向转动	曲柄摇杆机构中的曲柄、转动导杆机构中的转动导杆、齿轮机构中齿轮
2	往复摆动	曲柄摇杆机构中的摇杆、摆动导杆机构中的摆动导杆、摇块机构中的摇块
3	单向移动	带传动机构或链传动机构中的输送带(链)移动
4	往复移动	曲柄滑块机构中的滑块、牛头刨床机构中的刨头
5	间歇运动	槽轮机构中的槽轮、棘轮机构中的棘轮,凸轮机构、连杆机构也可以构成间歇运动
6	实现轨迹	平面连杆机构中的连杆曲线、行星轮系中行星轮上任意点的轨迹

（2）机构的基本功能

机构的功能是指机构实现运动变换和完成某种功用的能力。利用机构的功能可以组合成完成总功能的新机械。表 1-5 表示机构的一些基本功能。

表 1-5　机构的基本功能

序号	基本功能	举　例
1	转动⟷转动	双曲柄机构、齿轮机构、带传动机构、链传动机构
	转动⟷摆动	曲柄摇杆机构、曲柄摇块机构、摆动导杆机构、摆动从动件凸轮机构
	转动⟷移动	曲柄滑块机构、齿轮齿条机构、挠性输送机构
	转动⟷单向间歇转动	螺旋机构、正弦机构、移动推杆凸轮机构
	摆动⟷摆动	槽轮机构、不完全齿轮机构、空间凸轮间歇运动机构
	摆动⟷移动	双摇杆机构
	移动⟷移动	正切机构
	摆动⟷单向间歇运动	双滑块机构、移动推杆移动凸轮机构、齿轮棘轮机构、摩擦式棘轮机构
2	变换运动速度	齿轮机构(用于增速或减速)、双曲柄机构(用于变速)
3	变换运动方向	齿轮机构、蜗杆机构、锥齿轮机构等
4	进行运动合成(或分解)	差动轮系、各种二自由度机构
5	对运动进行操纵或控制	离合器、凸轮机构、连杆机构、杠杆机构
6	实现给定的运动位置或轨迹	平面连杆机构、连杆-齿轮机构、凸轮-连杆机构、联动凸轮机构
7	实现某些特殊功能	增力机构、增程机构、微动机构、急回特性机构、夹紧机构、定位机构

1.4.3　按功能对机构分类

在机械原理教科书中，为了系统地研究各类机构的设计理论和方法，将机构按结构特点进行分类，如分成凸轮机构、齿轮机构、连杆机构、组合机构等等。但是，在实际的机械设计时，要求所选用的机构能实现某种动作或有关功能，因此，从机械设计需要出发，可以将各种机构，按运动转换的种类和实现的功能进行分类。通过如此分类的机构图例资料，便于设计人员的选用或得到某种启示来创造新机构。

在表 1-6 中简要介绍了按功能进行机构分类的情况。

表 1-6　机构的分类

序号	执行构件实现的运动或功能	机　构　形　式
1	匀速转动机构(包括定传动比机构、变传动比机构)	摩擦轮机构； 齿轮机构、轮系； 平行四边形机构； 转动导杆机构； 各种有级或无级变速机构
2	非匀速转动机构	非圆齿轮机构； 双曲柄四杆机构； 转动导杆机构； 组合机构； 挠性件机构
3	往复运动机构(包括往复移动和往复摆动)	曲柄摇杆往复运动机构； 双摇杆往复运动机构； 滑块往复运动机构； 凸轮式往复运动机构； 齿轮式往复运动机构； 组合机构

序号	执行构件实现的运动或功能	机 构 形 式
4	间歇运动机构(包括间歇转动、间歇摆动、间歇移动)	间歇转动机构(棘轮、槽轮、凸轮、不完全齿轮等机构); 间歇摆动机构(一般利用连杆曲线上近似圆弧或直线段实现); 间歇移动机构(由连杆机构、凸轮机构、齿轮机构、组合机构等来实现单侧停歇、双侧停歇、步进移动)
5	差动机构	差动螺旋机构; 差动棘轮机构; 差动齿轮机构; 差动连杆机构; 差动滑移机构
6	实现预期轨迹机构	直线机构(连杆机构、行星齿轮机构等); 特殊曲线(椭圆、抛物线、双曲线等)绘制机构; 工艺轨迹机构(连杆机构、凸轮机构、凸轮-连杆机构等)
7	增力及夹持机构	斜面杠杆机构; 铰链杠杆机构; 肘杆式机构
8	行程可调机构	棘轮调节机构; 偏心调节机构; 螺旋调节机构; 摇杆调节机构; 可调式导杆机构

1.5 机构运动分析方法

1.5.1 概述

在设计新的机械或分析现有机械的工作性能时,要对机构的运动参数进行计算,如为了确定某一构件的行程,要确定机构构件上某些点的位移;为了确定机械的工作条件,要确定机构构件上某些点的速度;为了确定惯性力,要进行机构的加速度分析,这样就需要对机构进行运动分析。机构的运动分析是研究机械动力性能的必要前提。

所谓机构运动分析是在已知机构尺度情况下,以机架构件作为固定坐标系,求机构中各构件与主动构件之间的位置、位移、速度、加速度关系。

通过位移分析可以确定某些构件运动所需的空间或判断它们运动时是否相互干涉,可以确定机构中从动件的运动行程,可以考察某构件或构件上某点能否实现预定位置变化的要求。

通过速度分析可以确定机构中从动件的速度变化是否合乎要求,还能为进一步作机构的加速度分析提供基础。

通过加速度分析,可为惯性力的计算提供加速度数据。在高速机械中,动强度问题、振动问题以及机械的动力性能,都与动载荷或惯性力的大小和变化有关。因此,对高速机械,加速度分析不能忽略。

机构运动分析方法大体上分为图解法和解析法两种。图解法具有形象、直观的特点,但精度不高,对于高速机械和精密机械中的机构,用图解法作运动分析,往往不能满足高精度的要求。解析法借助电子计算机可使机构运动分析获得高精度的结果。尤其是求机构在一个运动循环中各等分点的速度和加速度时，解析法不但效率高，而且速度快。此外，通过解析法可建立各种运动参数和机构尺寸参数间的函数关系式，便于对机构进行深入的研究。

1.5.2 图解法

图解法就是在机构尺寸及原动件运动规律已知的前提下，根据机构的运动关系，按选定比例尺进行作图求解的方法。当需要简捷直观地了解机构的某个或某几个位置的运动特性时，采用图解法比较方便，而且精度也能满足实际问题的要求。图解法主要有速度瞬心法和矢量方程图解法，当仅需对机构速度进行分析时，采用速度瞬心法比较方便，若需要分析加速度时，瞬心法无法完成，则需要采用矢量方程图解法。

（1）速度瞬心法

瞬心是互作平面相对运动的两构件上瞬时相对速度为零，或者说绝对速度相等的重合点，故瞬心可定义为两构件上瞬时等速重合点。若该点的绝对速度为零，为绝对瞬心，否则为相对瞬心。

由 N 个构件（含机架）组成的机构的瞬心总数 K 应为

$$K = N(N-1)/2$$

对于通过运动副直接相连的两构件间的瞬心，可由瞬心定义直观地确定其位置，其方法如下：

① 以转动副相连接的两构件，其瞬心就在转动副的中心处，如图 1-22(a) 所示；

② 以移动副相连接的两构件，其瞬心位于垂直于导路方向的无穷远处，如图 1-22(b) 所示；

③ 以作纯滚动高副相连接的两构件，其瞬心就在接触点处，如图 1-22(c) 所示；

④ 以作滚动兼滑动高副相连接的两构件，其瞬心在过接触点高副元素的公法线上，如图 1-22(d) 所示。

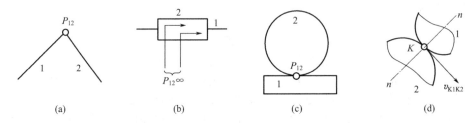

(a)　　　　　　　(b)　　　　　　　(c)　　　　　　　(d)

图 1-22　常见机构瞬心

对于不通过运动副直接相连的两构件间的瞬心位置，可借助三心定理来确定，即三个彼此作平面平行运动的构件的三个瞬心必位于同一直线上。如图 1-23 所示，根据三心定理铰链四杆机构的瞬心共六个，得到原动件 1 与从动件 3 的瞬时角速度之比：$\dfrac{\omega_1}{\omega_3} = \dfrac{\overline{P_{13}P_{34}}}{\overline{P_{13}P_{14}}}$。

在利用速度瞬心法进行机构的速度分析时，首先要选取尺寸比例尺 μ_l 作出所要求位置的机构运动简图，并确定出已知运动构件和待求运动构件（或输入运动构件与输出运动构件）之间的相对速度瞬心的位置，然后再利用速度瞬心的等速重合点的概念列出其速度等式，便可求得未知运动构件的速度（或机构的传动比）。

如图 1-24 所示的曲柄滑块机构，已知构件 1 的角速度 ω_1，则滑块 C 的速度

$$v_C = v_{P_{13}} = \omega_1 \overline{P_{13}P_{14}} \mu_l$$

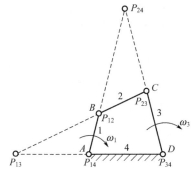

图 1-23　铰链四杆机构瞬心

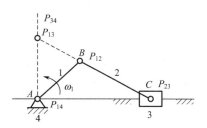

图 1-24　曲柄滑块机构瞬心

如图 1-25 所示的滑动兼滚动的高副机构，图 1-25(a) 中原动件与从动件的角速度之比为

$$\frac{\omega_2}{\omega_3}=\frac{\overline{P_{23}P_{13}}}{\overline{P_{23}P_{12}}}$$

图 1-25(b) 中原动件 1 与从动件 2 的速度关系

$$v_2=\omega_1\overline{P_{12}P_{13}}\mu_l$$

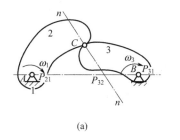

(a)

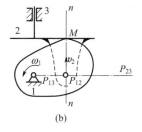

(b)

图 1-25　高副机构瞬心

例：图 1-26 所示为平面五杆高副机构，原动件 1 与构件 2 组成滚滑副，再通过构件 3 带动从动轮 4 沿固定导槽 5 作纯滚动，试用速度瞬心法确定角速度比 i_{14}，即 ω_1/ω_4。

解：① 为了确定 i_{14}，必须求出构件 1、构件 4 与机架 5 之间的三个速度瞬心 P_{15}，P_{45} 与 P_{14}。首先，直接观察得 P_{15}，P_{25}，P_{23}，P_{34} 与 P_{45}，又过 K 点作组成高副两曲线的公法线 $n-n$，与直线 P_{15} P_{25} 相交得 P_{12}。上述已确定的速度瞬心在瞬心五边形 12345 上用实线表示，而待求的速度瞬心 P_{14} 用虚线 14 表示。

② 按三心定理确定 P_{24}，即直线 $P_{15}P_{45}$ 与 $P_{23}P_{34}$ 的交点。这样，在瞬心五边形中，虚线 14 已成为不含其他虚线的两个三角形（△145 与△124）的公共边。在机构运动简图上直线 $P_{15}P_{45}$ 与 $P_{12}P_{24}$ 的交点即为 P_{14}。

③ 因为两构件的角速度之比等于其绝对速度瞬心连线被相对相

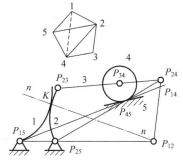

图 1-26　平面五杆高副机构

对速度瞬心分得的两线段的反比，故有 $i_{14}=\dfrac{\omega_1}{\omega_4}=\dfrac{\overline{P_{14}P_{45}}}{\overline{P_{14}P_{15}}}$。因 P_{14} 外分线段 $P_{15}P_{45}$，故从动轮 4 与原动件 1 的转向相同。

从本例看出，应用速度瞬心法确定 i_{14} 可以避开构件 2 和 3 的速度分析，比较简便，但是如果对该机构进行加速度分析，则须引入加速度瞬心求解，非常麻烦，故实际应用常采用矢量方程图解法。

（2）矢量方程图解法

矢量方程图解法又称相对运动图解法，其所依据的基本原理是理论力学中的运动合成原理："点的绝对运动是牵连运动和相对运动的合成"及"刚体的平面运动是随基点的牵连移动和绕基点的相对转动的合成"。在对机构进行速度和加速度分析时，首先要根据运动合成原理列出机构运动的矢量方程，然后再按方程作图求解。

例：如图 1-27(a) 所示，铰链四杆机构中，已知 $AB = 0.15\text{m}$，$BC = 0.22\text{m}$，$CD = 0.25\text{m}$，$CS = 0.10\text{m}$，$DS = 0.163\text{m}$，$AD = 0.3\text{m}$。主动件 AB 以等角速度 $\omega_1 = 10\text{rad/s}$ 逆时针回转。设已作出主动件转角为 $60°$ 时的机构位置图，图中取长度比例尺 $\mu_l = 0.005 \dfrac{\text{m}}{\text{mm}}$。要求用相对运动图解法求图示瞬时从动件 3 上 S 点的速度、加速度以及连杆 2 和从动件 3 的角速度、角加速度。

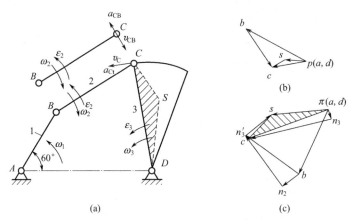

图 1-27　铰链四杆机构

① 速度分析　由于从动件 3 上 S 点的速度不能直接和主动件 AB 建立关系，所以不应先求 S 点的速度。按主动件 AB 的角速度 ω_1，可算出连杆 2 上 B 点的速度为

$$v_B = AB\omega_1 = 0.15 \times 10 = 1.5 \ (\text{m/s})$$

其方向与主动件 AB 垂直。可是要确定连杆 2 的角速度，还应求出连杆 2 上另一点的速度。同理，要确定从动件 3 的角速度，也需要求出从动件 3 上 D 点以外某点的速度。由于 C 点是连杆 2 和从动件 3 的公共点，该点速度求出后，整个速度问题即迎刃而解。因此下面先求关键点 C 的速度。

设想把转动副 C 拆开。先单独分析从动件 3 绕 D 的转动，显然 C 点速度的方向与从动件 CD 垂直，但大小待求。再单独分析连杆 2 的运动，这是刚体的平面运动问题。由于连杆的平面运动可分解为随同基点 B 的平移和绕基点 B 的转动，所以 C 点的速度 v_C 等于 B 点的速度 v_B 和绕 B 点转动速度 v_{CB} 的向量和。v_{CB} 的右下角字母 CB 表示 C 点相对于 B 点的相对速度。

考虑到 C 点实际上是连杆 2 和从动杆 3 的公共点，应有同一速度，故：

$$v_C = v_B + v_{CB}$$

方向：	$\perp CD$	$\perp AB$	$\perp BC$
大小：	?	1.5m/s	?

由于这一向量方程式只包含两个未知数，所以可用图解法求出 v_{CB} 及 v_C 的大小。具体做法如下。

先选取适当的速度比例尺 μ_v。在图 1-27（b）中选定图纸上 1mm 表示 0.05m/s 的速度，即 $\mu_v = 0.05 \dfrac{\text{m/s}}{\text{mm}}$。接着，自任选的起始点 p 出发，作与线段 AB 垂直的向量 pb 代表速度 v_B，$pb = v_B/\mu_v = 1.5/0.05 = 30$（mm），再过 b 作垂直于线段 BC 的 v_{BC} 的方向线 bc，过 p 点作垂直于线段 CD 的 v_C 方向线 pc。线段 bc 和 pc 相交于 c 点。向量 bc 及 pc 分别代表所求速度 v_{CB} 及 v_C。由图量得 $bc = 20\text{mm}$，$pc = 15\text{mm}$，故连杆 2 及从动件 3 的角速度可由下式确定

$$\omega_2 = \frac{v_{CB}}{BC} = \frac{\mu_v(bc)}{BC} = \frac{0.05 \times 20}{0.22} = 4.54 \ (\text{rad/s})$$

$$\omega_3 = \frac{v_C}{CD} = \frac{\mu_v(pc)}{CD} = \frac{0.05 \times 15}{0.25} = 3 \ (\text{rad/s})$$

为了判断角速度的方向，可将 v_{CB} 及 v_C 移至机构位置图的 C 点，由此可见：ω_2 应为顺时针转向，而 ω_3 为逆时针转向。

C 点的速度求出后，可利用下式求 S 点的速度：

$$v_S = v_C + v_{SC}$$

方向：	$\perp SD$	$p \rightarrow c$	$\perp SC$
大小：	?	$\mu_v(pc)$	?

式中仅有两个未知数，故可继续作图求解。如图 1-27(b) 所示，由 p 点和 c 点分别作线段 SD 和 SC 的垂线，它们相交于 s 点，量得 $ps = 9.8$mm，所以 S 点的速度为

$$v_S = \mu_v(ps) = 0.05 \times 9.8 = 0.49 \ (\text{m/s})$$

求解速度所作的向量图形 $pbcs$ 称为机构的速度图。作图的起始点 p 是代表结构上所有绝对速度为 0 的点，称为速度多边形的极点，如 A 点和 D 点。从 p 向外放射的向量代表绝对速度，不通过 p 点的向量则代表两点间的相对速度，如 pc 代表速度 v_C，而 bc 代表速度 v_{CB} 等等。

② 加速度分析　作加速度分析时，也是应该求关键点 C 的加速度。设想把转动副 C 拆下。仅看从动件 3 绕 D 点转动时，C 点加速度 a_C 是由 C 点指向 D 点的法向加速度 a_C^n 和垂直于线段 CD 的切向加速度 a_C^t 两项的向量和，即 $a_C = a_C^n + a_C^t$，其中 a_C^n 的大小为

$$a_C^n = \frac{v_C^2}{CD} = \frac{[\mu_v(pc)]^2}{CD} = \frac{(0.05 \times 15)^2}{0.25} = 2.25 \ (\text{m/s}^2)$$

再单独分析作平面运动的连杆 2，C 点的加速度 a_C 等于基点 B 的加速度 a_B 和它绕基点 B 的法向加速度 a_{CB}^t 的向量和。由主动件 AB 作等速转动，知基点 B 的加速度大小为

$$a_B = a_B^n = AB\omega_1^2 = 0.15 \times 10^2 = 15 \ (\text{m/s}^2)$$

又

$$a_{CB}^n = \frac{v_{CB}^2}{BC} = \frac{[\mu_v(bc)]^2}{BC} = \frac{(0.05 \times 20)^2}{0.22} = 4.54 \ (\text{m/s}^2)$$

由于 C 点实际上是连杆 2 和从动件 3 的公共点，应有同一加速度，故：

$$a_C^n + a_C^t = a_C = a_B^n + a_{CB}^n + a_{CB}^t$$

方向：	$C \rightarrow D$	$\perp CD$	$B \rightarrow A$	$C \rightarrow B$	$\perp CB$
大小：	2.25m/s^2	?	15m/s^2	4.54m/s^2	?

上式中只有两个未知数，故可用图解法求出 a_C^t 及 a_{CB}^t 的大小。

作图时，先选取适合的加速度比例尺 μ_a。在图 1-27(c) 中，选取图纸 1mm 代表 0.5m/s^2 的加速度，即 $\mu_a = 0.5 \ \dfrac{\text{m/s}^2}{\text{mm}}$。接着，自任选的起始点 π 出发，作与 CD 平行的向量 πn_3 代表 a_C^n，$\pi n_3 = a_C^n / \mu_a = 2.25/0.5 = 4.5 \ (\text{mm})$，再由 π 点作与 BA 平行的向量 πb，它代表 a_B^n，$\pi b = a_B^n / \mu_a = 15/0.5 = 30 \ (\text{mm})$，接着作与 CB 平行的向量 bn_2，它代表 a_{CB}^n，$bn_2 = a_{CB}^n / \mu_a = 4.54/0.5 = 9.08 \ (\text{mm})$，然后自 n_3 和 n_2 点分别垂直于 CD 和 CB 引 a_C^t 和 a_{CB}^t 的方向线，它们相交于 c 点，那么向量 $n_3c = 36.8$mm，$n_2c = 24.3$mm。于是，可算出连杆 2 及从动件 3 的角加速度为

$$\varepsilon_2 = \frac{a_{CB}^t}{CB} = \frac{\mu_a(n_2c)}{CB} = \frac{0.5 \times 24.3}{0.22} = 55.2 \ (\text{rad/s}) \ (\text{逆时针})$$

$$\varepsilon_3 = \frac{a_C^t}{CD} = \frac{\mu_a(n_3c)}{CD} = \frac{0.5 \times 36.8}{0.25} = 73.6 \ (\text{rad/s}) \ (\text{逆时针})$$

最后求从动件 3 上 S 点的加速度 a_S。由于从动件 3 的角速度 ω_3 和角加速度 ε_3 均已求出，故可取 D 点或 C 点作为基点求解。在图 1-27(c) 中，为了作图清晰可见，选取 c 点为基点，于是

$$a_S = a_C + a_{SC}^n + a_{SC}^t$$

方向：	?	$\pi \rightarrow c$	$S \rightarrow C$	$\perp CS$
大小：	?	$\mu_a(\pi c)$	$CS\omega_3^2$	$CS\varepsilon_3$

该式只含有两个未知数。在图 1-27(c) 中补充作图，可求出 a_S 的方向和大小，即

$$a_S = \mu_a(\pi s) = 0.5 \times 24.2 = 12.1 \ (\text{m/s}^2)$$

求解加速度所作的向量图形 πbcs 称为机构的加速度图。作图的起始点 π 是代表机构上所有绝对加速度为零的点，称为加速度图的极点，如 A 点及 D 点。从 π 点向外放射的向量代表绝对加速度，而不过 π 点的向量则代表相对加速度。

③ 速度影像和加速度影像　在图 1-27 中，速度图上的阴影线图形 dcs 和加速度图上的阴影线图形 dcs 均与机构位置图中的阴影线图形 DCS 相似，且它们的字母绕行顺序也相同（图中均为顺时针次序）。现证明如下：

在速度图中，由于 $\triangle dcs$ 与 $\triangle DCS$ 都是对同一构件（从动件 3）而言，代表相对速度的向量 dc、cs、sd 分别垂直于机构位置图中代表同一构件的线段 DC、CS、SD。所以 $\triangle dcs$ 必与 $\triangle DCS$ 相似，而对应角相等，对应边成比例。因此，图形 dcs 常称为机构图形 DCS 的速度影像。

在加速度关系中，因为

$$a_{CD} = a_C = \sqrt{(a_C^n)^2 + (a_C^t)^2} = \sqrt{(CD\omega_3^2)^2 + (CD\varepsilon_3)^2} = CD\sqrt{\omega_3^4 + \varepsilon_3^2}$$

同理　　$a_{SD} = a_S = SD\sqrt{\omega_3^4 + \varepsilon_3^2}$，　$a_{SC} = SC\sqrt{\omega_3^4 + \varepsilon_3^2}$

所以　　$a_{CD} : a_{SD} : a_{SC} = CD : SD : SC$

或　　$\mu_a(cd) : \mu_a(sd) : \mu_a(sc) = \mu_1(CD) : \mu_1(SD) : \mu_1(SC)$

即　　$cd : sd : sc = CD : SD : SC$

由此可见，加速度图中 $\triangle dcs$ 和机构图中 $\triangle DCS$ 相似。因此，图形 dcs 常称为机构图形 DCS 的加速度影像。

利用同一构件有速度影像和加速度影像的性质，已知某构件上两点的速度或加速度后，即可很简便地确定该构件上其他任意点的速度或加速度向量。例如在图 1-27 中，利用加速度影像求 S 点的加速度时，可在加速度图的 dc 边上作出 $\triangle dcs$ 与 $\triangle DCS$ 相似并使字母绕行顺序相同，由此得出 S 点对应的点 s。自 π 点引至 s 点的向量 πs 即代表 S 点的加速度 a_S。

这里需要强调说明的是，速度影像和加速度影像原理只适用于速度图及加速度图和其几何形状是相似的构件，而不适用于整个机构。

1.5.3　解析法

平面机构运动分析的解析法有很多种，常见的方法有矢量方程解析法、复数法和矩阵法，而比较容易掌握且便于应用的是矢量方程解析法，本章主要对此方法进行介绍。

在图示铰链四杆机构中，主动件 1 以 ω_1 等速转动，要求推导从动件 3 及连杆 2 的角位移、角速度和角加速度计算公式。

如图 1-28 所示，首先选定直角坐标系，其中 X 轴选得与固定铰链 A、D 的连线一致。然后，标出各杆的向量方向及转角。对于与机架相铰接的杆件，在标向量方向时，建议固定铰链向外，以便于标出转角。转角 θ 的正负，规定自 X 轴逆时针量算为正，反之为负。

（1）转角或角位移

① 从动件 3 的输出转角。为了直接建立从动件 3 的输出转角 θ_3 与主动件输入转角 θ_1 的关系式，采取拆杆法，设想将连杆 2 拆除。这样，主动件上 B 点坐标和从动件上 C 点的坐标都可以避开连杆转角 θ_2 而写成

$$x_B = l_1\cos\theta_1, \quad y_B = l_1\sin\theta_1;$$
$$x_C = l_4 + l_3\cos\theta_3, \quad y_C = l_3\sin\theta_3 \quad (1\text{-}1)$$

由于 B、C 两动点实际上受连杆定长的约束，所以有下列关系

$$(x_C - x_B)^2 + (y_C - y_B)^2 = l_2^2 \quad (1\text{-}2)$$

将式（1-1）代入式（1-2），经展开整理，可得：

$$l_4^2 + l_3^2 + l_1^2 - l_2^2 + 2l_3l_4\cos\theta_3 - 2l_1l_4\cos\theta_1 -$$
$$2l_1l_3\cos\theta_1\cos\theta_3 - 2l_1l_3\sin\theta_1\sin\theta_3 = 0$$

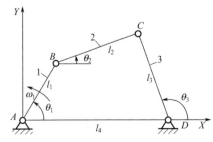

图 1-28　解析法示意

该式称为铰链四杆机构的输入输出位移方程式。

为了求解 θ_3，可将上式改写为下列三角方程式

$$A\sin\theta_3 + B\cos\theta_3 = C \tag{1-3}$$

式中，$A = \sin\theta_1$；$B = \cos\theta_1 - k_1$；$C = k_2 - k_3\cos\theta_1$；其中 $k_1 = l_4/l_1$，$k_2 = (l_1^2 - l_2^2 + l_3^2 + l_4^2)/2l_1 l_3$，$k_3 = l_4/l_3$。为了用代数法求解输出传动角 θ_3，再设 $x = \tan(\theta_3/2)$，按照三角公式可写出：$\sin\theta_3 = 2x/(1+x^2)$，$\cos\theta_3 = (1-x^2)/(1+x^2)$，这样可得

$$(B+C)x^2 - 2Ax - (B-C) = 0$$

解方程式得到 x 的两个解 x_1 和 x_2，所以输出转角 θ_3 的两种可能值为

$$\theta_3' = 2\arctan x_1 = 2\arctan\frac{A + \sqrt{A^2 + B^2 - C^2}}{B+C}$$

$$\theta_3'' = 2\arctan x_2 = 2\arctan\frac{A - \sqrt{A^2 + B^2 - C^2}}{B+C}$$

此式说明给出原动件某一转角 θ_1，从动件 3 相应有两个可能位置，应该按照从动件运动的连续性，选择一个合适的转角 θ_3。

② 连杆 2 的转角。为了直接求连杆转角 θ_2 与主动件转角 θ_1 的关系式，应设想把从动件 3 拆离，这样在写连杆上 C 点和固定铰链 D 的坐标时都可以避开 θ_3

$$x_C = l_1\cos\theta_1 + l_2\cos\theta_2,\ y_C = l_1\sin\theta_1 + l_2\sin\theta_2;\ x_D = l_4,\ y_D = 0 \tag{1-4}$$

由于机构运动时 C、D 两点实际受到从动件定长的约束，故可建立下面的关系

$$(x_C - x_D)^2 + (y_C - y_D)^2 = l_3^2$$

将式(1-4) 代入并化简，可得求解连杆转角 θ_2 的三角方程式如下

$$A\sin\theta_2 + B\cos\theta_2 = C' \tag{1-5}$$

式中，系数 A、B 和式(1-3) 中相同；$C' = -k_4 + k_5\cos\theta_1$，其中 $k_4 = (l_1^2 + l_2^2 - l_3^2 + l_4^2)/2l_1 l_2$，$k_5 = l_4/l_2$。

仿前可得

$$\theta_2 = 2\arctan\frac{A \pm \sqrt{A^2 + B^2 - C'^2}}{B + C'}$$

式中根号和正负号应参照运动的连续性选取。

(2) 角速度

求从动件 3 的角速度 ω_3 时，将式(1-3) 对时间求导一次，得

$$\omega_3 = \frac{k_3\sin\theta_1 - \sin(\theta_3 - \theta_1)}{k_1\sin\theta_3 - \sin(\theta_3 - \theta_1)}\omega_1$$

求连杆 2 的角速度 ω_2 时，将式(1-5) 对时间求导一次，得

$$\omega_2 = \frac{\sin(\theta_2 - \theta_1) + k_5\sin\theta_1}{\sin(\theta_2 - \theta_1) + k_1\sin\theta_2}\omega_1$$

(3) 角加速度

求从动件 3 的角加速度 ε_3 时，可将式(1-3) 连续对时间求导两次，并注意到 $\varepsilon_1 = 0$。由此可得

$$\varepsilon_3 = \frac{\left(1 - \dfrac{\omega_3}{\omega_1}\right)^2\cos(\theta_3 - \theta_1) + k_3\cos\theta_1 - k_1\left(\dfrac{\omega_3}{\omega_1}\right)^2\cos\theta_3}{k_1\sin\theta_3 - \sin(\theta_3 - \theta_1)}\omega_1^2$$

同理，将式(1-5) 连续对时间求导两次，可求得连杆 2 的角加速度 ε_2 的关系式为

$$\varepsilon_2 = \frac{\left(1 - \dfrac{\omega_2}{\omega_1}\right)^2\cos(\theta_2 - \theta_1) - k_5\cos\theta_1 - k_1\left(\dfrac{\omega_2}{\omega_1}\right)^2\cos\theta_2}{k_1\sin\theta_2 - \sin(\theta_2 - \theta_1)}\omega_1^2$$

第**2**章

Chapter 2

平面连杆机构应用实例

连杆机构被应用于各种机械、仪器仪表及日常生活器械中，剪床、冲床、颚式破碎机、内燃机、缝纫机、人体假肢、挖掘机、公共汽车关开门机构、车辆转向机构以及机械手和机器人等都巧妙地利用了各种连杆机构。

连杆机构的主要优点如下：

① 运动副为面接触，压强小，承载能力大，耐冲击，易润滑，磨损小，寿命长；

② 运动副元素简单（多为平面或圆柱面），制造比较容易；

③ 运动副元素靠本身的几何封闭来保证构件运动，具有运动可逆性，结构简单，工作可靠；

④ 可以实现多种运动规律和特定轨迹要求；

⑤ 可以实现增力、扩大行程、锁紧等功能。

连杆机构也存在一些缺点：

① 由于连杆机构运动副之间有间隙，当使用长运动链（构件数较多）时，易产生较大的积累误差，同时也使机械效率降低；

② 连杆机构所产生的惯性力难于平衡，因而会增加机构的动载荷，不易高速转动；

③ 受杆数的限制，连杆机构难以精确地满足很复杂的运动规律。

根据连杆机构的构件运动范围可以将其分为平面连杆机构和空间连杆机构。在一般机械中较常用的是平面连杆机构，它在结构上和运动形式上相对比较简单，已形成了一套完整的分析和综合理论，同时，它也是研究连杆机构的基础。

平面连杆机构是由一些刚性构件用转动副和移动副相互连接而组成的在同一平面或相互平行的平面内运动的机构。由于平面连杆机构是由若干构件用平面低副连接而成的机构，故又称之为低副机构。使用平面连杆机构能够实现一些较为复杂的平面运动，因此，平面连杆机构是应用最早也是应用很广泛的机构。

平面连杆机构的应用主要体现在以下几个方面：通过变换运动形式，把转动转变为移动；实现较复杂的平面运动；放大传动。

平面连杆机构的构件形状是多种多样的，但大多为杆状的，最常用的是四根杆，也就是四个构件组成的平面四杆机构。

运动副均为转动副的四杆机构称为铰链四杆机构，它是平面四杆机构的基本形式。在铰链四杆机构中，如图 2-1

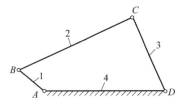

图 2-1　铰链四杆机构

1,3—连架杆；2—连杆；4—机架

所示，固定不动的构件 4 称为机架，直接与机架相连的构件 1 和 3 称为连架杆，不与机架直接相连的中间构件 2 称为连杆。

连架杆 1 和 3 通常绕自身的回转中心 A 和 D 回转，杆 2 作平面运动。能作整周回转的连架杆称为曲柄，仅能在一定范围内作往复摆动的连架杆称为摇杆。能够作整周转动的转动副称之为周转副，不能够作整周转动的转动副称之为摆转副。

铰链四杆机构共有三种基本形式：曲柄摇杆机构、双曲柄机构、双摇杆机构。

本章重点讨论平面连杆机构的一些应用实例。

2.1 曲柄摇杆机构

2.1.1 运动分析

若铰链四杆机构的两个连架杆一个是曲柄，另一个是摇杆，则该四杆机构称为曲柄摇杆机构，如图 2-2 所示。

曲柄摇杆机构的特征是两个连架杆中，一个是曲柄，另一个是摇杆。

曲柄摇杆机构的主动件可以是曲柄，也可以是摇杆。

曲柄摇杆机构能将主动件曲柄的整周回转运动转变为摇杆的往复摆动，也可以使摇杆的往复摆动转换为曲柄的整周回转运动。

曲柄摇杆机构在工程机械中的应用非常广泛，如雷达设备、搅拌机、缝纫机、颚式破碎机等。

2.1.2 雷达天线仰俯角调整机构图例与说明

在曲柄摇杆机构中，通常曲柄为原动件，且作匀速转动，而摇杆为从动件，在一定角度范围内做变速往复摆动。如图 2-3 所示的雷达天线仰俯机构就是此种曲柄摇杆机构。主动件曲柄 1 缓慢地匀速转动，通过连杆 2，使摇杆 3 在一定角度范围内摆动，则固定在摇杆 3 上的天线也能作一定角度的摆动，从而达到调整天线仰俯角大小的目的。

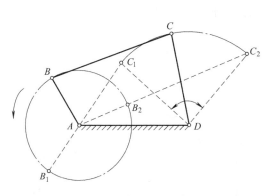

图 2-2　曲柄摇杆机构

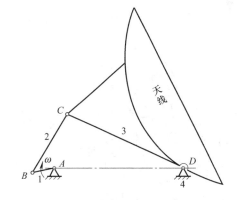

图 2-3　雷达天线仰俯角调整机构
1—曲柄；2—连杆；3—摇杆；4—机架

2.1.3 搅拌机机构图例与说明

如图 2-4 所示的搅拌机机构为一个曲柄摇杆机构。主动件曲柄 1 回转，从动摇杆 3 往复摆动，利用连杆 2 的延长部分实现搅拌功能。此搅拌机机构要求连杆 2 延长部分上 E 点的轨迹为一条卵形曲线，实现搅拌功能。

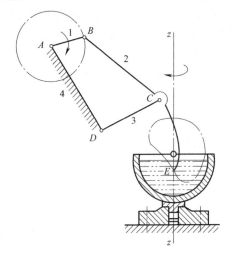

图 2-4　搅拌机机构
1—曲柄；2—连杆；3—从动摇杆；4—机架

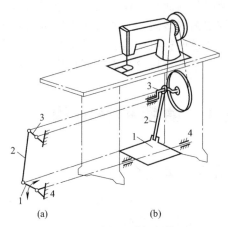

图 2-5　缝纫机踏板机构
1—踏板；2—连杆；3—曲柄；4—机架

2.1.4　缝纫机踏板机构图例与说明

如图 2-5(b) 所示为缝纫机的踏板机构，图 2-5(a) 为其机构运动简图。踏板 1（原动件）往复摆动，通过连杆 2 驱使曲柄 3（从动件）作整周转动，再经过带传动使机头主轴转动。

在实际使用中，缝纫机有时会出现踏不动或倒车现象，这是由于机构处于死点位置引起的。一般情况下，对于传动机构来讲死点是不利的，应采取措施使机构能顺利通过死点位置。对于缝纫机的踏板机构而言，它在正常运转时，是借助安装在机头主轴上的飞轮（即上带轮）的惯性作用，使缝纫机踏板机构的曲柄冲过死点位置。

2.1.5　颚式破碎机机构图例与说明

如图 2-6 和图 2-7 所示的两类颚式破碎机机构都是曲柄摇杆机构。

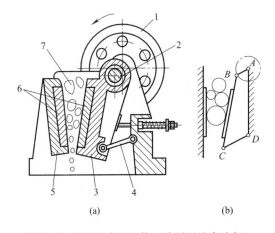

图 2-6　颚式破碎机机构（动颚固连在连杆）
1—带轮；2—偏心轴；3—动颚；4—推杆；
5—固定颚；6—颚板；7—物料

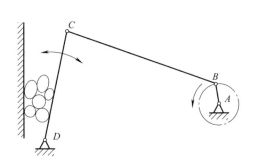

图 2-7　颚式破碎机机构（动颚固连在摇杆）

图 2-6(a) 所示的颚式破碎机机构，当带轮 1 带动偏心轴 2 转动时，悬挂在偏心轴 2 上的动颚 3，在下部与推杆 4 相铰接，使动颚作复杂的平面运动。在动颚 3 和固定颚 5 上均装有颚板 6，它上面加工有齿。当活动颚板作周期性的往复运动时，两个颚板时而靠近，时而远离。靠近时破碎物料 7，远离时物料在自重下自由落出。由机构运动简图 2-6(b) 可以看出，此类颚式破碎机机构是通过固连在连杆上的动颚将矿石压碎。

图 2-7 是另外一类颚式破碎机的机构运动简图。曲柄 AB 带动连杆 BC 和摇杆 CD 运动。可以看出，它与前一类颚式破碎机虽采用了相同的机构，但工作原理不同，它是通过固连在摇杆上的动颚将矿石压碎。

2.1.6 夹紧机构图例与说明

在机械工程上有时利用死点位置的自锁特性来满足一些工作的特殊需要。死点位置对传动虽然不利，但是对某些夹紧装置却可用于放松。例如图 2-8 所示的夹紧机构，扳动手把 2（连杆），杆 1 和杆 3（摇杆）均逆时针方向旋转，这时与杆 1 连接的压头将工件 5 压住，当工件被夹紧时，连杆 2 和杆 3 共线，即铰链中心 B、C、D 共线，在 F 力的作用下，杆 2、3 为从动杆，此时机构出现死点位置而自锁。工件加在杆 1 上的反作用力 F 无论多大，也不能使杆 3 转动。这就保证在去掉外力 F 之后，仍能可靠地夹紧工件。当需要取出工件时，只需向上扳动 2 上的手柄，即能使整个机构运动而松开夹具。

2.1.7 汽车前窗刮雨器机构图例与说明

汽车前窗刮雨器机构是一个曲柄摇杆机构，如图 2-9 所示。电机驱动主动件曲柄 AB 转动，使连杆带动摇杆左右摆动。摇杆绕 D 点的摆动可以驱动安装在摇杆延长部分的雨刷完成清扫挡风玻璃上雨水的动作。

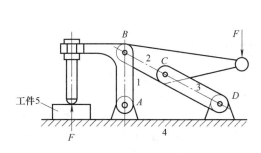

图 2-8　夹紧机构

1—曲柄；2—连杆；3—摇杆；4—机架

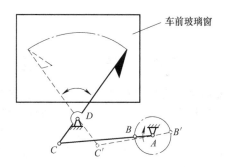

图 2-9　汽车前窗刮雨器机构（一）

如图 2-10(a) 所示的多杆机构是另外一种汽车前窗刮雨器机构的传动装置，1 为机架，2 为原动曲柄，通过杆件 3、4、5、7 可以实现从动杆 6、8 的大摆角摆动。图 2-10(b) 为其机构运动简图。

2.1.8 摄影机抓片机构图例与说明

摄影机抓片机构是曲柄摇杆机构，如图 2-11 所示。原动件为曲柄且作匀速转动，摇杆为从动件，在一定角度范围内作变速往复摆动，连杆延长部分上的 E 点沿点画线所示的卵形曲线运动。可以看出，摄影机抓片是利用曲柄摇杆机构中连杆的延长部分来实现的。

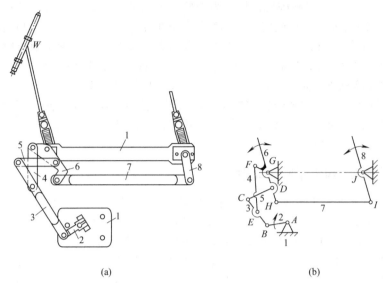

(a)　　　　　　　　　　　　　(b)

图 2-10　汽车前窗刮雨器机构（二）

1—机架；2—原动曲柄；3～5,7—杆件；6,8—从动杆

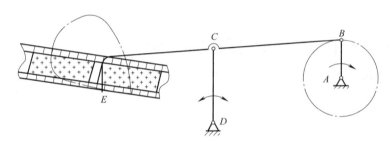

图 2-11　摄影机抓片机构

2.1.9　钢材步进输送机的驱动机构图例与说明

　　钢材步进输送机中的驱动机构包含两个相同的曲柄摇杆机构，如图 2-12 所示。曲柄 1 通过连杆 2 驱动摇杆 3 摆动。当曲柄 1 整周转动时，连杆 2 上的 E 点沿点画线所示的卵形曲线运动。若在 E 和 E' 上铰接推杆 5，则当两个曲柄同步转动时，推杆也按此卵形轨迹平动。当 $E(E')$ 点行经卵形曲线上部时，推杆作近似水平直线运动，推动钢材 6 前移。当 $E(E')$ 点行经卵形曲线的其他部分时，推杆脱离钢材沿左面轨迹下降、返回和沿右面轨迹上升至原

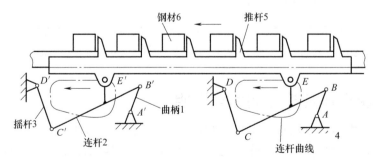

图 2-12　钢材步进输送机的驱动机构

1—曲柄；2—连杆；3—摇杆；4—机架；5—推杆；6—钢材

位置。曲柄每转一周，钢材就前进一步。在实际设计中还会利用急回运动的特点使其回程速度加快以提高钢材步进输送机的生产率。

2.1.10 纹版冲孔机的冲孔机构图例与说明

如图 2-13 所示的纹版冲孔机的冲孔动作是由曲柄摇杆机构和电磁铁操纵的曲柄滑块机构的组合运动来实现的。当曲柄摇杆机构的摇杆向下摆动至水平位置时，滑块向右平移至冲针上方并固定不动。摇杆（又称打击板）继续下摆，滑块（又称榔头）打击冲针实现冲制小孔的功能。如果这两个机构动作不协调，摇杆从水平位置向下摆动时，滑块不在冲针上方位置或滑块虽已到位但摇杆却向上摆动，都不能完成冲孔工艺动作。

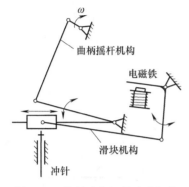

图 2-13　纹版冲孔机的冲孔机构

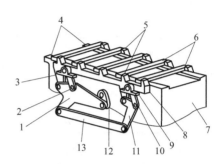

图 2-14　步进送料机构

1,2,10,11—连杆；3,9—连杆支承；4—导轨；
5—输送爪；6—被输送零件；7—机体；
8—输送杆；12—原动杆；13—连接杆

2.1.11 由连杆构成的步进送料机构图例与说明

如图 2-14 所示步进送料机构，驱动机构由连杆机构构成。在机体 7 上固定有两个连杆支承 3 和 9，在支承 3 上装有连杆 2 和连杆 1，在支承 9 上装有连杆 11 和连杆 10，通过连接杆 13 将连杆 1 和连杆 11 连接起来。

当原动轴转动而原动杆 12 使连杆 1 摆动时，输送杆 8 的运动轨迹在上部是直线，一个循环的运动轨迹好像是压扁变形的 D 字。

机体左右两侧共有两个输送杆，它们由一个原动轴驱动，作同步运动，被输送零件 6 在输送爪 5 的推动下沿导轨 4 到达指定位置。

2.2 双曲柄机构

2.2.1 运动分析

若铰链四杆机构的两个连架杆都是曲柄，则该四杆机构称为双曲柄机构。

双曲柄机构的特征是两连架杆均为曲柄。双曲柄机构的作用是将一曲柄的等速回转转变为另一曲柄等速或变速回转。

双曲柄机构根据其从动件的运动不同，又可以分为不等双曲柄机构、平行双曲柄机构、反向双曲柄机构三种形式。

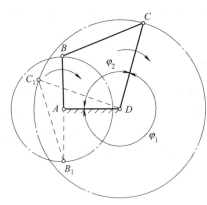

图 2-15 不等双曲柄机构

不等双曲柄机构如图 2-15 所示。当主动曲柄 AB 转过180°时，从动曲柄 CD 转过 φ_1 角度，AB 再转过180°时，从动曲柄 CD 转过 φ_2 角度。很明显 $\varphi_1 > \varphi_2$，所以当主动曲柄作等速转动时，从动曲柄作变速运动。利用这一特点，可以做成惯性筛，使筛子作变速往复运动。

平行双曲柄机构如图 2-16 所示。在双曲柄机构中，如两曲柄的长度相等，连杆与机架的长度也相等，则称为平行双曲柄机构，或称为平行四边形机构。也可以说平行四边形机构是双曲柄机构的特例。

平行四边形机构的特点是两连架杆等长且平行，连杆作平动。该机构有以下三个运动特性：

① 两曲柄转向一致，且转速相等；
② 连杆始终与机架平行；
③ 机构具有运动不确定性。

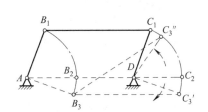

图 2-16 平行双曲柄机构

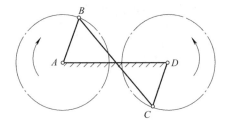

图 2-17 反向双曲柄机构

反向双曲柄机构如图 2-17 所示。该机构的对边杆相等，但不平行，两曲柄的转向相反，且角速度不相等。这一特点可以应用到需要作反向运动的机械装置上去。例如，双扇门的启闭装置使用该结构，就可以保证两扇门能同时关闭和开启。

2.2.2 惯性筛机构图例与说明

惯性筛主体机构是双曲柄机构，如图 2-18 所示为惯性筛主体机构的运动简图。这个六杆机构也可以看成是由两个四杆机构组成。第一个是由原动曲柄 1、连杆 2、从动曲柄 3 和机架 6 组成的双曲柄机构；第二个是由曲柄 3（原动件）、连杆 4、滑块 5（筛子）和机架 6 组成的曲柄滑块机构。

惯性筛主体机构的运动过程为主动曲柄 AB 等速回转一周时，从动曲柄 CD 变速回转一

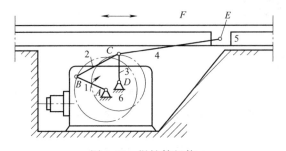

图 2-18 惯性筛机构

1—原动曲柄；2,4—连杆；3—从动曲柄；5—滑块（筛子）；6—机架

周，使筛子 EF 获得加速度，产生往复直线运动，其工作行程平均速度较低，空程平均速度较高。筛子内的物料因惯性而来回抖动，从而将被筛选的物料分离。

2.2.3 机车车轮联动机构图例与说明

如图 2-19（a）所示为机车车轮联动机构，图 2-19（b）为其机构运动简图。该机构是利用平行四边形机构的两曲柄回转方向相同、转速相等、角速度相等的特点，使被联动的各从动车轮与主动车轮 1 具有完全相同的运动。由于机车车轮联动机构还具有运动不确定性，所以利用第三个平行曲柄来消除平行四边形机构在这种位置的运动不确定状态。

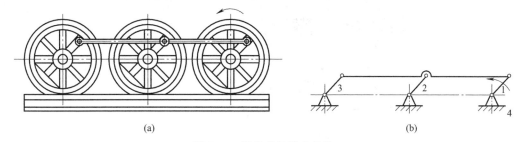

(a)　　　　　　　　　　　(b)

图 2-19　机车车轮联动机构
1—主动车轮；2,3—从动车轮；4—机架

另外，当机构处于死点位置，驱动从动件的有效回转力矩为零，此时机构不能运动，实际机构中为使机构通过死点位置，可采取一些措施。例如，采用机构死点位置错位排列能使其顺利通过死点位置。机车车轮联动机构就是采取这样的措施，其两侧的曲柄滑块机构的曲柄位置相互错开 90°，如图 2-20 所示。

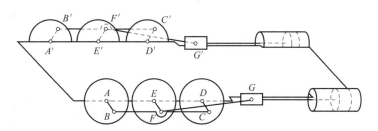

图 2-20　机车车轮联动机构（包括曲柄滑块机构）

2.2.4 摄影平台升降机构图例与说明

摄影平台升降机构也是平行四边形机构，它是根据平行四边形机构的特点即两连架杆等长且平行、连杆作平动以及平行四边形机构的运动特性即连杆始终与机架平行的原理，使摄影平台升降移动。

如图 2-21 所示的摄影平台升降机构：连架杆 AB、CD 等长且平行，连杆 BC 始终与机架平行且上下移动。摄影平台升降机构是利用连杆 BC 的延长部分实现摄影平台升降的功能。

2.2.5 旋转式水泵机构图例与说明

旋转式水泵是由相位依次相差 90°的四个双曲柄机构组成，如图 2-22（a）所示。图 2-22（b）

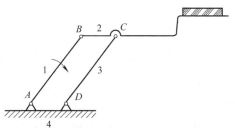

图 2-21　摄影平台升降机构
1,3—连架杆；2—连杆；4—机架

是其中一个双曲柄机构的运动简图。当原动曲柄 1 等角速顺时针转动时，连杆 2 带动从动曲柄 3 作周期性变速转动，因此相邻两从动曲柄（隔板）间的夹角也周期性地变化。转到右边时，相邻两从动曲柄（隔板）间的夹角及容积增大，形成真空，于是从进水口吸水；转到左边时，相邻两隔板的夹角及容积变小，压力升高，从出水口排水，从而起到泵水的作用。

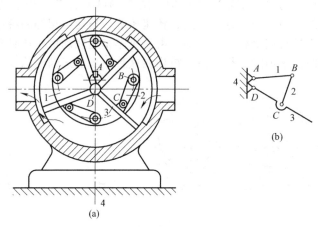

图 2-22　旋转式水泵机构

1—原动曲柄；2—连杆；3—从动曲柄；4—机架

2.2.6　公共汽车车门启闭机构图例与说明

反平行四边形机构是指主动曲柄作等速转动、从动曲柄作反向变速转动的机构。

公共汽车车门启闭机构就是反平行四边形机构，如图 2-23 所示。两曲柄 AB 和 CD 的转向相反，角速度也不相同，牵动主动曲柄的延伸，使两曲柄同时转动，进而实现使固连在曲柄上的两扇车门同时打开或关闭的过程。

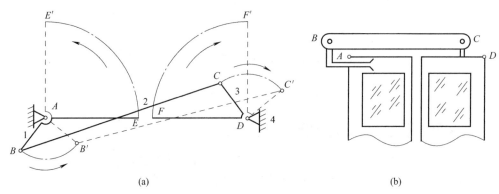

图 2-23　公共汽车车门启闭机构

1,3—曲柄；2—连杆；4—机架

2.2.7　挖土机铲斗机构图例与说明

如图 2-24 所示的挖土机铲斗机构是平行双曲柄机构，连杆 BC 在连板上固定。液压缸通过 K 点可以驱动由 AB、CD 构成的平行双曲柄机构，进而使铲斗实现上下移动。

2.2.8　冲床双曲柄机构图例与说明

冲床双曲柄机构如图 2-25 所示，B 点走过的轨迹是一个圆弧，DC、DE 杆长相等，

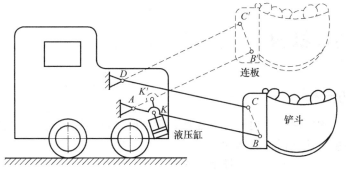

图 2-24　挖土机铲斗机构

DC、DE、CE 三杆焊接为一个固定的三角架。

该冲床双曲柄机构也可以看成是由两个四杆机构组成。第一个是由主动曲柄 AB、连杆 BC、从动曲柄 DC 和机架 AD 组成的双曲柄机构；第二个是由曲柄 DE（主动件）、连杆 EF、滑块（冲头）和机架 DF 组成的曲柄滑块机构。

该机构的运动过程为：主动曲柄 AB 匀速回转，从动曲柄 DC（或 DE）变速回转。通过连在从动曲柄上的 E 点带动冲头 F 上下移动工作。由于曲柄 DE 是变速回转，所以冲床双曲柄机构具有急回运动特性。

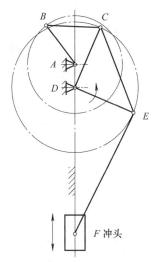

图 2-25　冲床双曲柄机构

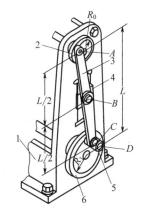

图 2-26　回转半径不同的曲柄联动机构

1—机架；2—小曲柄轮；3—连杆；
4—滑块；5—导向槽；6—大曲柄轮

2.2.9　回转半径不同的曲柄联动机构图例与说明

如图 2-26 所示，该机构设有一个与两个曲柄机构轴心连线相平行的导向槽，滑块 4 与该导向槽相配合。连杆 3 把两个曲柄与上述滑块连在一起，连杆 3 通过轴 B 固定在滑块 4 上，并能自如摆动。连杆上部借助轴 A 与小曲柄轮 2 直接相连，而连杆的下端则通过连接杆并借助轴 D 与大曲柄轮 6 相连，图中 1 为机架。

设两个曲柄机构的轴心距离为 L，只要选定连杆的中点 B，即 $AB = BC = \dfrac{1}{2}L$，那么，由于连杆的作用，就可使半径不同（如 $R_0 < R_1$）的两个曲柄机构同时运动而不产生干涉。连接杆的长度可以任意选定。整个机构的速度比是相等的，但瞬时角速度不同。

2.3 双摇杆机构

2.3.1 运动分析

若铰链四杆机构的两个连架杆都是摇杆，则该四杆机构称为双摇杆机构，该机构可将主动摇杆的摆动转换为从动摇杆的摆动。

双摇杆机构的特征是两个连架杆都为摇杆。

摇杆的两极限位置之间的夹角为摇杆摆动的最大角度，如 α_{max}、β_{max}，如图 2-27 所示。

一般情况下 $\alpha \neq \beta$，这种摆角不等的特点能满足汽车、拖拉机转向机构的需要。

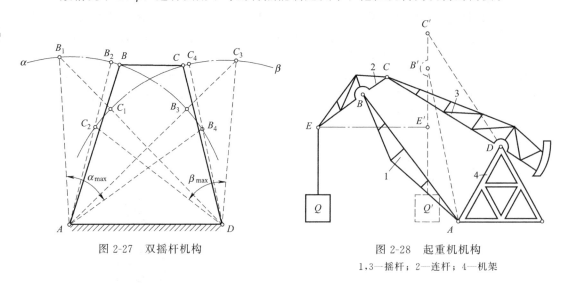

图 2-27 双摇杆机构　　　　　　　图 2-28 起重机机构
1，3—摇杆；2—连杆；4—机架

2.3.2 起重机机构图例与说明

起重机吊臂中的双摇杆机构，即重物平移机构，如图 2-28 所示。

通过由 $ABCD$ 构成的双摇杆机构的运动可以使起重机悬吊在 E 处的物体作平移运动。当摇杆 DC 摆动时，连杆 CB 的延长线上悬挂重物的点 E 在近似水平线上移动，使重物避免不必要的升降，以减少能量消耗。连杆 CB 延长线上的点 E 的选择要合适，点 E 的轨迹才为近似的水平直线。

2.3.3 汽车前轮换向机构图例与说明

两摇杆长度相等的双摇杆机构，称为等腰梯形机构。轮式车辆的前轮转向机构就是等腰梯形机构的应用实例，如图 2-29 所示。车子转弯时，与前轮轴固连的两个摇杆的摆角 β 和 δ 不等，车辆将绕两轮轴线的延长线交点 P 转弯。如果在任意位置都能使两前轮轴线的交点 P 落在后轮轴线的延长线上，则当整个车身绕 P 点转动时，四个车轮都能在地面上纯滚动，避免轮胎因滑动而损伤。一般情况下，等腰梯形机构可以近似地满足这一要求。

2.3.4 飞机起落架机构图例与说明

飞机起落架机构是双摇杆机构，如图 2-30 所示。飞机着陆前，需要将着陆轮 1 从飞机起落架仓 4 中推放出来，如图中实线所示；飞机起飞后，为了减小空气阻力，又需要将着陆轮收入飞机起落架仓中，如图中虚线所示。这些动作是由主动摇杆 3，通过连杆 2、从动摇杆 5 带动着陆轮来实现的。

工程实践中，常利用死点来实现特定的工作要求。例如本实例的飞机起落架机构，飞机着陆时，构件 AB 和 BC 处于一条直线上，无论机轮所在的摇杆 DC 受多大的力，起落架都不会反转，使降落可靠。

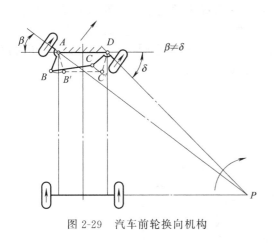

图 2-29　汽车前轮换向机构

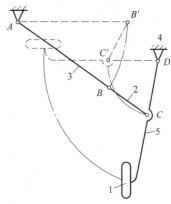

图 2-30　飞机起落架机构
1—着陆轮；2—连杆；3—主动摇杆；
4—飞机起落架仓；5—从动摇杆

2.3.5　摆动式供料器机构图例与说明

摆动式供料器机构如图 2-31 所示，可以分析出其主体机构 ABCD 组成双摇杆机构。当主动摇杆 1 摆动时，经连杆 2 带动从动摇杆即料斗 3 往复摆动，使装在其内的工件翻滚，工件杆身随机落入料斗底缝。每当摆至上面位置时，如图中实线所示，由底缝导向的工件便沿着斜面向下移动，直至进入接受槽中。

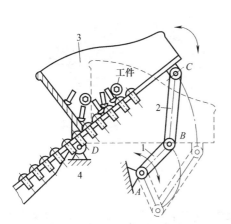

图 2-31　摆动式供料器机构
1—主动摇杆；2—连杆；3—从动摇杆；4—机架

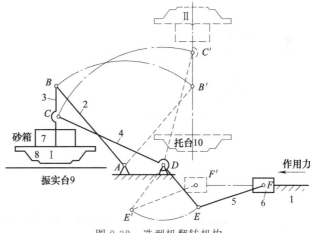

图 2-32　造型机翻转机构

2.3.6　造型机翻转机构图例与说明

铸工车间翻台振实式造型机的翻转机构是双摇杆机构，如图 2-32 所示。它是应用一个铰链四杆机构来实现翻台的两个工作位置的。在图中实线位置 I，砂箱 7 与翻台 8 固连，并在振实台 9 上振实造型。当压力油推动活塞 6 时，通过连杆 5 使摇杆 4 摆动，从而将翻台与砂箱转到虚线位置Ⅱ。然后托台 10 上升接触砂箱，解除砂箱与翻台间的紧固连接并起模。

2.3.7　闸门启闭机构图例与说明

如图 2-33 所示为用于煤仓的闸门启闭机构，图中实线为关闭位置，开启时拉下绳索 5，由滑轮 4 改变绳索方向，拉动摇杆 1，通过连杆 2 使闸门 3（摇杆）也同向摆动。当摇杆 1 由位置 AB 摆动至 AB' 时，闸门 3 由位置 CD 摆至 $C'D$，此时煤仓闸门完全开启，关闭时由于闸门 3 的重心偏于垂线左方，利用重力即可使闸门自动摆回至原来位置。

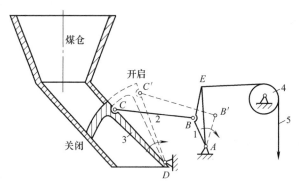

图 2-33　闸门启闭机构
1—摇杆；2—连杆；3—闸门（摇杆）；4—滑轮；5—绳索

2.3.8　可逆坐席机构图例与说明

可逆坐席机构是双摇杆机构，如图 2-34 所示，坐席底座 AD 为机架，坐席靠背通过两连架杆与底座铰接，根据需要可改变靠背的方向。

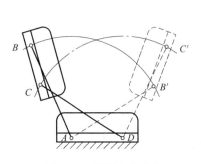

图 2-34　可逆坐席机构

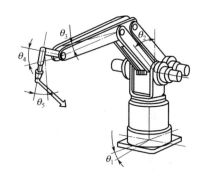

图 2-35　关节式机械手

2.3.9　用平行四边形机构作小臂驱动器的关节式机械手图例与说明

如图 2-35 所示是用平行四边形机构作小臂驱动器的关节式机械手。该机械手有 5 个自由度，即躯体的回转（θ_1）；手臂的俯仰和伸缩（θ_2、θ_3）；手腕的弯转和滚转（θ_4、θ_5）。该机械手的特点是其第 3 关节（θ_3）的驱动源安装在躯体上，用平行四边形机构将运动传给小臂。这样安排驱动源，是为了减轻大臂的重量，增加手臂的刚度，因而提高手腕的定位精度。

2.4 曲柄滑块机构

2.4.1 运动分析

通过用移动副取代转动副、变更杆件长度、变更机架和扩大转动副等途径，还可以得到铰链四杆机构的其他演化形式。

如图 2-36(a) 所示的曲柄摇杆机构，铰链中心 C 的轨迹为以 D 为圆心和 l_3 为半径的圆弧 mm。若将 l_3 增至无穷大，则如图 2-36(b) 所示，C 点轨迹变成直线。于是摇杆 3 演化为直线运动的滑块，转动副 D 演化为移动副，机构演化为图 2-36(c) 的曲柄滑块机构。

构件 1 为曲柄，滑块 2 相对于机架 4 作往复移动，该机构为曲柄滑块机构。曲柄滑块机构分为两类：若 C 点运动轨迹正对曲柄转动中心 A，则称为对心曲柄滑块机构，如图 2-36(c) 所示；若 C 点运动轨迹 m-m 的延长线与回转中心 A 之间存在偏距 e，则称为偏置曲柄滑块机构，如图 2-36(d) 所示。

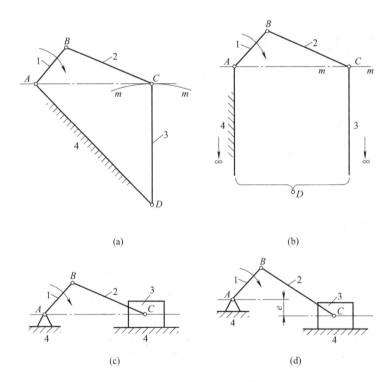

图 2-36　曲柄滑块机构

2.4.2 冲床机构图例与说明

图 2-37 为一冲床机构。绕固定中心 A 转动的菱形盘 1 为原动件，与滑块 2 在 B 点铰接，滑块 2 推动拨叉 3 绕固定轴 C 转动，拨叉 3 与圆盘 4 为同一构件，当圆盘 4 转动时，通过连杆 5 使冲头 6 上下运动，从而完成对工件 8 的冲压。其中构件 4、5、6、7（机架）构成了曲柄滑块机构，如图 2-38 所示。

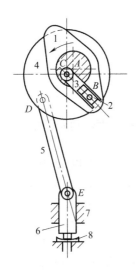

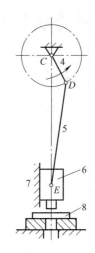

图 2-37 冲床机构
1—原动件；2—滑块；3—拨叉；4—圆盘；
5—连杆；6—冲头；7—机架；8—工件

图 2-38 简化冲床机构
4—曲柄；5—连杆；6—滑块；
7—机架；8—工件

2.4.3 压力机工作机构图例与说明

如图 2-39 所示，压力机工作机构实际上是一个曲柄滑块机构。曲柄轴 1 旋转通过连杆 3 带动滑块 2 作往复直线运动，对工件 4 进行冲压。

2.4.4 搓丝机对心滑块机构图例与说明

图 2-40 为搓丝机机构，构件 1 绕回转中心 A 转动，通过连杆 2 带动上板牙 3（相当于滑块）做往复运动，上板牙 3 与静止的下板牙 4 作用加工出工件 5 的螺纹。

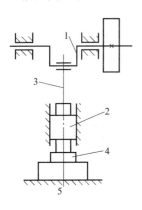

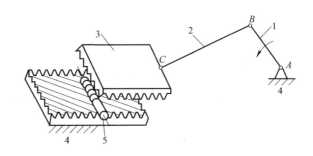

图 2-39 压力机
1—曲柄轴；2—滑块；
3—连杆；4—工件

图 2-40 搓丝机
1—曲柄；2—连杆；3—上板牙；
4—下板牙；5—工件

2.4.5 送料机偏置曲柄滑块机构图例与说明

图 2-41 为送料机机构简图，曲柄 2 等速转动，每回转一周，连杆 3 推动滑块 4 从料仓里推出一个工件。

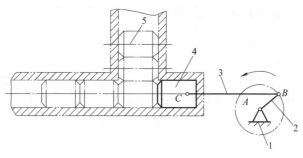

图 2-41　送料机

1—机架；2—曲柄；3—连杆；4—滑块；5—工件

2.4.6　注射模对心曲柄滑块机构图例与说明

在注射模中，抽芯机构是常用的机构之一，如图 2-42 所示。合模后，模具如图 2-42 所示状态，塑料经浇口套注入型腔。保压、冷却后，油缸 6 先工作，推动连接头 5 向左运动，并使连杆 2 转动，使滑块 3 抽芯（向下）。图 2-43 是抽芯机构两个工作位置的原理图。

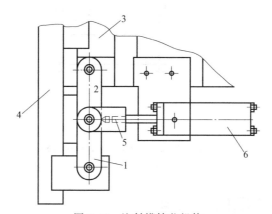

图 2-42　注射模抽芯机构

1—曲柄；2—连杆；3—滑块；4—机架；5—连接头；6—油缸

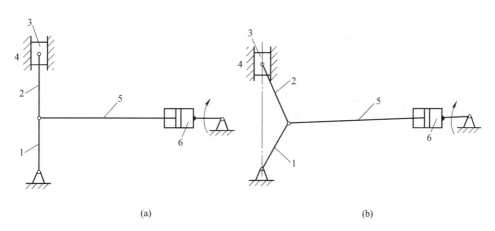

(a)　　　　　　　　　　　　　　　(b)

图 2-43　对心曲柄滑块机构原理图

1—曲柄；2—连杆；3—滑块；4—机架；5—连接头；6—油缸

2.4.7　蜂窝煤机偏置曲柄滑块机构图例与说明

如图 2-44(a) 所示，构件 1 为曲柄，构件 2 为连杆，构件 3 为滑梁，构件 4 为脱模盘，构件 5 为冲头，构件 6 为模筒转盘，构件 7 是机架。其中冲头 5 和脱模盘 4 都与上下移动的滑梁 3 连成一体。构件 1、构件 2、滑梁 3（脱模盘 4、冲头 5）和机架 7 构成偏置曲柄滑块机构。由图 2-44(b) 所示动力经由带传动输送给齿轮机构，齿轮 1 整周转动，通过连杆 2 使滑梁 3 上下移动，在滑梁下冲时冲头 5 将煤粉压成蜂窝煤，脱模盘 4 将已压成的蜂窝煤脱模。图 2-44(c) 为其原理图。

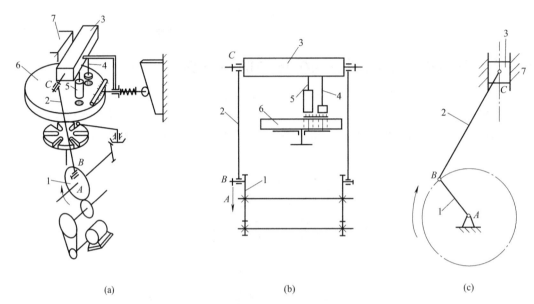

(a)　　　　　　　　　　(b)　　　　　　　　　　(c)

图 2-44　蜂窝煤机偏置曲柄滑块机构

1—曲柄（齿轮）；2—连杆；3—滑梁；4—脱模盘；5—冲头；6—模筒转盘；7—机架

2.4.8　双滑块机构图例与说明

图 2-45(a) 所示为双滑块椭圆仪机构简图，当滑块 1 和 3 沿机架的十字槽滑动时，连杆 2 上的各点便描绘出长、短径不同的椭圆。图 2-45(b) 是其原理图。

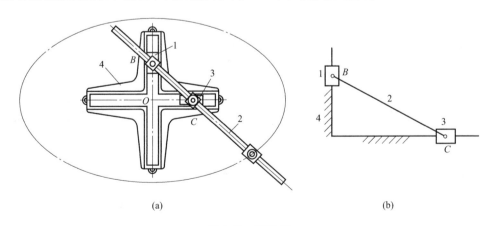

(a)　　　　　　　　　　(b)

图 2-45　椭圆仪

1,3—滑块；2—连杆；4—机架

2.4.9 无死点曲柄机构图例与说明

在机械设计中，由于曲柄机构可以很容易地把旋转运动转换成直线运动，或把直线运动转换为旋转运动，所以，很多机械中经常采用曲柄机构。但是，在把直线运动转换为旋转运动时，其缺点是有"死点"存在。为了解决这个问题，要采取多种办法。

如图 2-46 所示是利用简单的机构就可以解决这个问题的无死点曲柄机构。滑板 8 与活塞杆 5 相连接，利用滑板上的曲线形长孔 6 及与之配合的曲柄销 7 驱动曲柄轮 2 转动。在曲柄销的左右死点位置上，由于滑板的曲线形长孔的斜面和曲柄销接触，所以就能消除一般曲柄机构的死点问题。曲线形长孔的倾斜方向确定了曲柄轴的旋转方向，并使其保持固定的旋转方向。图中 1 为曲柄轴，3 为滑板销轴，4 为气缸。

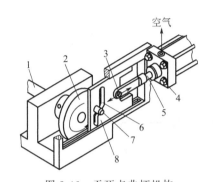

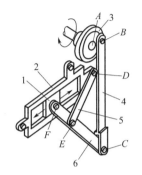

图 2-46　无死点曲柄机构
1—曲柄轴；2—曲柄轮；3—滑板销轴；4—铣工；
5—活塞杆；6—曲线形长孔；7—曲柄销；8—滑板

图 2-47　曲柄垂直运动机构
1—滑块；2—滑动导轨；3—曲柄轮；
4—连杆；5,6—连接杆

2.4.10 曲柄垂直运动机构图例与说明

如图 2-47 所示机构是使连杆下端 C 点完成垂直运动的曲柄连杆机构。

6 为连接杆 X，其一端与连杆 4 的下端相连，另一端与滑块 1 相连，滑块可在滑动导轨 2 中沿水平方向滑动。此外，在曲柄轮 3 的轴 A 的正下方设一个固定支点 D，再将 5 连接杆 Y 的一端连在 D 点，另一端与连接杆 X 上的 E 点相连。当 $EC=FC/2=ED$ 时，则随着曲柄轮的旋转，连杆下端点 C 就作上下垂直运动。

2.5 导杆机构

2.5.1 运动分析

改变曲柄滑块机构中的固定构件，取构件 1 为固定构件，构件 4 对滑块 3 起导向作用，故构件 4 称为导杆，此机构称为导杆机构，如图 2-48(c) 所示。通常取构件 2 为主动件，该机构中，当 $l_2 \geqslant l_1$ 时，构件 2 和构件 4 相对于机架均能做整周运动，故称之为转动导杆机构，如图 2-48(a) 所示；当 $l_2 < l_1$ 时，构件 2 相对于机架做整周转动，但构件 4 只能做往复摆动，故称之为摆动导杆机构，如图 2-48(b) 所示。

2.5.2 牛头刨床图例与说明

如图 2-49 所示为牛头刨床机构图，牛头刨床的动力是由电机经带、齿轮传动使齿轮 2

绕轴 B 回转，再经滑块 3、导杆 4、连杆 5 带动装有刨刀的滑枕 6 沿床身 1 上的导轨槽作往复直线运动，从而完成刨削工作。

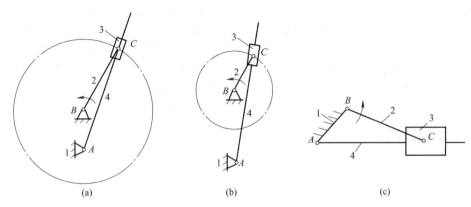

图 2-48 导杆机构
1—固定构件；2—主动件；3—滑块；4—导杆

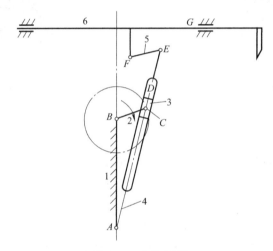

图 2-49 牛头刨床
1—床身；2—齿轮；3—滑块；4—导杆；5—连杆；6—滑枕

2.5.3 旋转油泵图例与说明

图 2-50 所示的旋转油泵主体结构中，当主动件 2 转动时，杆 4 随之作整周转动，使活塞 3 上部容积发生变化，从而起到泵油的作用。

2.5.4 采用水平滑板的步进送料机构图例与说明

如图 2-51 所示水平滑板步进送料机构，采用了导杆机构，输送杆 4 由 L 形连杆 5 连接在水平滑板 2 上，当水平滑板沿导轨 7 从左向右滑动时，L 形连杆倾倒在挡块 9 上，当水平滑板从右向左滑动时，L 形连杆升起并靠到挡块 8 上。这样，随着水平滑板的运动，输送杆就按图示的轨迹运动，将零件 3 按需要输送。图中 1 为驱动轴，10 为驱动臂，11 为曲柄轮。

由于水平滑板只需要进行左右滑动，所以，如果在驱动中采用快速退回机构，就能缩短输送杆返回时间。

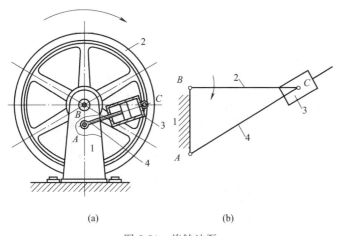

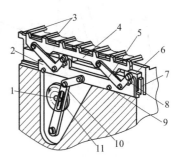

（a）	（b）

图 2-50　旋转油泵

1—机架；2—主动件；3—活塞；4—杆

图 2-51　步进送料机构

1—曲柄轴；2,6—水平滑板；3—零件；
4—输送杆；5—L形连杆；7—导轨；
8,9—挡块；10—驱动臂；11—曲柄轮

2.6　摇块机构和定块机构

2.6.1　运动分析

改变曲柄滑块机构固定构件的位置，取构件 2 为固定构件，构件 3 可以绕机架上的铰链中心 C 摆动，故称该机构为摇块机构，如图 2-52 所示；若取构件 3 为固定构件，机构称为定块机构，如图 2-53 所示。

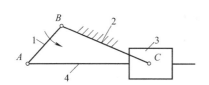

图 2-52　摇块机构

1—曲柄；2—固定构件；3—摇块；4—连杆

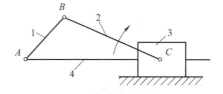

图 2-53　定块机构

1—曲柄；2—可动构件；3—定块；4—连杆

2.6.2　摆缸式油泵图例与说明

在摆动式油泵示意图 2-54 中，杆 1 为原动件作连续回转，通过构件 2 带动摇块 3 摆动，完成交替进出油功能。

2.6.3　抽水唧筒图例与说明

抽水唧筒是定块机构的常见例子，如图 2-55（a）所示。当曲柄 1 往复摆动时，活塞 4（移动滑块）在缸体 3（机架）中往复移动将水抽出。图 2-55（b）是其原理图。

2.6.4　自动翻卸料装置图例与说明

图 2-56 是卡车自动翻转卸料机构，是摇块机构的应用，当油缸 3 中的压力油推动活塞杆 4 运动时，车厢 1 便绕回转副中心 B 倾斜，当达到一定角度时，物料就自动卸下。

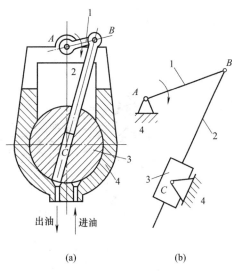

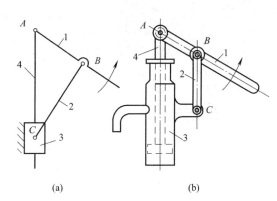

(a)   (b)

图 2-54　摆动式油泵

1—原动件；2—构件；3—摇块；4—机架

(a)   (b)

图 2-55　抽水唧筒

1—曲柄；2—连杆；3—缸体（机架）；

4—活塞（移动滑块）

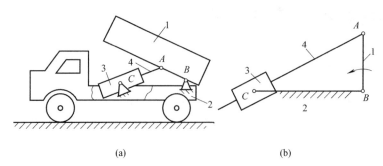

(a)   (b)

图 2-56　自动翻卸料机

1—车厢；2—机架；3—油缸；4—活塞杆

2.7　多杆机构

生产中常见的很多机构可以看成由若干个四杆机构组合扩展形成的。

2.7.1　六杆推料机构图例与说明

图 2-57 是钢料输送机构的运动简图，它是六杆机构，构件 1、2、3、6 为曲柄摇杆机构，构件 3、4、5、6 为摇杆滑块机构，杆 1 为主动件，滑块 5 为输出件，采用六杆机构可以增大滑块的行程。

2.7.2　六杆增程式抽油机机构图例与说明

图 2-58 所示为六杆增量式抽油机机构。此机构由两个四杆机构组成，曲柄 1、连杆 2、游梁 3 和底座 6（支架 7 与底座 6 连为一体）构成曲柄摇杆机构；游梁 3、摆杆 4、

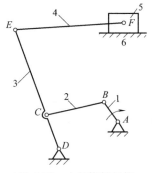

图 2-57　六杆推料机构

1~4—构件；5—滑块；6—机架

驴头 5 和支架 7（底座 6）构成交叉双摇杆机构。动力由机构前部的带传动传递给曲柄 1，曲柄 1 为主动件并通过连杆 2 带动游梁绕铰链 D 摆动，配合摆杆 4 使驴头 5 做平面复杂运动，从而完成抽油工作。

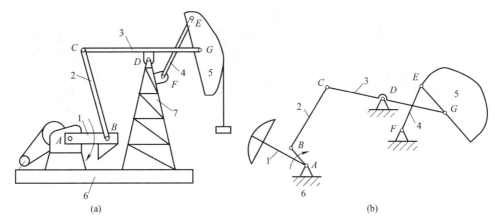

图 2-58　六杆增量式抽油机机构

1—曲柄；2—连杆；3—游梁；4—摆杆；5—驴头；6—底座；7—支架

2.7.3　小型刨床机构图例与说明

图 2-59 为小型刨床机构，它的主体机构是由转动导杆机构和曲柄滑块机构构成的。构件 1、2、3、4 为转动导杆机构，构件 1、4、5、6 为曲柄滑块机构。构件 2 为主动件，滑块 6 为工作件，输出运动。

2.7.4　假肢膝关节图例与说明

图 2-60 所示机构是为膝盖断腿的人设计的整体膝盖机构，此机构复现大腿骨 4 与胫骨即假腿构件 1 之间的相对转动中心的移动轨迹，以保持行走的稳定性。图 2-60(b) 为 0°弯曲即伸直位置，图 2-60(c) 为 90°弯曲位置。图 2-60(a) 为其机构示意图。由两个双摇杆机构组成，构件 1、

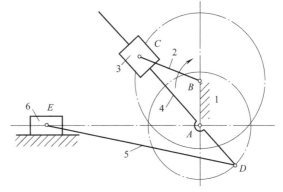

图 2-59　小型刨床机构

1—机架；2—曲柄；3,6—滑块；4,5—连杆

2、5、6 构成双摇杆机构，构件 2、3、4、5 构成双摇杆机构。其中构件 2 为主动件，大腿骨 4 为从动件输出运动。

2.7.5　装载机图例与说明

图 2-61(a) 为装载机机构立体图，图 2-61(b) 是它的运动简图，其主体机构由举升缸体 1、举升缸活塞杆 2、动臂 3、拉杆 4、摇臂 5、转斗缸活塞杆 6、转斗缸体 7 和铲斗 8 构成，其中动臂 3 左右对称安装耳板，此耳板固连在动臂 3 上，与转斗缸体 7 通过高副连接，前车架可视为与地固定，不参与运动。构件 1、2、3、9 构成摇杆滑块机构，构件 3、5、6、7 构成摇杆滑块机构，构件 3、4、5、8 构成双摇杆机构，举升缸体 1 为主动件，铲斗 8 为输出构件。此八杆机构在一个工作周期内完成伸斗、升举、翻斗、收斗、下降、放平六个动作。

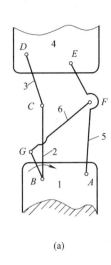
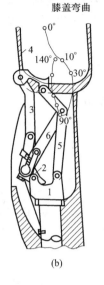
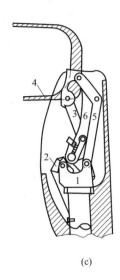

(a)　　　　　　　　　(b)　　　　　　　　　(c)

图 2-60　假肢膝关节机构

1～3,5,6—构件；4—大腿骨

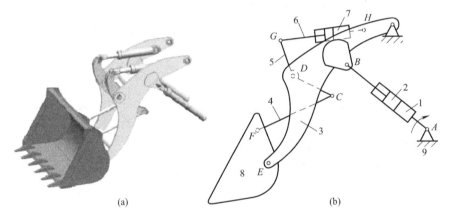

(a)　　　　　　　　　　　　　　　(b)

图 2-61　装载机机构

1—举升缸体；2—举升缸活塞杆；3—动臂；4—拉杆；5—摇臂；
6—转斗缸活塞杆；7—转斗缸体；8—铲斗；9—机架

2.7.6　缝纫机摆梭机构图例与说明

图 2-62 所示缝纫机摆梭机构是六杆机构，构件 1、2、3、6 为曲柄摇杆机构，构件 3、4、5、6 为摆动导杆机构。曲柄 1 为主动件，摆杆 5 为从动件。当曲柄 1 连续转动时，通过杆 2 使摆杆 3 作一定角度的摆动，再通过导杆机构使摆杆 5 的摆角增大。

2.7.7　插齿机机构图例与说明

图 2-63 是插齿机的主传动机构，它是六杆机构，构件 1、2、3、6 为曲柄摇杆机构，构件 3、4、5、6 为摇杆滑块机构，利用此六杆机构可使插刀在工作行程中得到近于等速的运动。

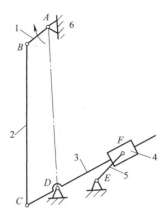

图 2-62　缝纫机摆梭机构
1—曲柄；2—连杆；3,5—摆杆；
4—滑块；6—机架

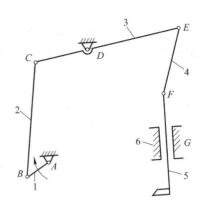

图 2-63　插齿机机构
1,2,3,6—曲柄摇杆机构；
3,4,5,6—摇杆滑块机构

2.7.8　插床插削机构图例与说明

图 2-64 所示为插床插削主体机构，它是六杆机构，构件 1、2、3、6 为摆动导杆机构，构件 3、4、5、6 为摇杆滑块机构。杆 1 为主动件，滑块 5 固接插刀，完成插削动作。

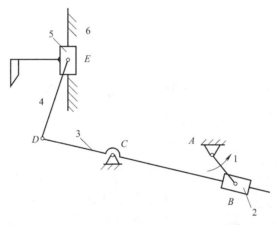

图 2-64　插床插削机构
1,2,3,6—摆动导杆机构；3,4,5,6—摇杆滑块机构

2.7.9　摆式飞剪机机构图例与说明

图 2-65 为摆式飞剪机机构，它是七杆机构。当主动曲柄 1 绕 G 点转动时，GH 带动龙门剪架 4 上下左右摆动，GA 经小连杆 2 带动下剪架滑座 3 沿龙门剪架 4 上下移动，从而使装于剪架 4 的上剪刃及装于滑座 3 的下剪刃开启与闭合。同时，曲柄 6 绕 F 点转动，经连杆 5 带动龙门剪架 4 绕 H 点摆动，以保证上下剪刃在剪切时与工件同速水平移动，即实现同步剪切。此外，将下剪刃与滑座 3 做成可分离的，当调整为 GA 转两周滑座只上推下剪刃一次并完成剪切时，则空切一次，亦即剪切工件长度为原来定长的 2 倍。

2.7.10　电动玩具马主体机构图例与说明

图 2-66 所示为电动玩具马的主体运动机构。它能模仿马的奔驰运动形态，使骑在玩具

马上的小朋友仿佛身临其境。实际上，这种电动马由曲柄摇块机构叠加在两杆机构绕 $O\text{-}O$ 轴转动的构件上。构件1、2、3、4构成曲柄摇块机构，曲柄1为原动件，玩具马固连在连杆2上。两杆机构在此作为运载机构使马绕以 $O\text{-}O$ 轴为圆心的圆周向前奔驰，而构件2的摇摆和伸缩则使马获得跃上、窜下、前俯后仰的姿态。

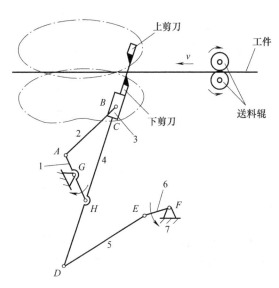

图 2-65　摆式飞剪机

1—主动曲柄；2—小连杆；3—滑座；4—龙门剪架；
5—连杆；6—曲柄；7—机架

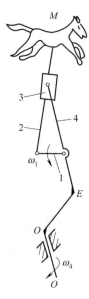

图 2-66　电动玩具马主体机构

2.7.11　停歇时间可调的八杆机构图例与说明

如图 2-67 所示的可调机构是由曲柄摇杆机构 A_0ABB_0 和后接四杆机构 $B_0B'CC_0$ 以及双杆组 $EF\text{-}FF_0$ 所组成的八杆机构，曲柄 A_0A 的机架铰链 A_0 位置可调；当转动螺杆 1 时，螺母 2 作轴向移动，从而通过连杆 3 使摆杆 4 及其上的机架铰链 A_0 绕固定中心 V_0 转动，使曲柄摇杆机构的机架长 $\overline{A_0B_0}$ 成为无级可调。当后接四杆机构 $B_0B'CC_0$ 运动时，连杆 BC 平面上的连杆点 E 作往复运动，它所描绘的部分连杆曲线为近似于半径为 EF 的圆弧，连杆点 E 通过这段圆弧时，从动摆杆 F_0F 近似停歇。通过调节可以在从动摆杆摆角保持不变的情况下使停歇时间从最大值（$\varphi_{R1}=150°$）调至为零。链 5 用于将主动链轮（中心在 V_0）的转动传至从动链

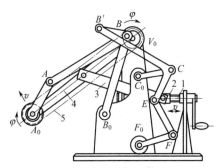

图 2-67　八杆机构
1—螺杆；2—螺母；3—连杆；
4—摆杆；5—链

轮（主动曲柄 A_0A）。

第**3**章

Chapter 3

凸轮机构应用实例

凸轮机构是由具有曲线轮廓或凹槽的构件，通过高副接触带动从动件实现预期运动规律的一种高副机构，它广泛地应用于各种机械，特别是自动机械、自动控制装置和装配生产线中，是工程实际中用于实现机械化和自动化的一种常用机构。

3.1 凸轮机构的组成和类型

3.1.1 凸轮机构的组成

在一部机器上或一架机械装置上，往往通过一些机构去实现不同用途的有规则的圆周运动。但是有些场合却需要一些特殊的运动，如内燃机的气门，就是一种特殊的运动——间歇运动。如图 3-1 所示为内燃机的配气机构。图中具有曲线轮廓的构件 1 为凸轮，当它做等速转动时，其曲线轮廓通过与气门弹簧上座圈 4 接触，推动气阀杆 2 有规律地开启和闭合。机器工作对气阀的动作程序及其速度和加速度都有严格的要求，这些要求均是通过凸轮 1 的轮廓曲线来实现的。

从这个实例中可以看出，凸轮机构主要由凸轮和从动件组合而成。凡是靠轮廓的形状把一种有规则的运动（比如轮轴的回转运动），变成为一种特殊的运动（比如气门的关闭间歇运动）的机件，都叫做凸轮。凸轮机构就是依靠凸轮本身的轮廓形状，通过从动件直接接触的方式，使从动件获得需要规律的一种机构。

凸轮机构的优点为：只需设计适当的凸轮轮廓，便可使从动件得到所需的运动规律，并且结构简单、紧凑、设计方便。它的缺点是凸轮轮廓与从动件之间为点接触或线接触，易磨损，所以通常用于传力不大的控制机构。

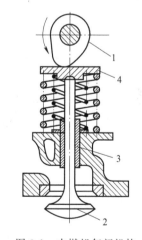

图 3-1 内燃机气门机构
1—凸轮；2—气阀杆；3—套筒；
4—气门弹簧上座圈

3.1.2 凸轮机构分类

凸轮机构的应用广泛，其类型也很多。按凸轮的形状分，有盘形凸轮、移动凸轮、圆柱凸轮；按从动件的形式分，有尖顶从动件、滚子从动件、平底从动件；按锁合方式分，有力锁合、几何锁合。表 3-1 列出了各类凸轮机构的特点及应用。

表 3-1　凸轮机构的特点及应用

类型		图　　例	特点与应用
凸轮形状	盘形凸轮	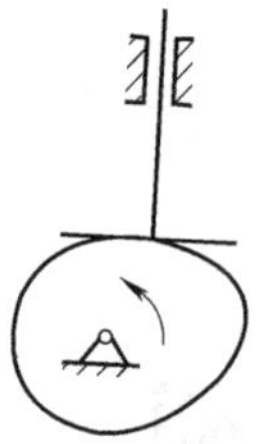	凸轮为径向尺寸变化的盘形构件，它绕固定轴作旋转运动。从动件在垂直于回转轴的平面内作直线或摆动的往返运动。这种机构是凸轮的最基本形式，应用广泛
	移动凸轮	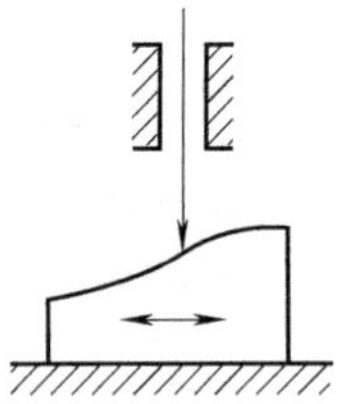	凸轮为一有曲面的直线运动构件，在凸轮往返移动作用下，从动件可作直线或摆动的往返运动。这种机构在机床上应用较多
	圆柱凸轮	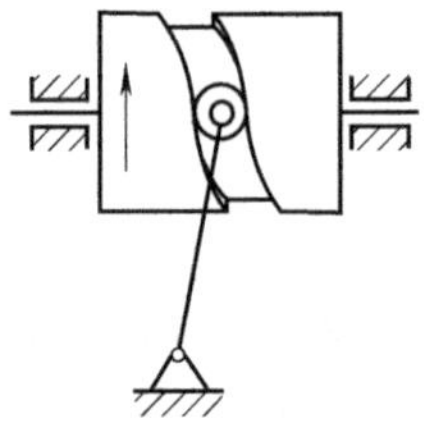	凸轮为一有沟槽的圆柱体，它绕中心轴作回转运动。从动件在凸轮的轴线平行平面内作直线移动或摆动。它与盘形凸轮相比，行程较长，常用于自动机床
从动件形式	尖顶	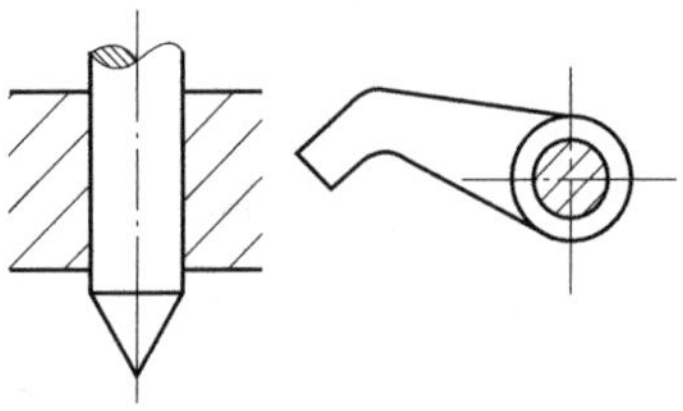	尖顶能与任意复杂的凸轮轮廓保持接触，从而使从动件实现任意运动。但因尖顶易于磨损，故只宜于传力不大的低速凸轮机构中
	滚子	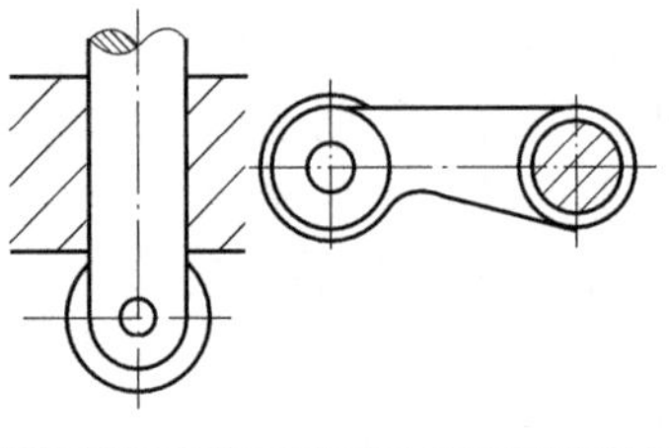	这种推杆由于滚子与凸轮之间为滚动摩擦，所以磨损较小，可用来传递较大的动力，应用最普遍
	平底	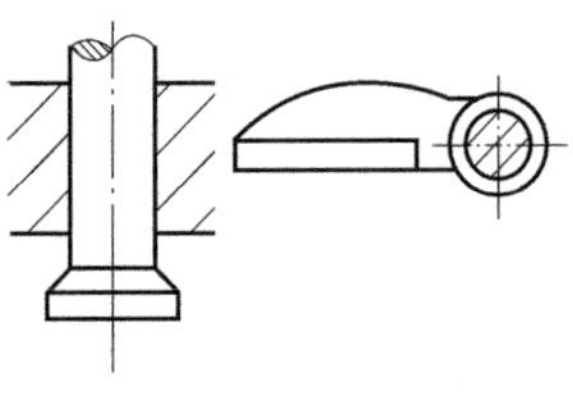	凸轮对推杆的作用力始终垂直于推杆的底边，故受力比较平稳。而且凸轮与平底的接触面间宜于形成油膜，润滑良好，所以常用于高速传动中

类　型		图　例	特点与应用
锁合方式	力锁合	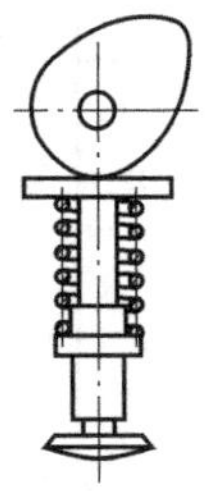	利用从动件的重力、弹簧力或其他外力使从动件与凸轮保持接触
	几何锁合 凹槽锁合	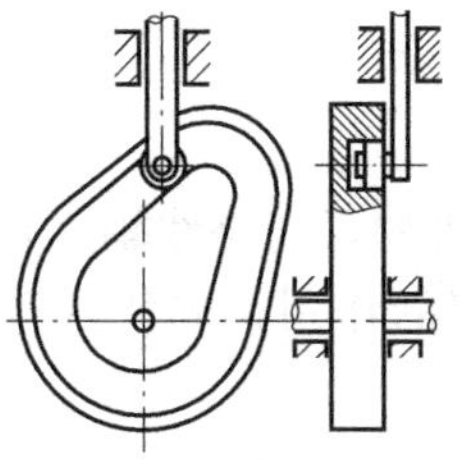	其凹槽两侧面间的距离等于滚子的直径，故能保证滚子与凸轮始终接触。因此这种凸轮只能采用滚子从动件
	共轭凸轮	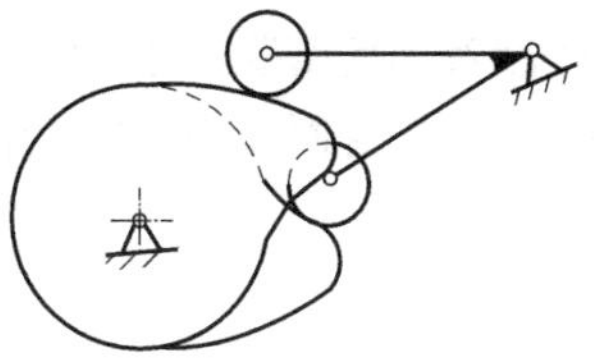	利用固定在同一轴上但不在同一平面内的主、回两个凸轮来控制一个从动件，从而形成几何封闭，使凸轮与推杆始终保持接触
	等径和等宽凸轮	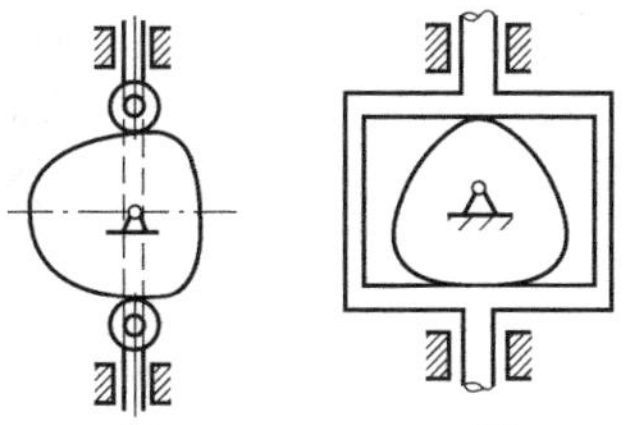 (a)　　　(b)	图(a)为等径凸轮机构，因过凸轮轴心任一径向线与两滚子中心距离处处相等，可使凸轮与推杆始终保持接触。图(b)为等宽凸轮，因与凸轮廓线相切的任意两平行线间距离处处相等且等于框形内壁宽度，故凸轮和推杆可始终保持接触

3.2　盘形凸轮

3.2.1　运动分析

　　盘形凸轮是凸轮的最基本形式。如图 3-2 所示，这种凸轮是一个绕固定轴线转动并具有变化矢径的盘形构件。凸轮绕其轴线旋转时，可推动从动件移动或摆动。盘形凸轮结构简单、应用广泛，但从动件行程不能太大，否则会使凸轮的径向尺寸变化过大，对工作不利，因此盘形凸轮多用在行程较短的传动中。

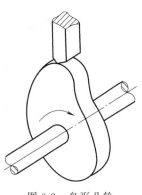

图 3-2　盘形凸轮

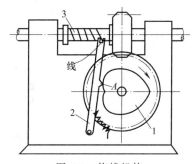

图 3-3　绕线机构
1—凸轮；2—从动件；3—绕线轴

3.2.2　绕线机构图例与说明

　　图 3-3 所示为绕线机构中用于排线的凸轮机构，当绕线轴 3 快速转动时，经齿轮带动凸轮 1 缓慢地转动，通过凸轮轮廓与尖顶 A 之间的作用，驱使从动件 2 往复摆动，从而使线均匀地缠绕在绕线轴上。

3.2.3　凸轮式夹紧装置图例与说明

　　图 3-4 所示为凸轮-顶杆式夹紧机构。凸轮 1 与手柄 a 固连，当凸轮绕轴心 A 转动时，其工作面 b 沿着顶杆 2 的端面 c 滑动，而顶杆沿着固定导路 3 移动。因此，若逆时针方向转动手柄，则凸轮使顶杆向左移动，将工件相对于固定面 d 夹紧；若顺时针方向转动手柄，则弹簧 4 使顶杆向右移动，工件被松开。

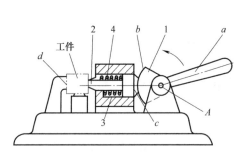

图 3-4　凸轮-顶杆式夹紧机构
1—凸轮；2—顶杆；3—固定导路；4—弹簧

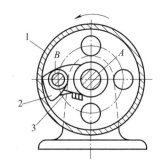

图 3-5　凸轮式制动机构
1—转筒；2—凸轮；3—板簧

3.2.4　凸轮式制动机构图例与说明

　　图 3-5 所示为凸轮式制动机构，主要由转筒 1、凸轮 2、板簧 3 等组成。凸轮可绕固定轴心 B 转动，但因弹簧的作用，凸轮的转动受到一定限制。转筒可绕固定轴心 A 逆时针自由转动。但当转筒欲顺时针转动时，则由于凸轮的斜楔作用产生制动。

3.2.5　等宽凸轮柱塞泵图例与说明

　　图 3-6 所示为偏心圆等宽凸轮驱动的柱塞泵工作原理图。凸轮转动时，从动件（柱塞）上下运动，油腔 1、2 的容积随之变化。油腔 1 处于排油状态时，油腔 2 就处于吸油状态；油腔 2 处于排油状态时，油腔 1 处于吸油状态。柱塞运动时，总有一个油腔处于排油状态。

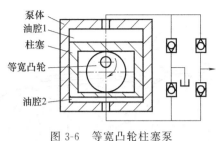

图 3-6 等宽凸轮柱塞泵

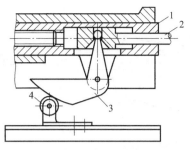

图 3-7 多轴压力机零件推出器
1—滑块；2—杆；3—凸轮；4—固定滚子

3.2.6 多轴压力机零件推出器图例与说明

图 3-7 所示为多轴压力机零件推出器的示意图，在滑块 1 上装有杆 2，杆 2 与凸轮 3 活动连接。凸轮的旋转轴装在滑块的支出架上，滑块 1 移动时，凸轮 3 与固定滚子 4 相遇而转动，从而使杆 2 移动而推出零件。

3.2.7 摆动筛图例与说明

图 3-8 为摆动筛机构，主动偏心轮 1 转动时，通过左右带轮带动筛体 2 往复摆动。筛体 2 悬挂在铰链连接的杆或平板弹簧上。这种机构由于采用两个挠性带，可吸收一部分能量，动力性能较好。

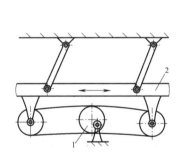

图 3-8 摆动筛机构
1—主动偏心轮；2—筛体

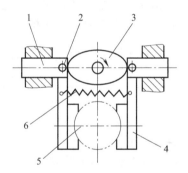

图 3-9 凸轮式手部机构
1—滑块；2—滚子；3—凸轮；4—手指；5—工件；6—弹簧

3.2.8 凸轮式手部机构图例与说明

图 3-9 所示为凸轮式手部机构，其中滑块 1 和手指 4 及滚子 2 相连接，手指 4 的动作是依靠凸轮 3 的转动和弹簧 6 的抗力来实现的。弹簧 6 用于夹紧工件 5，而工件的松开则是由凸轮 3 转动，推动滑块 1 移动来达到。这种机构动作灵敏，但由于由弹簧决定夹紧力的大小，因而夹紧力不大，只适用于轻型工件的抓取。

3.2.9 凸轮钳式送料机构图例与说明

图 3-10 为凸轮钳式送料机构，机构由钳口 1、凸轮 2 及连杆组成。钳口的张开与闭合以及其送料的进给和退回均由凸轮 2 推动、连杆 3 和 4 在凸轮 2 的作用下钳口可以张合，而连杆 5 和 6 可以使钳口夹紧料后向前移动一个送料进程，当钳口 1 张开时，则钳口同时退回初始状态。该机构可用于 0.3mm 以下的卷料。

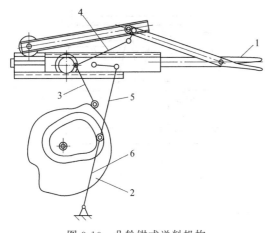

图 3-10　凸轮钳式送料机构
1—钳口；2—凸轮；3～6—连杆

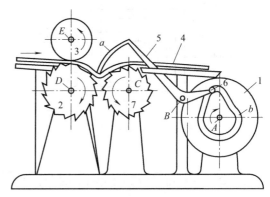

图 3-11　加工槽纹带条的凸轮机构
1—主动凸轮；2,7—槽纹滚子；3—光滑轮；
4—带条；5—摇杆；6—滚子

3.2.10　加工槽纹带条的凸轮机构图例与说明

图 3-11 所示为加工槽纹带条的凸轮机构，其中主动凸轮 1 绕定轴线 A 转动，1 具有槽 b，摇杆 5 的滚子 6 在槽中滚转；从动摇杆 5 绕定轴线 B 摆动。摇杆 5 具有指销 a，它周期性地压在移动的带条 4 上，形成挠度弯曲。带条 4 借绕定轴线 E 转动的光滑轮 3 和绕定轴线 D 转动的槽纹滚子 2 使之移动；滚子 7 绕定轴线 C 转动；滚子 2 和 7 的转动发生在形成凹槽的时候借助机构（图上未表示）在相反方向转动。

3.2.11　切断机的凸轮连杆机构图例与说明

图 3-12 所示为切断机上的凸轮连杆机构，凸轮 1 绕定轴线 A 转动；摇杆 5 绕定轴线 D 转动，其上有滚子 6；6 和凸轮 1 的轮廓线 a 相接触；构件 7 和构件 5 与 8 组成转动副 F 和 L；构件 9 和构件 8 及 2 组成转动副 N 和 M；构件 2 和刀 b 绕定轴线 E 转动；构件 8 和构件 3 组成转动副 K；构件 3 绕定轴线 B 转动；爪 4 在定轴线 C 上转动。爪 4 止动构件 3 时（图示位置），凸轮 1 才能使构件 2 和刀 b 有确定的运动；当爪 4 放开构件 3 时，凸轮 1 转动是无益的。

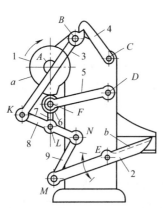

图 3-12　切断机的凸轮连杆机构
1—凸轮；2,3,5,7～9—构件；
4—爪；6—滚子

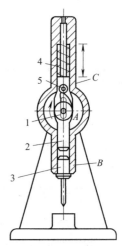

图 3-13　冲孔机床的凸轮机构
1—凸轮；2—推杆；3—工具；
4—弹簧；5—滚子

3.2.12 冲孔机床的凸轮机构图例与说明

图 3-13 所示为冲孔机床上的凸轮机构。凸轮 1 绕定轴线 A 转动；工具 3 在固定导轨 B 中前进运动。推杆 2 在定导轨 C 中往复运动，2 上有滚子 5，它沿凸轮 1 的廓线滚转，推杆 2 用弹簧 4 压住。在主动凸轮 1 转动时滚子 5 从凸轮 1 的廓线上跳下，并且作用到从动推杆 2 上的弹簧 4 放开，推杆 2 冲击工具 3 穿透产品。

3.2.13 卧式压力机的凸轮连杆机构图例与说明

图 3-14 所示为卧式压力机上的凸轮机构，主动凸轮 1 绕固定轴线 E 转动，摆杆 2 绕固定轴线 A 转动，其上的滚子 6 沿凸轮 1 的廓线滚动；构件 7 与摆杆 2 和构件 3 分别组成转动副 C 和 D，构件 3 绕固定轴线 B 转动，构件 8 与构件 3 和滑块 4 分别组成转动副 F 和 K，从动滑块 4 在固定导轨 f 中往复移动；锻压装置的杆 9 和滑块 4 固连。弹簧 5 保证凸轮 1 与摆杆 2 之间的力锁和。

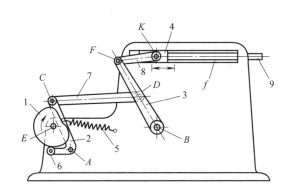

图 3-14 卧式压力机的凸轮连杆机构
1—主动凸轮；2—摆杆；3,7,8—构件；
4—从动滑块；5—弹簧；6—滚子；9—杆

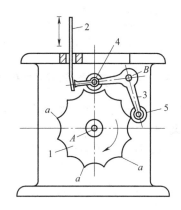

图 3-15 锯条的凸轮机构
1—主动凸轮；2—从动锯；
3—摇杆；4,5—滚子

3.2.14 锯条的凸轮机构图例与说明

图 3-15 所示为锯条的凸轮机构，锯的锯条 2 和摇杆 3 挠性联系；在主动凸轮 1 转动时，从动锯 2 的锯条作往复运动。凸轮转一转，锯的锯条 2 完成 12 次双行程。凸轮 1 绕定轴线 A 转动，1 具有 12 个突出部 a。摇杆 3 绕定轴线 B 转动，它具有 4 和 5 两个滚子，这两个滚子布置方式为：当滚子 4 位于槽中时，滚子 5 位于突出部 a 的顶端，或者相反。

3.2.15 工件移置装置的运动机构图例与说明

图 3-16 所示为工件移置装置的运动机构，图中 1 为凸轮，2 和 3 为导槽，4、10、12 和 14 为从动杆，5 和 13 为支点轴，6 为滑块，7 为导柱，8 为横臂杆，9 为板，11 为从动滚子，15 为滚子。本机构中利用两个凸轮机构分别产生升降与进退两种运动。凸轮 1 两面各有一沟槽。从动滚子 11 在一个沟槽内运动，经从动杆 10 及 4 和导槽 3 使横臂杆 8 左右（进退）运动。另一个从动滚子在另一面的沟槽内运动，经从动杆 12 及 14、滚子 15 及导槽 2 使滑块 6 带动横臂杆 8 上下（升降）运动。采用适当形状的凸轮沟槽，可获得相当任意的输出运动规律。此设计用于工件移置位置。横臂杆前端板 9 上安装工件夹持器，在适当的凸轮推动下，可作 Ⅱ 形、口形或其他轨迹形状的运动，通用性较强。

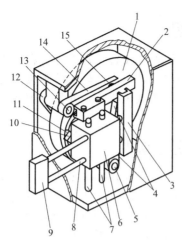

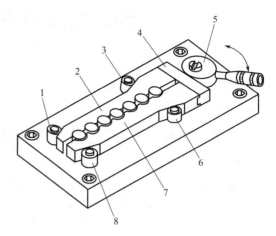

图 3-16　工件移置装置的运动机构

1—凸轮；2,3—导槽；4,10,12,14—从动杆；
5,13—支点轴；6—滑块；7—导柱；8—横
臂杆；9—板；11—从动滚子；15—滚子

图 3-17　一次夹紧多个零件的夹具

1—夹紧滚轮 A；2—压板 A；3—夹紧滚轮 B；
4—连接块；5—夹压偏心凸轮；6—夹紧滚
轮 C；7—压板 B；8—夹紧滚轮 D

3.2.16　一次夹紧多个零件的夹具图例与说明

图 3-17 所示为一次夹紧多个零件的夹具机构，图中 1 为夹紧滚轮 A，2 为压板 A，3 为夹紧滚轮 B，4 为连接块，5 为夹压偏心凸轮，6 为夹紧滚轮 C，7 为压板 B，8 为夹紧滚轮 D。压板 A、B 的两个斜面与滚轮接触，且压板之间作成与被夹压零件截面相同形状的孔，并在这些孔中夹持零件，用偏心凸轮完成零件的夹紧和松开。

压板 A、B 以燕尾槽与连接块相连，所以，夹具的拆装很方便，从而容易清扫夹具，这对夹具而言是十分重要的。

设计要点：本夹具作为磨床、铣床、镗床等大量生产用的夹具，其应用十分方便。制造夹具时，压板斜面相对滚轮的位置以及滚轮直径等，都必须精确加工。

3.2.17　采用水平滑板的步进送料机构图例与说明

图 3-18 所示为采用水平滑板的步进送料机构。

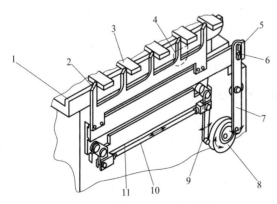

图 3-18　采用水平滑板的步进送料机构

1—支架导轨；2—输送杆；3—被输送的零件；4—输送杆运动
轨迹；5—水平滑板；6—滑板拨销；7—驱动水平运动
的杆；8—双作用凸轮；9—驱动上下运动的杆；
10—连接杆；11—垂直运动板的导向

图中 1 为支架导轨，2 为输送杆，3 为被输送的零件，4 为输送杆运动轨迹，5 为水平滑板，6 为滑板拨销，7 为驱动水平运动的杆，8 为双作用凸轮，9 为驱动上下运动的杆，10 为连接杆，11 为垂直运动板的导向。输送杆被固定在水平滑板上，完成输送运动。水平滑板安装在垂直运动板上，所以，垂直运动板的上下运动就成为输送杆的上下运动，其作用是确定输送杆是输送零件还是脱开零件。

根据水平和垂直运动的动作顺序要求，可以用一个凸轮完成所需的运动控制。但是，如果采用两个凸轮分别驱动，那么根据输送杆所要求的运动轨迹，设计和制造凸轮就比较容易。把凸轮轴做成联动的两根轴，使用两个凸轮驱动也是一种可行的方法。

应用实例：这种机构可用于自动装配机的夹具输送，包装机上硬纸箱的输送，板料和棒料的输送等，其用途甚广。

3.2.18 矩形凸轮驱动的微动开关图例与说明

图3-19所示为矩形凸轮驱动的微动开关示意图。图中1为开关轴，2为凸轮爪，3为复位弹簧，4为板弹簧，5为微动开关，6为压板，7为拨爪，8为矩形凸轮。开关轴1在复位弹簧3的压缩力作用下，由右向左完成返回行程，此时，板弹簧4的拨爪7钩住矩形凸轮8的爪，而使矩形凸轮转动90°。

矩形凸轮，顾名思义，呈矩形，在其每转动90°时，就使压板交互地受压或松开，从而，使微动开关接电或断电。

本装置的特点是：把微动开关用于这种装置，可以控制较大的电流。

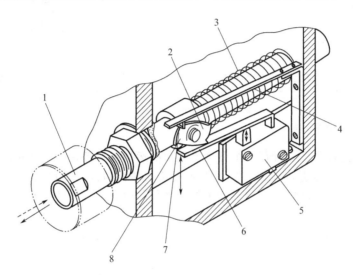

图 3-19　矩形凸轮驱动的微动开关
1—开关轴；2—凸轮爪；3—复位弹簧；4—板弹簧；5—微动开关；
6—压板；7—拨爪；8—矩形凸轮

3.2.19 可以得到复杂运动的组合式凸轮图例与说明

图3-20所示为可以得到复杂运动的组合式凸轮机构，1为凸轮杆，2为滚轮，3为凸轮杆转轴，4为夹爪，5为夹紧位置，6为固定夹爪，7为夹紧弹簧，8为往复运动杆。控制夹爪开闭的凸轮安装在凸轮杆上，做往复运动的夹爪摆杆上的滚轮与凸轮相接触，在夹爪摆杆由左向右移动时，滚轮从凸轮下侧通过，而当夹爪摆杆由右向左返回时，滚轮则从凸轮上侧通过。然而，凸轮杆只能按图示方向以凸轮杆轴为中心向下摆动，所以，在夹爪摆杆前进时夹爪开启，返回时则闭合。

应用实例：本机构可用于送纸机构等装置中。

3.2.20 三凸轮分度装置图例与说明

图3-21所示为三凸轮分度装置。图中1为分度凸轮1，2为分度凸轮2，3为圆盘3，4为圆盘4，5为滚子2，6为输出轴，7为滚子3，8为圆盘2，9为滚子1，10为圆盘1，11为输入轴，12为锁定凸轮。这种分度装置的主分配角（每次分度时输入轴的工作角度）可以非常小，可用于有这种需要的场合。

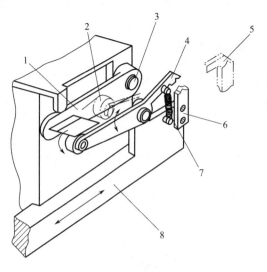

图 3-20　可以得到复杂运动的组合式凸轮

1—凸轮杆；2—滚轮；3—凸轮杆转轴；4—夹爪；
5—夹紧位置；6—固定夹爪；7—夹紧弹簧；
8—往复运动杆

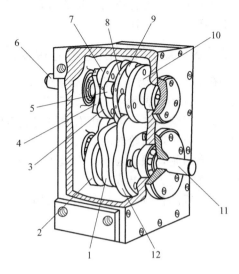

图 3-21　三凸轮分度装置

1,2—分度凸轮；3,4,8,10—圆盘；5,7,9—滚子；
6—输出轴；11—输入轴；
12—锁定凸轮

　　也就是说，这种分度装置在一个分度周期中的运动——停留时间比很小，所以，在停留时间中，可以很从容地进行操作。当不需要较长的停留时间时，则可以进一步加快工作周期，缩短循环时间。三凸轮分度装置除了具有平行凸轮分度装置的所有特点外，还具备下列优点：

　　① 分度精度和定位精度非常高，所以，在分度工作台上不必设置定位销；

　　② 传递力矩大；

　　③ 对于分度数 $n=4$、5、6、8 等，其主分配角最小可达到 $60°$；

　　④ 也可以设计制成分度数 $n=1$ 的分度装置；

　　⑤ 启动、停止时的冲击很小。

　　应用实例：这种三凸轮分度装置可用于驱动分度旋转工作台、间歇移动带运输机等，不但启动和停止过程平稳，而且分度精度也很高。

3.3　移动凸轮

3.3.1　运动分析

　　当盘形凸轮的回转中心趋于无穷远时，凸轮相对机架作往复移动，这种凸轮称为移动凸轮，如图 3-22 所示。

3.3.2　录音机卷带机构图例与说明

　　图 3-23 所示为录音机卷带装置中的凸轮机构，凸轮 1 随放音键上下移动。放音时，凸轮 1 处于图示最低位置，在弹簧 6 的作用下，安装于带轮轴上的摩擦轮 4 紧靠卷带轮 5，从而将磁带卷紧。停止放音时，凸轮 1 随按键上移，其轮廓压迫从动件 2 顺时针摆动，使摩擦轮与卷带轮分离，从而停止卷带。

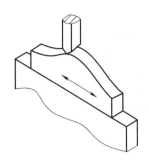

图 3-22　移动凸轮

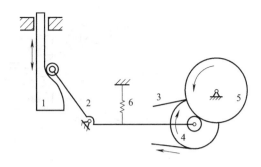

图 3-23　录音机卷带机构
1—凸轮；2—从动件；3—带；4—摩擦轮；5—卷带轮；6—弹簧

3.3.3　靠模机构图例与说明

　　如图 3-24 所示为利用靠模法车削手柄的移动凸轮机构。凸轮 1 作为靠模被固定在床身上，滚轮 2 在弹簧作用下与凸轮轮廓紧密接触，当拖板 3 横向运动时，与从动件相连的刀头便走出与凸轮轮廓相同的轨迹，因而切削出工件的曲线形面。

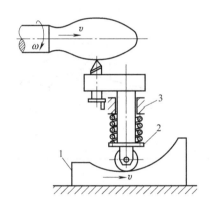

图 3-24　靠模机构
1—凸轮；2—滚轮；3—拖板

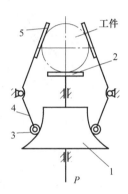

图 3-25　滑动支承自动定心夹具机构
1—凸轮；2—夹板；3—滚轮；4—摆杆；5—夹板

3.3.4　滑动支承自动定心夹具机构图例与说明

　　图 3-25 为一自动定心夹具机构，凸轮 1 向上移动时，其上端的夹板 2 直接压向工件，同时利用凸轮曲线推动滚轮 3，使摆杆 4 摆动，故摆杆末端的夹板 5 也压向工件，从而将工件支承在三块夹板之间。自动定心的实现是合理设计凸轮曲线，使凸轮位移量总是等于夹板与工件中心之间距离的变动量。自动定心夹具用于轴、套类工件的活动支承，以解决其工件直径在一定范围变化时的自动定心问题。

3.3.5　凸轮控制手爪开闭的抓取机构图例与说明

　　图 3-26 所示为凸轮控制手爪开闭的抓取机构，当活塞杆在气缸 1 的作用下移动时，它带着保持板 8 和手爪杠杆 5 一起移动，而滚子 4 在凸轮 3 的表面滚动，由凸轮轮廓线控制手爪的开闭。活塞杆 2 的端部安装一保持板 8；在保持板 8 的两侧铰接一对手爪杠杆 5；杠杆 5 的左端固结爪片 6，右端铰接滚子 4。杠杆 5 的右端装有弹簧片（图中未标出）以保证滚子 4 和凸轮 3 接触。

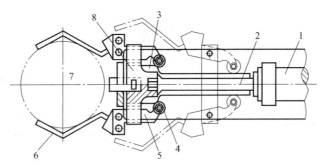

图 3-26　凸轮控制手爪开闭的抓取机构

1—气缸；2—活塞杆；3—凸轮；4—滚子；5—手爪杠杆；6—爪片；7—工件；8—保持板

3.3.6　移动凸轮送料机构图例与说明

如图 3-27 所示的移动凸轮送料机构由曲柄连杆带动凸轮 1 上下移动，通过凸轮槽与滚轮接触，使作为从动件的推杆 2 水平运动，推动工件进入工位。

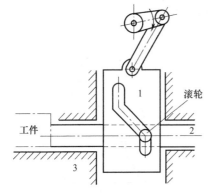

图 3-27　移动凸轮送料机构

1—凸轮；2—推杆；3—导杆

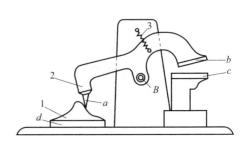

图 3-28　缝纫机刀片的凸轮机构

1—主动凸轮；2—杠杆；3—弹簧

3.3.7　缝纫机刀片的凸轮图例与说明

图 3-28 所示为缝纫机刀片上所用的凸轮机构，主动凸轮 1 沿固定导轨 d 往复运动时，推动刀的杠杆 2 的凸出部 a，2 绕轴线 B 转动，刀 b 下降到砍穿织物为止，织物放在可动块 c 上，用单独的机构传递运动。刀的杠杆 2 绕定轴线 B 转动，杠杆 2 在弹簧 3 的作用下回复到初始位置。

3.3.8　圆珠笔生产线上的凸轮机构图例与说明

图 3-29 为圆珠笔生产线上所用的凸轮机构，图中 4 为工作台，主动轴上的盘状凸轮 2 控制托架 3 上下运动，从而将圆珠笔 5 抬起和放下；而主动轴上的端面凸轮 1 控制托架 3 的左右往复移动，从而使圆珠笔 5 沿轨迹 K 移动，将圆珠笔 5 步进式地向前送给。

3.3.9　具有两个轮廓的凸轮机构图例与说明

图 3-30 所示为具有两个轮廓的凸轮机构，主动凸轮 1 沿固定导槽 a-a 往复移动，它具有两个轮廓 b 和 b'，通过滚子 2 使从动件 3 沿固定导槽 B 往复移动。当凸轮 1 向上运动，其轮廓 b 作用于滚子；当凸轮 1 向下运动，其轮廓 b' 作用于滚子 2。通常，轮廓 b 和 b' 的形

状是不同的。当轮廓 b 的 cd 段与滚子 2 接触，从动件 3 具有较长的停歇。滚子 2 与轮廓 b 接触过渡到与轮廓 b′ 接触。或反之，是由专门装置操作的（图中未标出）。

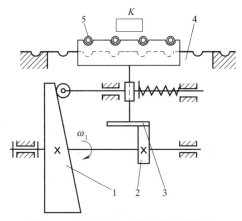

图 3-29　圆珠笔生产线上的凸轮机构
1—端面凸轮；2—盘状凸轮；3—托架；4—工作台；5—圆珠笔

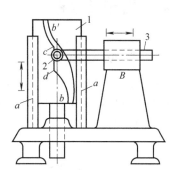

图 3-30　具有两个轮廓的凸轮机构
1—主动凸轮；2—滚子；3—从动件

3.3.10　摇床机构图例与说明

图 3-31 所示为摇床机构的示意图，摇床机构由连杆机构与移动凸轮机构组成，曲柄 1 为主动件，通过连杆 2 使大滑块 3（移动凸轮）作往复直线移动。滚子 G、H 与凸轮轮廓线接触，使构件 4 绕固定轴 E 摆动，再通过连杆 5 驱动从动件 6 按预定的运动规律往复移动。该机构适用于中低速轻负荷的摇床机构或推移机构。

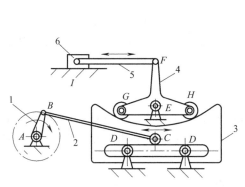

图 3-31　摇床机构
1—曲柄；2—连杆；3—大滑块；4—构
件；5—连杆；6—从动件

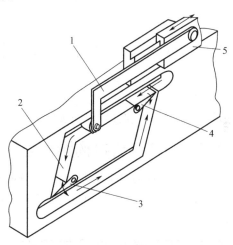

图 3-32　可以得到复杂运动的组合式凸轮机构
1—从动件；2—固定导向凸轮；3—导向叶片 B；
4—导向叶片 A；5—从动件燕尾导轨

3.3.11　可以得到复杂运动的组合式凸轮图例与说明

图 3-32 为可以得到复杂运动的组合式凸轮机构，图中 1 为从动件，2 为固定导向凸轮，3 为导向叶片 B，4 为导向叶片 A，5 为从动件燕尾导轨。为使作往复运动的从动件 1 得以通过导向凸轮 2 的死点，可以在死点处装设导向叶片 3 和 4，图示为这种组合式凸轮的应用实例。利用安装导向叶片的方法，可以设计出新颖独特的导向凸轮。这样，就可以使从动件完

成与其本身往复运动相关的复杂运动。

　　应用实例：本结构可以用于自动装配装置、自动装配机械手等需要完成复杂运动的机构中。

3.4 　圆柱凸轮

3.4.1 　运动分析

　　圆柱凸轮是一个在圆柱面上开有曲线凹槽或是在圆柱端面上作出曲线凹槽的构件。圆柱凸轮可以认为是将移动凸轮卷成圆柱体而演化成的，如图 3-33 所示。这种凸轮机构可用于行程较大的场合。

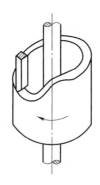

图 3-33　圆柱凸轮

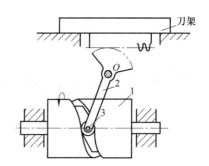

图 3-34　机床自动进刀机构
1—圆柱凸轮；2—从动件；3—滚子

3.4.2 　机床自动进刀机构图例与说明

　　如图 3-34 所示为一自动机床的进刀机构。当具有凹槽的圆柱凸轮 1 回转时，其凹槽的侧面通过嵌于凹槽的滚子 3 迫使从动件 2 绕轴 O 做往复摆动，从而控制刀架的进刀和退刀运动。至于进刀和退刀的运动规律如何，则决定于凹槽曲线的形状。

3.4.3 　自动送料机构图例与说明

　　图 3-35 所示为自动送料机构。当带有凹槽的凸轮 1 转动时，通过槽中的滚子，驱使从动件 2 作往复移动。凸轮每回转一周，从动件即从储料器中推出一个毛坯，送到加工位置。

3.4.4 　正反转圆柱凸轮机构图例与说明

　　图 3-36 所示为能实现正反转运动的圆柱凸轮机构，其中绕固定轴线 O_1 摆动的摇杆 1 为输入构件，其上的滚子 3 位于圆柱凸轮 2 的螺旋槽内，使该凸轮绕固定轴线往复转动。由摇杆传动凸轮的可能性在于该凸轮的螺旋槽具有较大的升程角。在机构运动的一个周期内，凸轮在某一方向回转两圈。该机构用于运动转向。

3.4.5 　圆柱凸轮切削机构图例与说明

　　图 3-37 所示为圆柱凸轮切削机构。切削利用带沟槽的凸轮机构完成。凸轮 1 带动与从动件 3 固连的刀架 2 作往复运动，对工件进行切削。

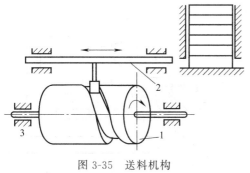

图 3-35　送料机构
1—凸轮；2—从动件

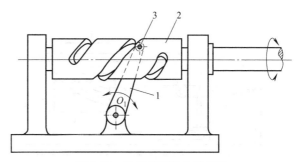

图 3-36　正反转圆柱凸轮机构
1—摇杆；2—圆柱凸轮；3—滚子

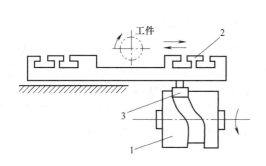

图 3-37　圆柱凸轮切削机构
1—凸轮；2—刀架；3—从动件

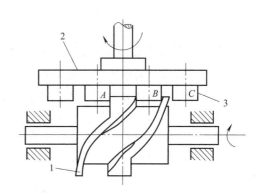

图 3-38　圆柱凸轮式间歇运动机构
1—圆柱凸轮；2—圆盘；3—销

3.4.6　圆柱凸轮式间歇运动机构图例与说明

图 3-38 所示为圆柱凸轮式间歇运动机构，其中圆柱凸轮 1 是主动件，而圆盘 2 是从动件。按图示运动方向，圆盘 2 上的销 B 开始进入凸轮轮廓的曲线段，圆柱凸轮 1 转动使圆盘 2 转位。A 销与凸轮轮廓脱开。凸轮转过 180°时，转位终了，此时 B 销接触的凸轮轮廓由曲线段过渡到直线段，同时与 B 销相邻的 C 销开始和凸轮的直线段轮廓在另一侧接触。凸轮继续转动圆盘不动实现了间歇。当 C 销进入凸轮曲线段时，间歇动作结束，下一次转位动作开始。

3.4.7　工件分选装置中的固定凸轮机构图例与说明

图 3-39 所示为固定凸轮式工件分选装置，摆杆 2 悬挂于绕轴线 A—A 连续转动的转盘 1 上；来自装料自动机的工件 3 进入摆杆 2 的托盘；在转盘 1 某一确定的转角范围内，摆杆 2 与固定凸轮 4 脱开，在工件 3 的重量作用下摆动。摆杆 2 的摆幅取决于工件 3 的重量，由此而使摆杆 2 右端进入凸轮 4 上三个上下配置的槽中的某一个。在摆杆 2 的确定位置，即可将工件带至三个退料板 5 中的一个，退料板依次安置在不同高度；每一摆杆均装有液体阻尼器 6。

3.4.8　空间端面凸轮压紧机构图例与说明

图 3-40 所示为空间端面凸轮压紧机构，按图示方向转动凸轮 1 时，构件 2 随着凸轮的轮廓线 a-a 向下移动，从而将工件 B 夹紧，当反方向转动凸轮 1 时，就可以将工件 B 松开。凸轮 1 的转动可以通过手柄 d 来调节。凸轮 1 的轮廓线为升程较大的螺旋线，从而使中间构件 2 具有较大的行程。

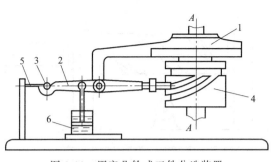

图 3-39　固定凸轮式工件分选装置

1—转盘；2—摆杆；3—工件；4—固定凸轮；

5—退料板；6—液体阻尼器

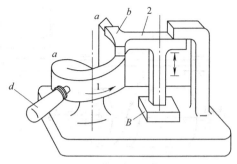

图 3-40　空间端面凸轮压紧机构

1—凸轮；2—构件

3.4.9　利用小压力角获得大升程的凸轮图例与说明

图 3-41 为利用小压力角获得大升程的凸轮机构，图中 1 为凸轮轴，2 为凸轮，3 为键，4 为从动滚轮，5 为固定滚轮。在凸轮轴 1 上套有一个可沿轴向滑动的端面凸轮 2，借助键 3 连接传递回转运动。端面凸轮 2 的上端与从动滚轮 4 相靠，下端则与固定滚轮 5 相接触，凸轮转动时，从动滚轮的上升行程为两项行程之和，一项是与之相接触的端面凸轮的升程，另一项是由固定滚轮的作用而使端面凸轮本身在轴向方向的上升行程，从而可以获得较大的上升行程。

这种装置在快速上升过程中将相应产生很大的转矩，随着压力角的加大，摩擦阻力也急剧增加。因此，采用这种将压力角分解在凸轮两端面上的方法，就可以提高机构的工作效率。

设计时应充分考虑零件的磨损及强度，要留有充足的余量。

应用实例：用于自动装配机、二次加工自动机床等设备。

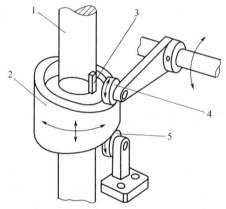

图 3-41　利用小压力角获得大升程的凸轮

1—凸轮轴；2—凸轮；3—键；4—从动滚轮；5—固定滚轮

第4章

齿轮机构应用实例

齿轮机构适用于传递空间两轴之间的运动和动力,应用极为广泛。与其他机构相比,它具有传递功率大,速度范围广,效率高,寿命长,且能保证固定传动比等优点。但在制造时需要专门设备,且安装时精度要求高,故齿轮机构成本较高。

4.1 齿轮传动的类型及其特性

齿轮传动的类型很多,有不同的分类方法。按两轴的相对位置和齿向,齿轮机构分类见表 4-1。

表 4-1 齿轮机构的类型及其特性

类 型		简 图	特 性
圆柱齿轮副	直齿轮		①两传动轴平行,转动方向相反 ②承载能力较低 ③传动平稳性较差 ④工作时无轴向力,可轴向运动 ⑤结构简单,加工制造方便 ⑥这种齿轮机构应用最为广泛,主要用于减速、增速及变速,或用来改变转动方向
	斜齿轮		①两传动轴平行,转动方向相反 ②承载能力比直齿圆柱齿轮机构高 ③传动平稳性好 ④工作时有轴向力,不宜做滑移变速机构 ⑤轴承装置结构复杂 ⑥加工制造较直齿圆柱齿轮困难 ⑦这种齿轮机构应用较广,适用于高速、重载的传动,也可用来改变转动方向

常见机构设计及应用图例

类　型		简　图	特　性
圆柱齿轮副	人字齿轮	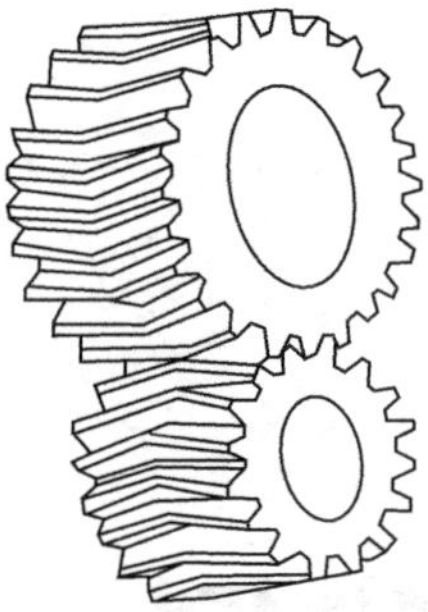	①两传动轴平行,转动方向相反 ②每个人字齿轮相当于由两个尺寸相同而齿向相反的斜齿轮组成 ③加工制造较困难 ④承载能力高 ⑤轴向力可以互相抵消,这种齿轮机构常用于重载传动
圆锥齿轮副	直齿圆锥齿轮	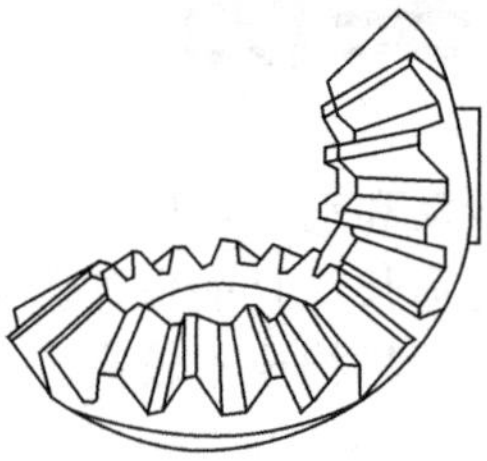	①两传动轴相交,一般机械中轴交角为90°,用于传递两垂直相交轴之间的运动和动力 ②承载能力强 ③轮齿分布在截圆锥体上 ④直齿圆锥齿轮的设计、制造及安装较容易,所以应用最广
	曲齿圆锥齿轮		①由一对曲齿圆锥齿轮组成,两轮轴线交错,交错角为90° ②齿轮螺旋线切向相对滑动较大 ③承载能力低 ④这种机构常用来传递交错轴之间的运动或载荷很小的场合
蜗轮蜗杆		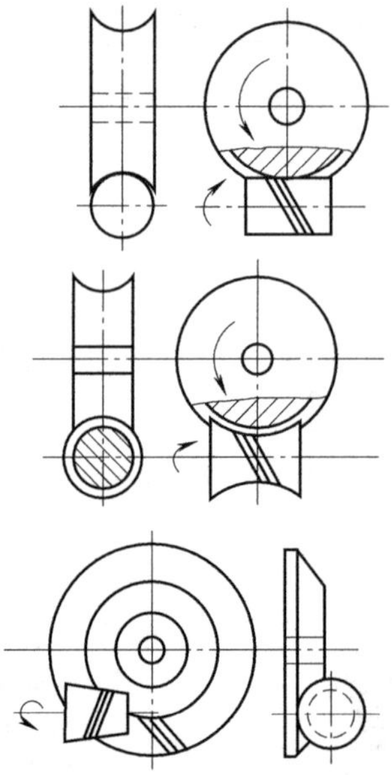	①用于传递空间交错轴之间的回转运动和动力,通常两轴交错角成90°。传动中蜗杆为主动件,蜗轮为从动件,广泛应用于各种机器和仪器中 ②传动比大,结构紧凑 ③传动平稳,噪声小 ④具有自锁功能 ⑤传动效率低,磨损较严重 ⑥蜗杆的轴向力较大,使轴承摩擦损失较大
齿轮齿条			①齿廓上各点的压力角相等,等于齿廓的倾斜角(齿形角),标准值为20° ②齿廓在不同高度上的齿距均相等,且$p=\pi m$,但齿厚和槽宽各不相同,其中$s=e$处的直线称为分度线 ③几何尺寸与标准齿轮相同

4.2.1 齿轮换向机构图例与说明

如图 4-1 所示,当手柄 6 位于位置Ⅰ时,齿轮 2 和 3 均不与齿轮 4 啮合;当处于位置Ⅱ时,传动线路为 1-2-4;当处于位置Ⅲ时,传动线路为 1-2-3-4,这样只要改变手柄的位置,就可以使齿轮 4 获得两种相反的转动,实现转向目的。定位销 5 用来固定手柄的位置。

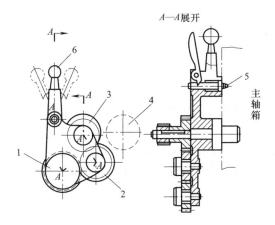

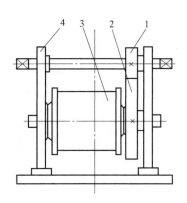

图 4-1 齿轮换向机构结构图
1~4—齿轮;5—定位销;6—手柄

图 4-2 起重绞车简图
1,2—齿轮;3—绞轮;4—对称机架

4.2.2 起重绞车图例与说明

如图 4-2 所示为起重绞车图例,该装置由对称机架 4 支撑。运动由齿轮 1 传递给齿轮 2,带动绞轮 3 转动。该装置可根据拉力大小,通过更换主动轴实现起重目的。

4.2.3 齿轮泵图例与说明

如图 4-3 所示,外啮合齿轮泵是最常用的一种液压泵,它由泵体 1、齿轮 2、齿轮 3 及端盖等构成。泵体 1 和前后端盖组成一个密封的容腔,即吸油腔和排油腔。当齿轮由电动机或其他动力驱动按箭头方向转动时,吸油腔由于啮合着的轮齿逐渐脱开,使这一容腔的容积增大形成真空,通过吸油口向油箱吸油。随着齿轮的继续转动,油液被送往排油腔内,使这一容腔的容积减小,油液受到挤压,从排油口输出泵外。

4.2.4 风扇摇头机构图例与说明

图 4-4 所示为一装载型复联式蜗杆-连杆组合机构,即风扇自动摇头机构,它是由一蜗杆机构 Z_1-Z_2 装载在一双摇杆机构 1-2-3-4 上所组成,电动机 M 装在摇杆 1 上,驱动蜗杆 Z_1 带动风扇转动,蜗轮 Z_2 与连杆 2 固连,其中心与杆 1 在 B 点铰接。当电动机 M 带动风扇以角速度 ω_{11} 转动时,通过蜗杆机构使摇杆 1 以角速度 ω_1 来回摆动,从而达到风扇自动摇头的目的。

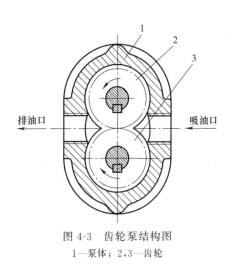

图 4-3　齿轮泵结构图
1—泵体；2,3—齿轮

图 4-4　风扇摇头机构
1—摇杆；2—连杆；3—连架杆；4—机架

4.2.5　悬臂支撑机构图例与说明

如图 4-5(a) 所示为悬臂支撑机构，由锥齿轮 1、机壳 2、轴套 3、圆锥滚子轴承 4 组成，动力由圆锥齿轮轴 1 传入，圆锥滚子轴承 4 用轴套 3 装入机壳 2 内，以便于调整。两个轴承采用背靠背布置，这样可以增大轴承支撑力作用点间的距离，增加锥齿轮 1 轴的刚度。

如图 4-5(b) 所示为采用斜齿轮及曲齿锥齿轮的悬臂式支承机构。斜齿轮和曲齿锥齿轮在正反转时，会产生两个方向的轴向力，因此，机构中设有两个方向的轴向锁紧。

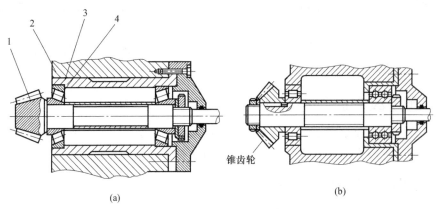

锥齿轮

(a)

(b)

图 4-5　悬臂支撑机构
1—锥齿轮；2—机壳；3—轴套；4—圆锥滚子轴承

4.2.6　齿轮齿条倍增机构图例与说明

如图 4-6 所示为齿轮齿条倍增机构，主要由可动齿条 1、固定齿条 2、齿轮 3、活塞杆 4、气缸 5 等组成。当活塞杆 4 向左方向移动时，迫使齿轮 3 在固定齿条 2 上滚动，并使与它相啮合的可动齿条 1 向左移动。齿轮 3 移动距离为 S 时，活动齿条 1 的运动量为 $2S$。由于活动齿条 1 的移动距离和移动速度均为齿轮（活塞杆）移动距离和速度的某一倍数，所以这种机构被称为增倍机构，常用于机械手或自动线上。

4.2.7　弹簧秤图例与说明

如图 4-7 所示为弹簧秤简图，由小齿轮 1、齿条 2、拉力弹簧 3、调整螺钉 4、表盘 5、指针 6、支架 7 以及吊钩 8 等组成。当测量重物时，物体重量克服拉力弹簧 3 的拉力，通过支架 7 带动齿条 2 向下移动，齿条 2 的移动使与其相啮合的小齿轮 1 以及固连在小齿轮 1 上的指针发生转动，从而在表盘上指示出相应的物体重量。

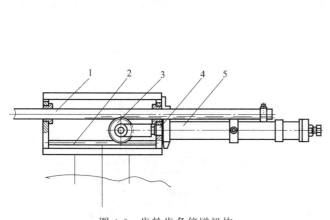

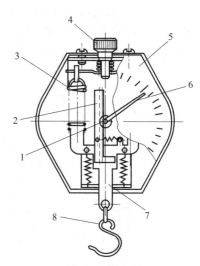

图 4-6 齿轮齿条倍增机构

1—可动齿条；2—固定齿条；3—齿轮；
4—活塞杆；5—气缸

图 4-7 弹簧秤

1—小齿轮；2—齿条；3—拉力弹簧；4—调整
螺钉；5—表盘；6—指针；7—支架；8—吊钩

4.2.8 齿轮齿条式上下料机构图例与说明

如图 4-8 所示为齿轮齿条式上下料机构，机构由料仓 1、上料器 2 及下料器 3 组成。在上料器和下料器上装有齿条，用齿轮 4 驱动。齿轮 4 又用拉杆 5 与圆柱形凸轮相连，控制上料器及下料器如图所示程序工作。下料时，下料器向后退，推杆 6 被顶住，取料器 7 翻转，夹口 8 被送料槽 9 挡住而放开，把加工好的工件放入斜槽。

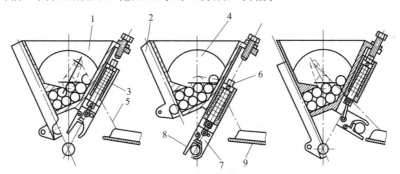

(a) 工件处于加工状态　　(b) 夹持住已加工完的工件　　(c) 上料及下料状态

图 4-8 齿轮齿条式上下料机构

1—料仓；2—上料器；3—下料器；4—齿轮；5—拉杆；6—推杆；
7—取料器；8—夹口；9—送料槽

4.2.9 压紧机构图例与说明

图 4-9 所示为工件压紧机构，采用液压驱动，当活塞杆 2 在液压缸活塞的作用下往复移动时，齿扇 3 绕固定点 C 摆动，带动有压头的齿条 4 上下移动，完成工件压紧及工件松开的动作。

该机构结构简单、可靠，除用于压紧机构外，还可应用于填充料及压力配合等机构中。

4.2.10 传动机构图例与说明

图 4-10 所示机构为组合机构，由圆锥齿轮机构、连杆机构及齿轮齿条机构组成，主体机构为圆锥齿轮机构。圆锥齿轮 1 为主动件，通过齿轮 2 及其固连的曲柄 3、连杆 4 可推动装有齿轮的推板 5 沿固定齿条 6 往复移动，实现传送动作，该机构可以实现较大行程运动。

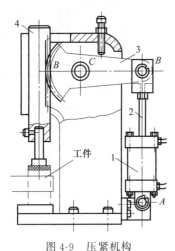

图 4-9 压紧机构
1—液压缸；2—活塞杆；3—齿扇；4—齿条

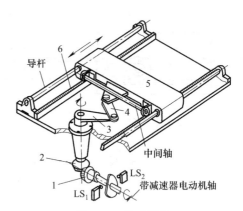

图 4-10 传动机构
1—圆锥齿轮；2—齿轮；3—曲柄；4—连杆；
5—推板；6—固定齿条

4.2.11 倾斜槽中运送齿轮机构图例与说明

图 4-11 所示机构为倾斜槽中运送齿轮机构。宽齿轮 3 在料槽中运送时，互相不接触，该槽带有不平衡凸轮 1，它能绕轴 2 转动。当在凸轮 1 上有齿轮时，凸轮的位置会阻止下一个齿轮的移动。

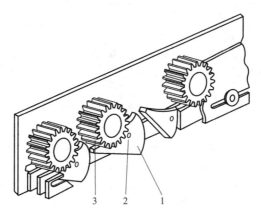

图 4-11 倾斜槽中运送齿轮机构
1—凸轮；2—轴；3—宽齿轮

4.2.12 具有安全机构的攻螺纹装置图例与说明

在自动攻螺纹机床上，主轴（丝锥）的前进、后退是利用行程开关进行控制的，这种控制开关在其动作正常时是很好用的。但是，一旦开关失灵，就可能发生故障。

图 4-12 所示是对以往的控制机构略作修改的设计，作为控制开关发生故障时的安全措施。所使用的安全措施是采用了一对驱动齿轮和从动齿轮，驱动齿轮在轴向上是固定的，而从动齿轮则可在回转的同时沿轴向滑动。攻螺纹过程中，驱动齿轮带动从动齿轮而使主轴回转，同时，在进给螺纹的作用下，主轴还作轴向移动。若在主轴移动行程的两端留出使从动齿轮与驱动齿轮脱开啮合的空挡 A、B，则即使在加工过程中行程开关发生故障而主轴继续移动时，可在空挡 A、B 处使两个齿轮脱开啮合，而使主轴停止回转，确保机构安全。

在使用时注意：因为攻螺纹深度各不相同，所以，空挡 A、B 的长度也不尽相同，因此，应事先准备几种驱动齿轮，其宽度相差 5mm，这样便于调节应用。

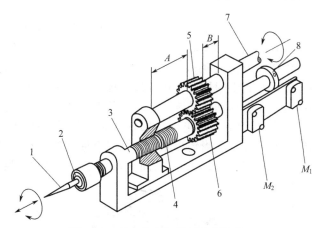

图 4-12　具有安全机构的攻螺纹装置

1—丝锥；2—弹簧夹头；3—主轴；4—进给螺纹；5—驱动齿轮；6—从动齿轮；7—驱动轴；
8—挡块；M_1，M_2—行程开关

4.2.13　可摆动自动压杆机构图例与说明

图 4-13 所示是可摆动自动压杆机构，压杆 1 可以齿轮 5 的轴为轴线转动 90°，从而使被加工零件装卸方便。压杆的左右转动由摆头气缸 3 经齿条 4 和齿轮 5 驱动。压头上、下靠压紧气缸 2 驱动，图中 6 为限程开关。

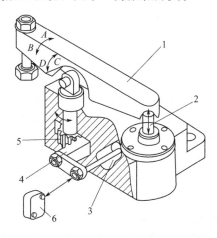

图 4-13　可摆动自动压杆机构

1—压杆；2—压紧气缸；3—摆头气缸；
4—齿条；5—齿轮；6—限程开关

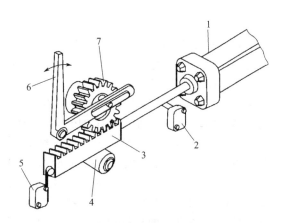

图 4-14　齿轮齿条式摆杆机构

1—主动缸；2,5—限位开关；3—齿条；
4—导向辊；6—从动杆；7—齿轮

4.2.14　齿轮齿条式摆杆机构图例与说明

图 4-14 所示为齿轮齿条式摆杆机构，主动缸 1 驱动齿条 3 沿导向辊 4 往复移动，往复行程由限位开关 2、5 控制；齿条使齿轮 7 作往复摆动，由于偏置于齿轮上的小轴在角形摆杆的槽中滑动而使从动杆 6 获得往复摆动。

4.2.15　齿轮和摩擦圆盘组成的快速反转传动装置图例与说明

齿轮和摩擦圆盘组成的快速反转传动装置是使高速回转轴在短时间内能反转的装置。使用齿轮和摩擦圆盘组合，不需要为吸收急速改变回转方向时产生的冲击而设的离合器，即使是轴在满载的条件下也能反转。

这种齿轮和摩擦圆盘装置，调整简单，制造成本也低，短时期使用不会发生故障，特别可以用在导弹的制导上。控制系统必须灵敏迅速地反应由计算机传来的误差信号，另外在高转矩控制操作的场合也同样需要灵敏度和速度，这种新装置在工业上也将广泛应用。

基本配置是在高速驱动装置上附加反转传动装置即可。输入轴将两个经淬火而耐疲劳的钢制圆盘，互相反向回转。左右移动从动圆盘，则使从动轴改变回转方向。

如图 4-15 所示，在实际装置上，用电动机回转两对互相反转的圆盘。在 1 至 4 圆盘上有沟槽，并能和输出轮 5 充分分开。当输出轮 5 和反时针回转的一对圆盘（1 和 3）接触时，输出轮 5 和顺时针回转的一对圆盘（2 和 4）之间有几千分之一时的间隙。

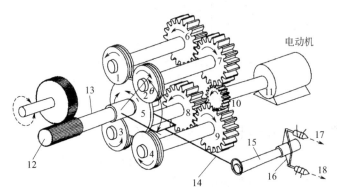

图 4-15　齿轮和摩擦圆盘组成的快速反转传动装置
1~4—圆盘；5—输出轮；6~10,12—齿轮；11—电动机；13,15—轴；
14,16—连杆；17,18—电磁线圈

在电磁线圈 17 和 18 的作用下，轴 15 稍一转动，偏心支点就使连杆 14 和输出轮 5 沿直线方向移动。电磁线圈 17 起作用时，输出轮 5 与圆盘 2 和 4 接触；如果电磁线圈 18 起作用，输出轮 5 就与圆盘 1 和 3 接触。两个电磁线圈不工作时，输出轮 5 处于中立位置，和哪个圆盘也不接触，就不传递动力。因为输出转矩给予齿轮 12 和轴 13 的是侧向力，所以随着输出转矩的增加，从动轮增加的压力比从动圆盘增加的压力大。这个效果随齿轮 12 的直径变小而增大。θ 角在 60° 时，主、从动圆盘保持最适当的接触力，θ 角变小接触压力增加，但两对主动圆盘的间距变大，所以电磁线圈需要更多的移动量，反转时间也有所增加。

电磁线圈的特性：摩擦圆盘一经配置，对于急速启动、停止，特别是对反转特性，通过电磁线圈必须加的力可以小些。但是为获得最适当的移动距离，对电磁线圈必须改进设计。市场出售的标准电磁线圈要进行改进，即对柱塞进行钻孔或开槽，以减少惯性和涡流。选用长绕组的电磁线圈，可减少自感。使用晶体管和电容器，在启动电流增加时线圈不易过热。

4.2.16　外齿小齿轮计数器图例与说明

如图 4-16 所示为外齿小齿轮计数器，能使轴上的数字轮和中间轴上的小齿轮旋转。第

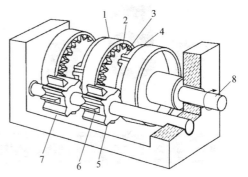

图 4-16　外齿小齿轮计数器
1—轮盘；2—送进齿轮；3—送进齿；4—制动面；
5—全齿；6—半齿；7—小齿轮；8—输入轴

一数字轮直接结合驱动，其他数字轮则通过小齿轮驱动。一次转动 1°，第一轮的进给齿带动第一小齿轮的全齿，使第二轮只进给一个数字。下一个全齿碰到同步面，则小齿轮停住。到下一次进给之前，小齿轮的两个全齿与第一轮接合便停住，也使第二个轮停住。

由于这种同步方法，间隙增加时，各数字同前个数字产生转动。间隙大时，数字成为螺旋形。

第一数字轮旋转 36°期间，小齿轮使第二轮转动一个数字。从而，两个轮的读数为 00 时，在 9.5 和 10.5 之间则变为 10。这种变化，进给开始和终了都可以进行。例如，操作者在 9.0～10.0 之间或 9.1～10.1 之间进行进给。

4.2.17　两个齿条机构串联组合的大行程机构图例与说明

用两个齿轮齿条机构串联，若驱动其中一根齿条，另一根齿条可以放大或缩小主动齿条的位移量。根据这一设想可以设计一个如图 4-17(a) 所示的放大行程的串联式组合机构。设图中双联齿轮的节圆半径分别为 r'_1 和 r'_2。当气缸推动齿条 1 向右移动位移量为 S_1 时，齿条 2 向左的位移量 $S_2 = \dfrac{r'_2}{r'_1} S_1$。

对该组合机构进行运动分析可以发现：当图 4-17(a) 中齿条向右移动 S_1 的同时，如果给整个组合机构加上一个向左的位移量 S_1，则齿条 1 将不动，双联齿轮将向左移动 S_1，而齿条 2 会向左移动 $S_1 + \dfrac{r'_2}{r'_1} S_1$，同样的位移量使齿条 2 的行程进一步增大。因此，将图 4-17(a) 改成图 4-17(b) 的形式，即将气缸与双联齿轮的回转中心连接，该组合机构增大行程的功能将得到进一步的增强。

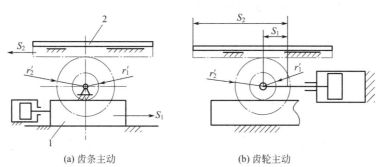

(a) 齿条主动　　　　　　　　　　　(b) 齿轮主动

图 4-17　两个齿条机构串联组合的大行程机构
1,2—齿条；r'_1,r'_2—双联齿轮的节圆半径；S_1,S_2—位移量

第5章

轮系应用实例

　　由一对齿轮组成的机构是齿轮机构中最简单的形式，但在实际机械中，为了满足不同的工作需要，常采用一系列互相啮合的齿轮（包括圆柱齿轮、锥齿轮和蜗轮蜗杆等）所组成的传动系统来实现运动和动力的传递，这种由一系列齿轮所组成的传动系统称为轮系。

　　根据轮系中各轮轴线是否平行，可将轮系分为两类，即平面轮系和空间轮系。图 5-1（a）为平面轮系，各轮的轴线都是相互平行的；图 5-1（b）为空间轮系，轮系中至少有一个轮的轴线与其他轮的轴线不平行。

　　根据轮系工作时各齿轮的几何轴线在空间的位置是否相对固定，将轮系分为三大类：定轴轮系、周转轮系和复合轮系。

5.1 定轴轮系

5.1.1 运动分析

　　如图 5-1 所示的轮系中，运动由齿轮 1 输入，通过一系列齿轮传动，带动从动齿轮 5 转动。在这些轮系中虽然有多个齿轮，但在运转过程中，每个齿轮几何轴线的位置都是固定不变的。这种所有齿轮几何轴线的位置在运转过程中均固定不变的轮系，称为定轴轮系。

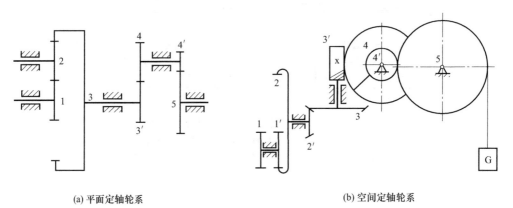

(a) 平面定轴轮系　　　　　　　　　　　　(b) 空间定轴轮系

图 5-1　定轴轮系

5.1.2 汽车上变速箱传动机构图例与说明

当输入轴的转速转向不变，利用定轴轮系可使输出轴得到若干种转速或改变输出轴的转向，这种传动称为变速与换向传动。如汽车在行驶中经常变速，倒车时要换向等。

如图5-2所示为汽车上常用的三轴四速变速箱的传动简图。在该定轴轮系中，利用滑移齿轮4和齿轮6及牙嵌离合器A和B便可以获得四种不同的输出转速。图中Ⅰ轴输入，Ⅱ轴输出。

第一挡：齿轮5与6相结合，其余脱开（低速挡）；
第二挡：齿轮3与4相结合，其余脱开（中速挡）；
第三挡：A、B嵌合，其余脱开（高速挡）；
第四挡：齿轮6和8相结合，牙嵌离合器A、B脱开（最低速倒车挡）。
定轴轮系的变速换向传动广泛应用在金属切削机床等设备上。

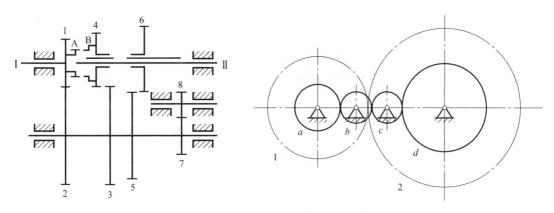

图5-2 汽车上变速箱结构简图　　　　　图5-3 相距较远的两轴传动

5.1.3 实现远距离传动机构图例与说明

当两轴之间的距离较远时，如果只用一对齿轮直接把输入轴的运动传递给输出轴，如图5-3中的齿轮1和齿轮2所示，齿轮的尺寸很大，这样既占空间也费材料，如果改用齿轮a、b、c、d组成的轮系来传动，便可克服上述缺点。

5.1.4 电动机减速器图例与说明

电动机减速器是用于减速传动的独立部件，它由刚性箱体、齿轮和蜗杆等传动副及若干附件组成，是利用定轴轮系实现传动的典型传动机构。常用在原动机与工作机之间，将原动机的转速减少为工作机所需要的转速。

减速器由于结构紧凑、传递运动准确、效率较高、使用维护方便、且可以大批量生产，故在工业中得到广泛应用。

减速器广泛用于各种机械设备中，它的种类很多，用以满足各种机械传动的不同要求。根据传动的类型可分为齿轮减速器、蜗杆减速器、齿轮-蜗杆减速器、行星减速器；根据传动级数可分为单级、二级及多级减速器；根据齿轮的形式可分为圆柱、圆锥和圆柱-圆锥齿轮减速器。根据传动的布置可分为展开式、分流式和同轴式减速器。

目前，我国已制定出圆柱齿轮减速器标准JB/T 8853—2001。标准的减速器包括单级、二级和三级三个系列。常用减速器的类型、特点及应用见表5-1。

表 5-1　常用减速器的类型、特点及应用

形　式	机构简图	特点及应用
单级圆柱齿轮减速器		①传动比：$1 \leqslant i \leqslant 8 \sim 10$ ②轮齿可为直齿、斜齿和人字齿 ③结构简单，精度容易保证 ④应用广泛。直齿一般用于圆周速度不大于 8m/s 或负荷较轻的传动，斜齿或人字齿用于圆周速度为 $25 \sim 50$m/s 或负荷较重的传动
二级圆柱齿轮减速器（展开式）		①传动比：$8 \leqslant i \leqslant 60$ ②结构简单 ③齿轮相对于轴承的位置不对称，当轴产生弯曲变形时，载荷沿齿宽分布不均匀，因此要求轴有较大的刚度直齿 ④直齿常用于低速级，高速级采用斜齿
二级圆柱齿轮减速器（分流式）		①传动比：$8 \leqslant i \leqslant 60$ ②与展开式相比，齿轮对于轴承对称布置，载荷沿齿轮宽度分布均匀，轴承受载平均分配 ③高速级采用人字齿，低速级采用斜齿 ④常用于重载荷或载荷变化较频繁的场合
二级圆柱齿轮减速器（同轴式）		①传动比：$8 \leqslant i \leqslant 60$ ②箱体长度较小，但轴向尺寸及重量较大 ③中间轴承润滑困难 ④中间轴较长，刚性差，载荷沿齿宽分布不均 ⑤适用于中小功率传动，或在原动机与工作机的总体布置方面有同轴要求时
三级圆柱齿轮减速器（展开式）		①传动比：$50 \leqslant i \leqslant 300$ ②结构简单，应用较广 ③其余特点同二级展开式
单级圆锥齿轮减速器		①传动比：$1 \leqslant i \leqslant 8 \sim 10$ ②圆锥齿轮精加工较困难，允许的圆周速度低，因此使其应用受到限制 ③大多应用于减速器的输入轴与输出轴必须布置成相交的场合
二级圆锥-圆柱齿轮减速器		①传动比：直齿圆锥齿轮 $8 \leqslant i \leqslant 22$ 斜齿及弧齿圆锥齿轮 $8 \leqslant i \leqslant 40$ ②圆柱齿轮可以制成直齿或斜齿 ③输入轴与输出轴垂直相交

形　式	机构简图	特点及应用
三级圆锥-圆柱齿轮减速器	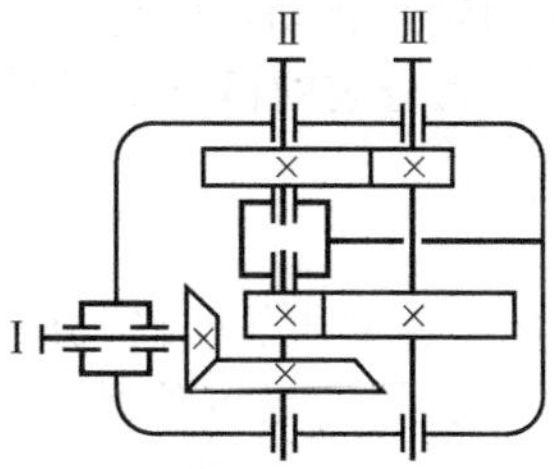	①传动比：$25 \leqslant i \leqslant 75$ ②其余特点同二级圆锥-圆柱齿轮减速器
行星齿轮减速器	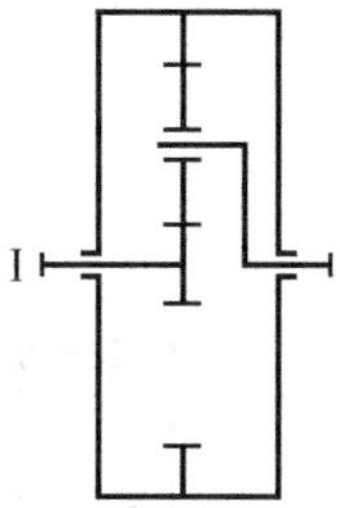	①传动比：$2.8 \leqslant i \leqslant 12.5$ ②与圆柱齿轮减速器相比，尺寸小，重量轻 ③结构复杂，制造精度要求高 ④广泛应用于要求结构紧凑的场合
蜗轮蜗杆减速器	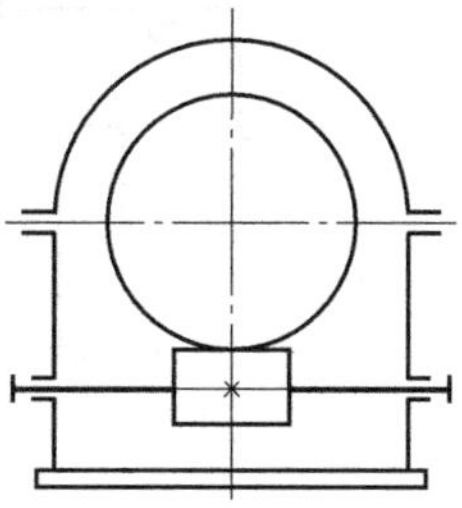 （下置式）	①传动比：$8 \leqslant i \leqslant 80$ ②大传动比时结构紧凑，外廓尺寸小，效率较低 ③适用于蜗杆圆周速度小于 4m/s 的场合
	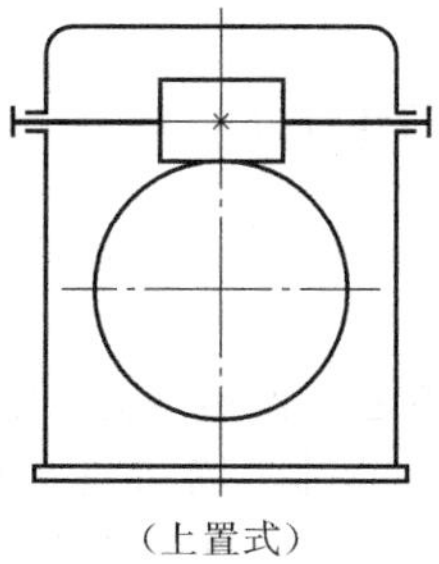 （上置式）	①传动比：$8 \leqslant i \leqslant 80$ ②适用于圆周速度超过 $4 \sim 5m/s$ 的小功率高速度传动装置
	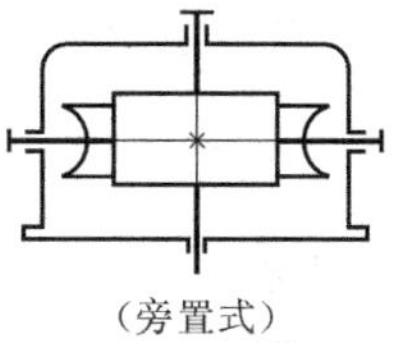 （旁置式）	①传动比：$8 \leqslant i \leqslant 80$ ②适用于在结构上需要有垂直轴的场合，常用于起重机的水平回转机械及化工机械等搅拌器中

5.1.5　百分表图例与说明

百分表是一种利用齿条齿轮或杠杆齿轮传动，将测杆的直线位移变为指针的角位移的精度较高的计量器具，主要用于测量零件的尺寸以及形状和位置误差等，也可用于机床上安装工件时的精密找正。百分表的结构较简单，传动机构是齿轮系，外廓尺寸小，重量轻，传动机构惰性小，传动比较大，可采用圆周刻度，并且有较大的测量范围，不仅能作比较测量，也能作绝对测量。

如图 5-4 所示，百分表主要由表体部分、传动系统、读数装置三个部件组成，其工作原理是将被测尺寸引起的测杆微小直线移动，经过齿轮传动放大，变为指针在刻度盘上的转动，从而读出被测尺寸的大小。顶杆借助弹簧，经常压在被测物体上，当物体发生沿杆方向位移时，推动顶杆及上面的齿条 1，带动齿轮 2、3（两轮同轴）转动，齿轮 3 又带动小齿轮 4，使指针转动，经一系列放大，便在表盘上指出移位大小，百分表的最小刻度值为 0.01mm。

5.1.6　钟表传动机构图例与说明

如图 5-5 所示的钟表传动示意图中，由发条 K 驱动齿轮 1 转动时，通过齿轮 1 与 2 相啮合使分针 M 转动；由齿轮 1、2、3、4、5 和 6 组成的轮系可使秒针 S 获得一种转速；由齿轮 1、2、9、10、11 和 12 组成的轮系可使时针 H 获得另一种转速。利用轮系可将主动轴的转速同时传到几根从动轴上，获得所需的各种转速。

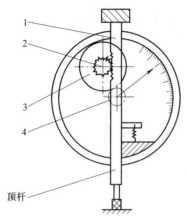

图 5-4　百分表构造原理图
1—齿条；2~4—齿轮

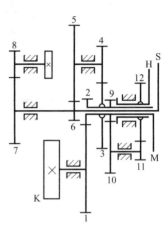

图 5-5　钟表传动结构图

5.1.7　滚齿机工作台传动机构图例与说明

利用定轴轮系可使一个主动轴带动若干从动轴同时转动，将运动从不同的传动路线传动给执行机构的特点可实现机构的分路传动。

如图 5-6 所示为滚齿机中工作台上滚刀与轮坯之间做范成运动的传动简图。滚齿加工要求滚刀和轮坯的转速应满足一定的传动比关系。主动轴 I 通过锥齿轮 1、锥齿轮 2 将运动传给滚刀；同时主动轴又通过齿轮 1 和 3 经齿轮 4-5、6、7-8 传至蜗轮 9，带动被加工的轮坯转动，从而使滚刀和轮坯之间具有确定的对滚关系，以满足滚刀与轮坯的传动比要求。

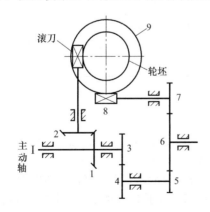

图 5-6　滚齿机上范成运动传动简图

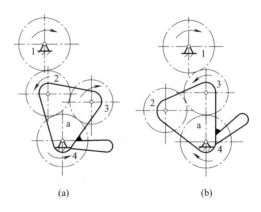

图 5-7　车床走刀丝杠的三星换向机构

5.1.8 车床走刀丝杠的三星换向机构图例与说明

轮系中的惰轮虽不影响传动比的大小，但可改变从动轮的转向。如图 5-7 所示是车床走刀丝杠的三星换向机构。互相啮合着的齿轮 2 和 3 浮套在三角形构件 a 的两个轴上，构件 a 可通过手柄使之绕轮 4 的轴转动。在图 5-7(a) 所示的位置上，主动轮 1 的转动经中间齿轮 2 和 3 而传给从动轮 4，从动轮 4 与主动轮 1 的转向相反；如果通过手柄转动三角形构件 a，使齿轮 2 和 3 位于图 5-7(b) 所示的位置，则齿轮 2 不参与传动，这时从动轮 4 与主动轮 1 转向相同。

5.1.9 导弹控制离合器图例与说明

图 5-8 所示为导弹控制离合器。在驱动电动机不断转动过程中，用电磁线圈控制的离合器接受信号，使其能急速改变回转方向。另外，离合器与双向电动机输出端连接。一侧齿轮系的中间齿轮，使离合器反方向回转。因为圆筒形电枢和弹簧离合器是机械连接，所以在一个时间内，只有一侧离合器工作。当两侧离合器都切离时，在弹簧的作用下将止动球压入圆筒中，不反转的蜗轮蜗杆装置被锁定。这个装置从发出指令信号到电动机达到最大转矩时的反应时间为千分之八秒。

5.1.10 机动可变焦装置图例与说明

图 5-9 所示为机动可变焦装置。通过摄影机头部的两个按钮 7 和 8 来改变远距和广角。齿轮 A 和齿轮 B 是常啮合，用发条盒 3 的动力转动齿轮 A；齿轮 B 的转向和发条回转方向相反。按下远距离调节用按钮 7，通过杠杆 9 使支架 1 回转，拨动小齿轮 2 和齿轮 B 啮合，通过中间齿轮和弹簧离合器 6 及操纵透镜用环状齿轮 5，使透镜前移；当按下广角调节按钮 8 时，支架 1 向另一方向回转，拨动小齿轮 4 和驱动齿轮 A 啮合，齿轮 5 反向转动而使透镜后退。

因为两个小齿轮 2、4 装在同一支架 1 上，一个齿轮啮合时，另一个齿轮必分离，因而实现了两个动作互锁；弹簧离合器 6 用以防止透镜移到终端时可能产生的损伤。

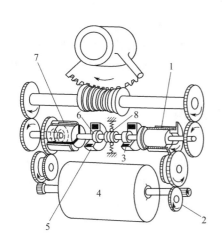

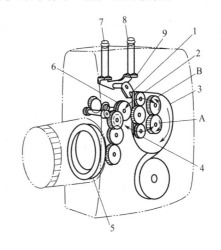

图 5-8 导弹控制离合器

1—反时针回转弹簧离合器；2—中间齿轮；3—反
时针回转电线线圈；4—电动机；5—顺时针
回转电线线圈；6—电枢；7—顺时针
回转弹簧离合器；8—止动球

图 5-9 机动可变焦装置

1—小齿轮支架；2—远距离调节用小齿轮；3—发条盒；
4—广角调节小齿轮；5—操纵透镜用环状齿轮；
6—弹簧离合器；7—远距离调节用按钮；
8—广角调节按钮；9—踏板

5.1.11 平行移动机构图例与说明

如图 5-10 所示为平行移动机构。齿轮 A、B 的中心连线、平行移动体及连杆 A、B 这四个构件组成一个平行四边形，则平行移动体将做平行移动。

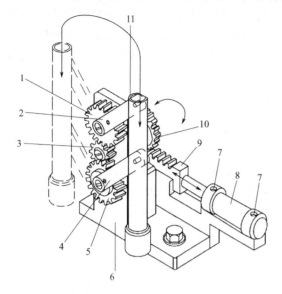 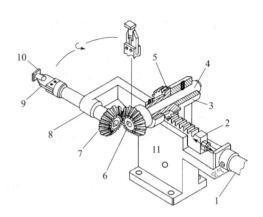

图 5-10 平行移动机构
1—齿轮 A；2—连杆 A；3—中间齿轮；4—连杆 B；
5—齿轮 B；6—机体；7—空气；8—气缸；
9—齿条；10—驱动齿轮；
11—平行移动体

图 5-11 利用齿轮的自转和公转运动构成的机械手
1—气缸；2—齿条；3—固定轴的支承；4—固定轴；
5—小齿轮；6—锥齿轮（B）；7—锥齿轮（A）；
8—L形转臂；9—手爪；10—被送的零件；
11—机体

5.1.12 利用齿轮的自转和公转运动构成的机械手图例与说明

如图 5-11 所示为利用齿轮的自转和公转运动构成的机械手。在 L 形的转臂上有一个能转动的锥齿轮 A，在机体上有一个固定锥齿轮 B，两个齿轮相互啮合。将一个小齿轮固定在 L 形转臂上，而使其能绕固定锥齿轮 B 的轴线旋转，利用气缸通过齿条使小齿轮转动，则锥齿轮 A 将以锥齿轮 B 为中心，既做自转又做公转运动。当锥齿轮 A、B 的齿数比为 1∶1 时，自转角与公转角相等。

5.1.13 手爪平行开闭的机械手图例与说明

对于不能像人的手那样灵活地完成各种工作的机器人而言，可以采用更换各种专用手爪的方法使其完成相应的工作。图 5-12 所示机械手就是可以满足这种要求的一种结构，它的手爪平行移动，而且移动量较大。当气缸活塞伸出时，手爪张开；活塞退回时，抓取零件。在手爪之间装有压缩弹簧，用以消除运动间隙，装在手爪上的可换夹爪的形状应与被抓零件的外形相适应，抓力大小的调节是靠改变工作压力实现的。

5.1.14 制灯泡机多工位间歇转位机构图例与说明

如图 5-13 所示为制灯泡机多工位间歇转位机构。电动机 1 经减速装置 2、一对椭圆齿轮 3 及锥齿轮 4 将运动传到曲柄盘 6。曲柄盘 6 上装有圆销 7，当圆销 7 沿其圆周的切线方向进入槽轮 5 的槽内时，迫使从动槽轮 5 反向转动，直到槽轮转过角度 2α 圆销才从槽轮 5 的槽

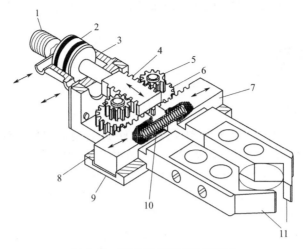

图 5-12　手爪平行开闭的机械手

1—螺杆，用于与机器人手臂相连接；2—活塞；3—气缸；4—双面齿条；5—小齿轮 A；6—小齿轮 B；
7—滑动齿条 A；8—滑动齿条 B；9—手爪体；10—压缩弹簧；11—可换夹爪

内退出，槽轮 5 和与其相连的转台 8 才处于静止状态。直到圆销 7 继续转过角度 $2\Phi_0$ 后，圆销 7 又进入槽轮 5 的下一个槽内，开始下一个动作循环。转台静止时间为置于转台 8 上的灯泡 9 进行抽气（抽真空）和其他加工工序的时间。

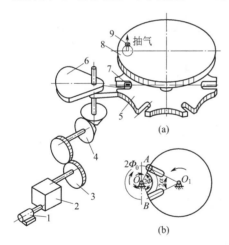

图 5-13　制灯泡机多工位间歇转位机构

1—电动机；2—减速装置；3—椭圆齿轮；
4—锥齿轮；5—槽轮；6—曲柄盘；
7—圆销；8—转台；9—灯泡

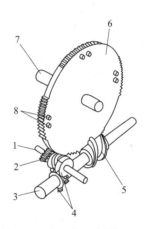

图 5-14　重载长距离转位分度机构

1—横轴；2—小齿轮；3—凸轮轴；4—恒速
传动装置；5—凸轮；6—分度盘；
7—中心轴；8—从动滚子

5.1.15　重载长距离转位分度机构图例与说明

如图 5-14 所示为重载长距离转位分度机构。动力由横轴 1 传来，经恒速传动装置 4，带动凸轮轴 3 转动。转位时，从动滚子 8 已与凸轮 5 脱离啮合，而小齿轮 2 与分度盘 6 上的轮齿相啮合，使分度盘 6 转动；当分度盘上的另两个从动滚子 8 与凸轮 5 啮合时，小齿轮已退出啮合（对着分度盘的无齿部分）；凸轮 5 带动从动滚子使分度盘减速直至停歇位置。然后凸轮再将分度盘转动并加速到转位速度，凸轮与从动滚子即将脱开，小齿轮与分度盘上的点又重新啮合，带动分度盘转位。

本机构用于线列式或回转式装配机中的重载、长距离转位，工作精确、平稳、可靠。

5.2 周转轮系

5.2.1 运动分析

在图 5-15 所示的轮系中，齿轮 1 和 3 以及构件 H 各绕固定的几何轴线 O_1、O_3（与 O_1 重合）及 O_H（也与 O_1 重合）转动，齿轮 2 空套在构件 H 的小轴上。当构件 H 转动时，齿轮 2 一方面绕自己的几何轴线 O_2 转动（自转），同时又随构件 H 绕固定的几何轴线 O_H 转动（公转），这种至少有一个齿轮的几何轴线绕另一齿轮的几何轴线转动的轮系，称为周转轮系。在周转轮系中，轴线位置变动的齿轮，即既做自转又做公转的齿轮，称为行星轮；支持行星轮作自转和公转的构件称为行星架或转臂；轴线位置固定的齿轮（一个或两个）则称为中心轮或太阳轮。行星架与中心轮的几何轴线必须重合，否则便不能传动。

根据所具有的自由度数目的不同，周转轮系又可分为以下两类。

① 差动轮系。在图 5-15(a) 所示的周转轮系中，若中心轮 1 和 3 均转动，机构的自由度 $F=3n-2P_L-P_H=2$，需要两个原动件，这种自由度为 2 的周转轮系称为差动轮系。

② 行星轮系。若将图 5-15(b) 所示的周转轮系中的中心轮 3（或 1）固定，机构的自由度 $F=3n-2P_L-P_H=1$，需要一个原动件，这种自由度为 1 的周转轮系称为行星轮系。

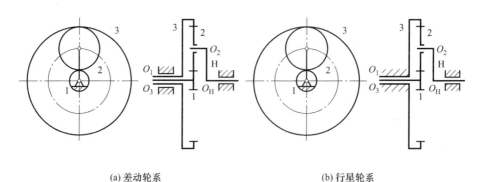

(a) 差动轮系　　　　　　　　　　　　　(b) 行星轮系

图 5-15　周转轮系

5.2.2 大传动比传动机构图例与说明

当两轴之间需要较大的传动比时，若仅用一对齿轮传动，则两轮齿数相差很大，小轮的轮齿极易损坏。一对齿轮传动，为了避免由于齿数过于悬殊而使小齿轮易于损坏和发生齿根干涉等问题，一般传动比不得大于 5～7；当两轴间需要较大的传动比时，就需要采用行星轮系来满足，可以用很少的齿轮，并且在结构很紧凑的条件下，得到很大的传动比，如图 5-16 所示的轮系就是理论上实现大传动比的一个实例。设各轮齿数为：$z_1=100$，$z_2=101$，$z_{2'}=100$，$z_3=99$，其传动比 i_{1H} 为

$$i_{1H}=1-i_{13}^H=1-\frac{z_2 z_3}{z_1 z_{2'}}=1-\frac{101\times99}{100\times100}=\frac{1}{10000}$$

即当系杆 H 转 10000 转时，轮 1 才同向转 1 转，可见行星轮系可获得极大的传动比。但这种轮系的效率很低，且当轮 1 为主动时轮系将发生自锁，因此，这种轮系只适用于轻载下的运动传递或作为微调机构中使用。

5.2.3 多行星轮传动机构图例与说明

在周转轮系中，采用多个行星轮的结构形式，各行星轮均匀地布置在中心轮周围，如图 5-17 所示，这样既可用多个行星轮来共同分担载荷，又可使各啮合处的径向分力和行星轮公转所产生的离心惯性力得以平衡，可大大改善受力情况。此外，采用内啮合又有效地利用了空间，加之其输入轴和输出轴同轴线，故可减小径向尺寸，在结构紧凑的条件下，实现大功率传动。

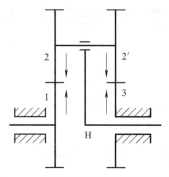

图 5-16 实现大传动比的周转轮系

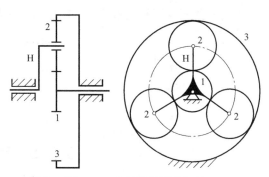

图 5-17 多行星轮传动机构

5.2.4 涡轮螺旋桨发动机主减速器传动机构图例与说明

在机械制造业中，特别是在飞行器中，日益期望在结构紧凑、重量较小的条件下实现大功率传动，采用周转轮系可以较好地满足这种要求。

如图 5-18 所示为某涡轮螺旋桨发动机主减速器传动简图。动力由太阳轮 1 输入后，分两路从系杆 H 和内齿轮 3 输往左部，最后汇合到一起输往螺旋桨。由于采用多个行星轮，加上功率分路传递，所以在较小的外廓尺寸下，传递功率可达 2850kW，实现了大功率传递。

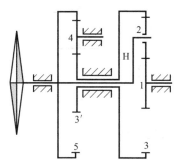

图 5-18 涡轮螺旋桨发动机主减速器传动简图

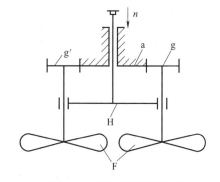

图 5-19 行星搅拌机结构图

5.2.5 行星搅拌机构图例与说明

在轮系中，由于行星轮的运动是自转与公转的合成运动，而且可以得到较高的行星轮转速，工程实际中的一些装备直接利用了行星轮这一特有的运动特点，来实现机械执行构件的复杂运动。

如图 5-19 所示为一行星搅拌机构的简图。其搅拌器 F 与行星轮 g 固连为一体，从而得到复合运动，增加了搅拌效果。

5.2.6 马铃薯挖掘机图例与说明

如图 5-20 所示为马铃薯挖掘机机构简图。中心轮 1 固定不动，挖叉 A 固连在行星轮 3 上，十字架 4 为输入件，行星轮 3（挖叉）为输出件。中心轮 1 与行星轮 3 的齿数相等，中间轮 2 的齿数可任意选择。工作时，十字架 4 回转，带动轮 3 做平动，使挖叉始终保持竖直朝下的姿态，以实现挖掘的效果。

5.2.7 纺织机中差动轮系图例与说明

如图 5-21 所示为纺织机中的差动轮系运动简图。该轮系是由差动轮系 1、2、3、4、H 和差动轮系 5、6、H 组合而成的。齿轮 4 和齿轮 5 是双联齿轮，同时套在行星架 H 上，转动行星架 H，带动齿轮 5 和齿轮 6 转动，以完成纺织机卷线的工作。

5.2.8 手动起重葫芦图例与说明

如图 5-22 所示为手动起重葫芦机构。该轮系是由 1、2、2′、3、4（H）组成的周转轮系。轴 I 与电机相连，齿轮 1 为中心轮随轴 I 转动，齿轮 2 和 2′为行星轮，绕中心轮 1 转动，轴 II、III 作为系杆连接滚筒 A，绳索绕在滚筒 A 上，随 A 的转动将重物提升。

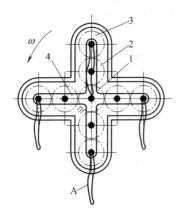

图 5-20　马铃薯挖掘机结构图

1—中心轮；2—中间轮；

3—行星轮；4—十字架

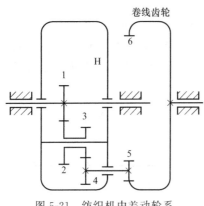

图 5-21　纺织机中差动轮系

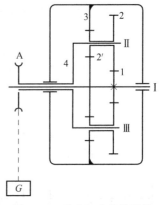

图 5-22　手动起重葫芦机构

5.2.9 采用减速差动齿轮的计数机构图例与说明

图 5-23(a) 所示为差动齿轮机构，其计算公式为

$$N_2 = \left(1 - \frac{T_3 T_5}{T_4 T_6}\right) N_1 \tag{5-1}$$

式中　N_1——主动轴的转速；

　　　N_2——从动轴的转速；

　　　T_3——固定轮的齿数；

　　　T_4——与 T_3 啮合的从动轮的齿数；

　　　T_5——与 T_4 同为一体的从动轮的齿数；

　　　T_6——与 T_5 啮合的从动轮的齿数。

图 5-23(b) 是把这种差动齿轮装置用于照相机计数装置的实例。在这种场合下，式(5-1)中的 $T_4 = T_5$，则有

$$N_2 = \left(1 - \frac{T_3}{T_6}\right)N_1 \tag{5-2}$$

$$N_2 = \left(\frac{T_6 - T_3}{T_6}\right)N_1 \tag{5-3}$$

若设 $T_6 = 50$，$T_3 = 49$，则由式(5-3) 计算得

$$N_2 = \left(\frac{50 - 49}{50}\right)N_1 = \frac{1}{50}N_1$$

即得到 1/50 的减速比。

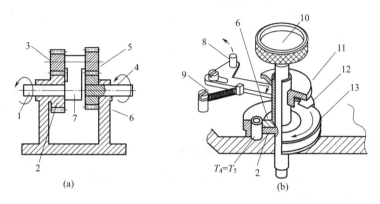

图 5-23　采用减速差动齿轮的计数机构

1—主动轴（N_1）；2—固定轮（T_3）；3—从动轮（T_4）；4—从动轴（N_2）；5—从动轮（T_5）；6—从动轮（T_6）；7—曲柄；
8—定位脱开手柄；9—复位弹簧；10—卷片旋钮（N_1）；11—计数板（N_2）；12—止动杆；13—行星齿轮支承轮，且 $T_4 = T_5$

如果把 T_6-T_3 设计得很小，则可得到更大的减速比，从而使从动轮以及固定于其上的计数板十分缓慢地转动。若使行星齿轮支承轮转满一周即停止，即式(5-2) 中的 $N_1 = 1$，则有

$$N_2 = 1 - \frac{T_3}{T_6} \tag{5-4}$$

因此，便可根据式(5-4) 把计数值刻在计数板上。

5.3　复合轮系

5.3.1　运动分析

在工程实际中，除了采用单一的定轴轮系和单一的周转轮系外，还常采用既含定轴轮系部分又含周转轮系部分的复杂轮系，通常把这种轮系称为复合轮系。

图 5-24 所示就是复合轮系的例子。图 5-24(a) 所示的复合轮系由两个简单轮系组成，其中齿轮 1、2 组成的是一个定轴轮系，而齿轮 2'、3、4 和行星架 H 组成的是一个行星轮系，通过齿轮 2 和 2'将两个轮系联系在一起。图 5-24(b) 所示的复合轮系是由 1、2、3、H_1 和 4、5、6、H_2 两个行星轮系构成的。

5.3.2　电动卷扬机机构图例与说明

如图 5-25 所示，在该轮系中，双联齿轮 2-2'的几何轴线不固定，而是随着内齿轮 5 绕中心轴线的转动而运动，所以是行星轮；支持它运动的构件齿轮 5 就是系杆；和行星轮相啮

合的齿轮 1 和 3 是两个太阳轮，这两个太阳轮都能转动。所以齿轮 1、2-2′、3、5（相当于 H）组成一个差动轮系。剩余的齿轮 3′、4 和 5 组成一个定轴轮系。齿轮 3′ 和 3 是同一构件，齿轮 5 和系杆是同一个构件，也就是说差动轮系的两个基本构件太阳轮和系杆被定轴轮系封闭起来了，这种通过一个定轴轮系把差动轮系的两个基本构件（太阳轮和系杆）封闭起来而组成的自由度为 1 的复合轮系，通常称为封闭式行星轮系。

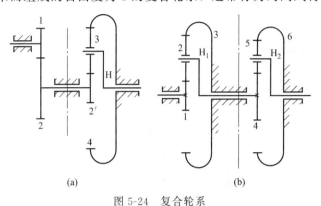

图 5-24　复合轮系

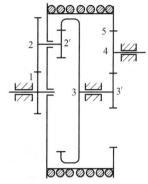

图 5-25　电动卷扬机机构图

5.3.3　汽车后桥差速器图例与说明

图 5-26 所示的汽车后桥差速器是一个复合轮系，它由定轴轮系 5、4 和周转轮系 1、2、3、H 组成，可以实现分解运动。

当汽车在平坦道路上直线行驶时，左右两车轮滚过的距离相等，所以转速也相同。这时齿轮 1、2、3、4 如同一个固连的整体，一起转动。

当汽车拐弯时，它能将发动机传给齿轮 5 的运动，以不同转速分别传递给左右两车轮。为使车轮和地面间不发生滑动以减少轮胎磨损，就要求外轮比里轮转的快些。这时齿轮 1 和齿轮 3 之间便发生相对转动，行星齿轮 2 除随齿轮 4 绕后车轮轴线公转外，还绕自己的轴线自转，由齿轮 1、2、3 和 4（即行星架 H）组成的差动轮系便发挥作用。

差动轮系利用了分解运动的特性，在汽车、飞机等动力传动中得到广泛应用。

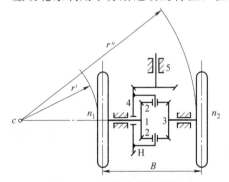

图 5-26　汽车后桥差速器

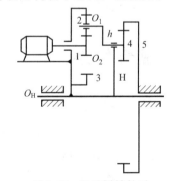

图 5-27　双重周转轮系

5.3.4　双重周转轮系图例与说明

如图 5-27 所示的轮系是由齿轮 4、5、H 和机架组成的一周转轮系，而该轮系经过一次反转后将 H 相对固定后，又与齿轮 1、2、3 组成另一个周转轮系，故称为复合轮系。这种轮系的特点是：其中最少要有一个行星轮同时绕三个平行轴线转动。如行星轮 2 就是同时绕 O_1、O_2、O_H 三个轴线转动的。

5.3.5 摩托车里程表图例与说明

如图 5-28 所示为摩托车里程表机构运动简图。该轮系是由周转轮系 3、4、4'、H(2) 和定轴轮系 1、2 组成的复合轮系,其中固定轮 3 为周转轮系中的太阳轮,C 为车轮轴,P 为里程表的指针。当车轮转动起来后,车轮轴 C 带动定轴轮系里的齿轮 1 和齿轮 2 转动,齿轮 2 又固连在周转轮系中的行星架上,从而带动周转轮系一起转动,使得指针 P 左右摆动。

5.3.6 制绳机图例与说明

如图 5-29 所示是制绳机的机构运动简图。三股细线由三个行星轮 2 带动,工作时可按要求操控轮 1 和轮 3 的转速,使行星轮自转又公转,即每股细线自拧,三股线再同向合股,这样可将三股细线绳合为一股粗线绳。

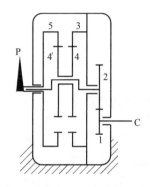

图 5-28 摩托车里程表机构运动简图

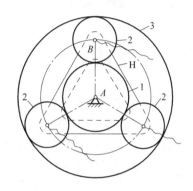

图 5-29 制绳机机构运动简图

5.3.7 镗床镗杆进给机构图例与说明

如图 5-30 所示为镗床的镗杆进给机构。该机构是由定轴轮系 2、2'、3 和周转轮系 1、3'、4、H 组合而成的。周转轮系的齿轮 4 套在镗床的镗杆上,当齿轮 4 转动起来以后,带动镗杆 h' 做进给运动。

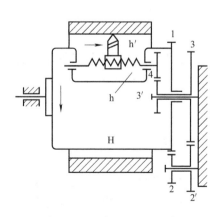

图 5-30 镗床镗杆进给机构

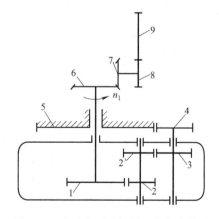

图 5-31 自动化照明灯具上的复合轮系

5.3.8 自动化照明灯具上复合轮系图例与说明

如图 5-31 所示为自动化照明灯具上的复合轮系。该轮系是由周转轮系 1、2、2'、3、4、5 和定轴轮系 6、7、8、9 组合而成。定轴轮系以转速 n_1 转动,带动整个周转轮系转动。

间歇运动机构应用实例

6.1　概述

机构的运动方式是多种多样的，除了连续的运动外，在有些场合，经常需要某些机构的主动件作连续运动时，从动件能够产生周期性的间歇运动，即运动—停止—运动。实现这一周期性的周期运动的装置称为间歇运动机构。间歇运动机构应用很广泛，如转塔车床和数控机床中的转动刀架在完成一道工序后要转位；牛头刨床中刀具每一次往复行程后，工作台要进给；牙膏管拧盖机的转盘式工作台，在拧紧一个管盖后要分度转位；糖果包装机推料机构在一个工作循环中需要有一段停歇时间，以进行包装纸的转送、折叠或扭结等等。

实现间歇运动的机构种类很多，常见的有以下几种。

（1）棘轮机构

棘轮机构主要由棘轮、棘爪及机架组成，其机构简单，但运动准确度差，在高速条件下使用有冲击和噪声。常用于将摇杆的摆动转换为棘轮的单向间歇运动，在进给机构中应用广泛。在许多机械中还常用棘轮机构作防逆装置。

（2）槽轮机构

槽轮机构能把主动轴的匀速连续运动转换为从动轴的间歇运动。槽轮机构是分度、转位等传动中应用最普遍的一种机构。由于槽轮的角速度比较大，且在转位过程中的前半阶段和后半阶段的角加速度方向不同，因此常产生冲击。

（3）不完全齿轮机构

不完全齿轮机构是由齿轮机构演变而成的，即在主动齿轮上，只作出一个或几个轮齿，在从动轮上，作出与主动齿轮相应的齿间，形成不完全的齿轮传动，从而达到从动件做间歇运动的要求。其具有以下特点：动停时间比不受机构结构的限制，制造方便；在从动轮每次间歇运动的始末，均有剧烈的冲击，故只适用于低速、轻载及机构冲击不影响正常工作的场合。

（4）凸轮机构

利用凸轮原理制成的间歇运动机构，其运动规律取决于凸轮轮廓的形式，可适应高速运转场合的需要。其缺点是凸轮加工比较复杂，装配调整要求也较高，限制了凸轮机构的应用范围。目前凸轮机构在自动机床的进给机构上应用广泛。如在自动车床刀架上的凸轮机构，可保证刀架的运动为：快速趋进—工作进给—快速退回—间停，然后再开始第二个工作循环。

（5）其他间歇机构

特殊设计的连杆机构以及某些组合机构，也能实现带有间停的往复运动。

6.2 棘轮机构

6.2.1 运动分析

图 6-1 是最常见的外啮合齿式棘轮机构。绕 O_1 点作往复摆动运动的摇杆 1 是主动构件。当摇杆沿逆时针方向摆动时，驱动棘爪 2 插入棘轮 3 的齿间，推动棘轮转过一定的角度。当摇杆沿顺时针方向摆回时，止动棘爪 4 在弹簧 5 的作用下，阻止棘轮沿顺时针方向摆动回来，而棘爪 2 从棘轮的齿背上滑过，故棘轮静止不动。这样，当摇杆连续地往复摆动时，棘轮作单向的间歇运动。

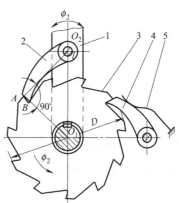

图 6-1　外啮合齿式棘轮机构

1—摇杆；2—棘爪；3—棘轮；
4—止动棘爪；5—弹簧

6.2.2　机床进给机构图例与说明

图 6-2 所示为牛头刨床进给传动系统的核心部分。构件 1(OA)、2(AB)、3(BC) 和床身 8 构成一套连杆机构。杆 1 转动一周，杆 3 往复摆动一次。杆 3 逆时针摆动时，安装在杆 3 上的棘爪 4 推动棘轮 5 转过一定的角度；杆 3 顺时针摆动时，棘爪 4 在棘轮上滑回，棘轮不转动。这套棘轮机构又带动一套螺旋机构。棘轮 5 与螺杆 6 连为一体，当棘轮转动时，带动螺杆转动，螺杆在其轴线方向上被限制而不能移动。在工作台 7 中固定着一个螺母（图中未画出），螺母套在螺杆上。当螺杆转动时，螺母连同工作台 7 就会沿着螺杆的轴线方向移动一个很小的距离。杆 1 和主传动系统中的圆盘是一体的。所以，圆盘转动一周，滑枕往复运动一次，工作台就沿横向移动一步。这个移动发生在滑枕的空回行程中。工作台的这个运动称为进给运动，有了进给运动，才能刨削出整个被加工平面。

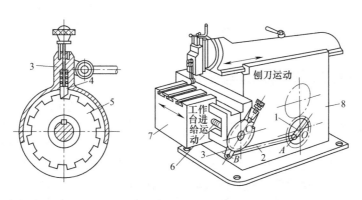

图 6-2　机床进给机构

1~3—杆件；4—棘爪；5—棘轮；6—螺杆；7—工作台；8—床身

6.2.3 自行车超越式棘轮机构图例与说明

图 6-3 所示是自行车后轮上的超越式棘轮机构。链条 2 带动内圈具有棘背的链轮 3 顺时针转动，再通过棘爪 4 使后轮轴 5 转动，驱动自行车。在自行车前进时，如果不踏曲脚蹬，后轮轴便会超越链轮 3 而转动。让棘爪在棘轮齿背上滑过，使自行车自由滑行。

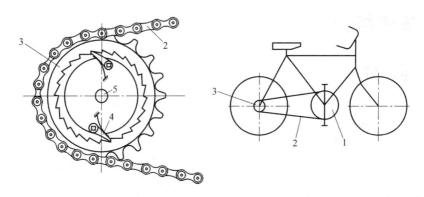

图 6-3　自行车超越式棘轮机构
1,3—棘轮；2—链条；4—棘爪；5—压轮轴

6.2.4 棘轮制动器机构图例与说明

图 6-4 为杠杆控制的带式制动器，制动轮 4 与外棘轮 2 固结，棘爪 3 铰接于固定架上 A 点，制动轮上围绕着由杠杆 5 控制的钢带 6，制动轮 4 按顺时针方向自由转动，棘爪 3 在棘轮齿背上滑动，若该轮向相反方向转动，则轮 4 被制动。

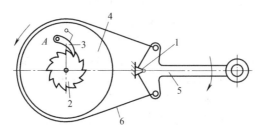

图 6-4　杠杆控制的带式制动器
1—支座；2—外棘轮；3—棘爪；4—制动轮；5—杠杆；6—钢带

图 6-5 为起重设备中的棘轮制动器，当轴 1 在转矩驱动下，逆时针方向转动时，带动棘轮 2 逆时针方向旋转，棘爪 3 在棘轮齿背上滑动。若轴 1 无驱动停止时，棘轮 2 在重物下不会发生转动，起到制动作用。

6.2.5 连杆棘轮机构图例与说明

纺织行业棉毛车的卷取装置就是连杆机构和棘轮机构组合而成的连杆棘轮机构，如图 6-6 所示。曲柄摇杆机构 O_1ABO_3 摇杆上的 C 点分别铰接两个 Ⅱ 级杆组 CDO_8 和 CEO_8 组成了八杆机构。D、E 铰链上铰接的棘爪 9、棘爪 10 与棘轮 8 组成双棘爪机构。

主动曲柄 1 转动时通过摇杆 3 和连杆 4、6 带动摆杆 5、7 作相反方向的摆动。当杆 5 顺时针摆动时，棘爪 9 推动棘轮 8 顺时针摆动，而杆 7 逆时针摆动带动棘爪 10 在棘轮齿背上滑过。同理杆 5 作逆时针摆动时，由棘爪 10 推动棘轮转动，而棘爪 9 在齿背上滑过。实现了从动棘轮的间歇转动。

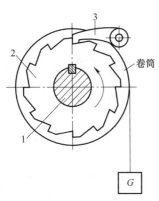

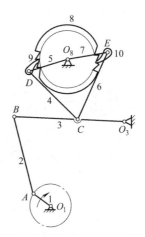

图 6-5　起重设备中的棘轮制动器

1—轴；2—棘轮；3—棘爪

图 6-6　连杆棘轮机构

1—主动曲柄；2,4,6—连杆；3—摇杆；5,7—摆杆；

8—棘轮；9,10—棘爪

6.2.6　带有棘轮的保险机构图例与说明

图 6-7 为带有棘轮的保险机构。如图 6-7(a) 所示，连杆 3 的右端插入摇块 2 的孔中，中间装有弹簧 4，摇块 2 与主动摇杆 1 之间以转动副连接。此外，主动摇杆 1 上还装有圆销 6，圆销工作面位于平板 7 的槽口中。平板 7 与拉杆 8 固连，拉杆的左端与棘爪 9 组成转动副。棘爪 9 与摇杆 5 之间以转动副连接，而棘轮 10 则与输出轴 11 固连。

正常工作时，主动摇杆 1 通过摇块 2、连杆 3、摇杆 5、棘爪 9、棘轮 10 将运动传给输出轴 11。

当突然过载时，见图 6-7(b)，因摇块 2 压缩弹簧 4，圆销 6 移到平板 7 的槽口上部，故在主动摇杆 1 回程时，圆销 6 带动拉杆 8 右移，棘爪 9 与棘轮 10 分离，同时平板 7 压住触头 12 将电动机关闭。

过载消除后，则可将平板 7 重新放回图 6-7(a) 所示位置，机器又准备工作。

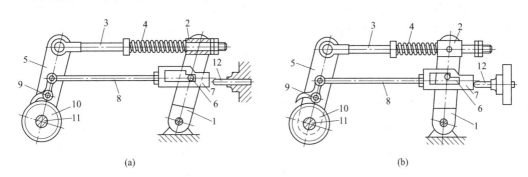

(a)　　　　　　　　　　　　　　　　(b)

图 6-7　带有棘轮的保险机构

1—主动摇杆；2—摇块；3—连杆；4—弹簧；5—摇杆；6—圆销；7—平板；

8—拉杆；9—棘爪；10—棘轮；11—输出轴；12—触头

6.2.7　液动式杠杆棘轮机构图例与说明

图 6-8 为液动式杠杆棘轮机构，在进入油缸 1 的压力流体作用下，活塞 6 做往复运动。当活塞 6 向左运动，带动杠杆 7 绕 A 点摆动，经棘爪 2、3 拨动棘轮 4 沿顺时针方向转动。

当活塞 6 向右运动，则棘爪 2、3 在棘轮 4 背上滑动，实现间歇运动。弹簧 5 的作用是保持棘爪与棘轮的接触。

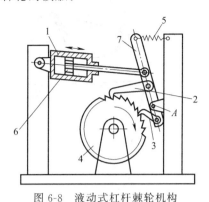
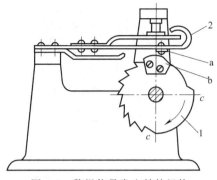

图 6-8　液动式杠杆棘轮机构

1—油缸；2,3—棘爪；4—棘轮；5—弹簧；6—活塞；7—杠杆

图 6-9　警报信号发生棘轮机构

1—凸轮；2—弹簧

6.2.8　警报信号发生棘轮机构图例与说明

图 6-9 为警报信号发生棘轮机构，带棘齿的凸轮 1 沿顺时针方向转动，其上安装着绝缘体 b。左端固定的弹簧 2 上有触点 a，休止时如图 6-9 所示位于绝缘体 b 上，使电路断开。随着凸轮的转动，电路由凸轮外廓上的齿接通或切断，使警报铃断续鸣响。在圆弧 c-c 部分恒处于接通状态，警报铃则连续鸣响。

如将该机构用于自动生产线上机器故障的报警，可预先使齿数对应于机器的号码，工作人员在听到警报铃声时，就能知道发生事故的机器。

6.2.9　棘轮电磁式上条机构图例与说明

图 6-10 为棘轮电磁式上条机构，时钟发条一端固定在条盒 1 上，另一端固定在棘轮 3 的轮毂 2 上。在时钟发条未被卷起的时候，弹簧 6 使转子 4 和月牙板 5 绕轴心 A 沿反时针方向转动。与此同时，月牙板上的棘爪 7 使棘轮沿反时针方向转动，从而将时钟发条卷起。当转子 4 继续沿反时针方向转动时，杆 8 受弹簧 9 的作用使触点 10 闭合，于是电磁铁的线圈励磁，转子 4 受磁力吸引沿顺时针方向转动而复位，同时固定在转子上的杆 11 弹开杆 8 将电路断开。如上反复动作，条盒里的时钟发条就被连续地卷紧。

该上条机构常见于汽车时钟中。

6.2.10　杠杆棘轮电磁式送带机构图例与说明

图 6-11 为杠杆棘轮电磁式送带机构，在绕固定轴心 A 转动的圆盘 2 上设置着凸缘 b 和拨销 a，凸缘 b 与控制杆 1 上的凸缘 c 接触，拨销 a 可沿开设在杠杆 3 和 4 上的槽 d、e 滑动，杠杆 3、4 分别绕固定轴心 B、C 转动。棘爪 5 通过回转副 E 与杠杆 4 连接，且与绕固定轴心 F 转动的棘轮 6 啮合。滚子 7 与棘轮 6 固连在同一轴上，滚子 8 安装在绕固定轴心 H 转动的杆 9 上。若电磁铁 10 工作，将控制杆 1 吸起，当圆盘 2 顺时针转动，经拨销 a 带动杠杆 3、4 以及棘爪 5，使棘轮 6 和滚子 7 转动，从而将夹在滚子 7 和 8 之间的带材向左传送。

6.2.11　自动改变进给量的木工机床棘轮机构图例与说明

图 6-12 为自动改变进给量的木工机床棘轮机构，棘轮 5 和槽形凸轮 7 与从动丝杠 8 固

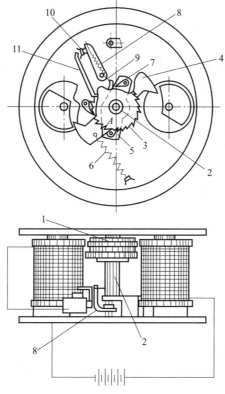

图 6-10 棘轮电磁式上条机构

1—条盒；2—轮毂；3—棘轮；4—转子；5—月牙板；6—弹簧；7—棘爪；

8,11—杆；9—弹簧；10—触点

连，棘爪 4 铰接在导杆 3 上，导杆 3 的槽中装有滑块 2，滑块 2 和凸轮槽中的滚子 6 均经销轴 9 与主动连杆 1 连接。

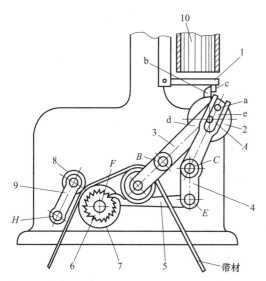

图 6-11 杠杆棘轮电磁式送带机构

1—控制杆；2—圆盘；3,4—杠杆；5—棘爪；6—棘
轮；7,8—滚子；9—杆；10—电磁铁

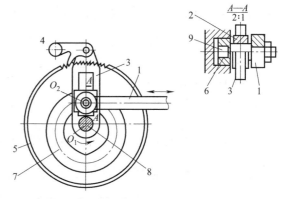

图 6-12 自动改变进给量的木工机床棘轮机构

1—连杆；2—滑块；3—导杆；4—棘爪；5—棘轮；
6—滚子；7—槽形凸轮；8—从动丝杠；9—销轴

当连杆 1 经滑块 2 带动导杆 3 并经棘爪 4 驱动棘轮 5 转动时，滚子 6 在凸轮槽的作用下带动滑块 2 沿导杆槽移动，使轴心 O_1、O_2 之间的距离发生变化，引起导杆转角和棘轮转角的变化，从而实现进给量的自动改变。

6.2.12　具有三个驱动棘爪的棘轮机构图例与说明

图 6-13 为具有三个驱动棘爪的棘轮机构，圆盘 1 与轴 A 固连，盘上开有三个导槽 a，棱柱形棘爪 2、3、4 可沿该导槽滑动。具有齿 b 的内棘轮 5 空套在轴 A 上，当圆盘 1 沿逆时针方向回转时，三个棘爪与齿 b 啮合，使棘轮 5 以圆盘 1 的角速度沿逆时针方向转动。当圆盘 1 沿顺时针方向回转时，棱柱形棘爪 2、3、4 顺时针滑过齿 b，棘轮 5 则静止不动。

6.2.13　棘轮式转换机构图例与说明

图 6-14 为棘轮式转换机构，轴 A 上固连着旋钮 1 和棘轮 2，转动旋钮时，棘轮因弹簧 3 的作用从一个指定位置转到另一个指定位置。在该指定位置上，弹性棘爪 4 与棘轮的齿槽 a 相咬合，将棘轮固定。

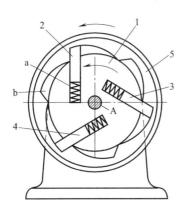

图 6-13　具有三个驱动棘爪的棘轮机构

1—圆盘；2～4—棱柱形棘爪；5—棘轮

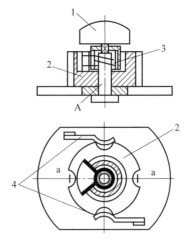

图 6-14　棘轮式转换机构

1—旋钮；2—棘轮；3—弹簧；4—弹性棘爪

6.2.14　单向转动棘轮机构图例与说明

图 6-15 为单向转动棘轮机构，该机构由曲柄滑块机构和双棘爪棘轮机构组成。棘爪 4、6 铰接于滑块 3，通过弹簧可靠地与棘轮接触。主动曲柄 1 匀速转动，带动滑块 3 往复移动，右移时垂头棘爪 4 推动棘轮 5 顺时针转动，钩头棘爪 6 在棘轮上滑动；滑块 3 左移时，钩头棘爪 6 带动棘轮作顺时针转动，而垂头棘爪 4 只作空滑。因此从动件棘轮只作单向脉动式转动。

该单向转动棘轮机构常用于脉冲计数器中作计数装置，或用于生产线作转位装置。

6.2.15　气缸驱动 90° 转位棘轮机构图例与说明

图 6-16 为气缸驱动 90° 转位棘轮机构。如图 6-16 所示，气缸 1 驱动齿条 2 向右移动时，通过齿轮 10、四齿棘轮 5 和两个棘爪 4，带动装配工作台 7 转位；当转过 90° 时，齿条上的挡块 11 与定位环上的凸块 3 相接触，以保证定位精度。另由定位元件将工作台锁定（图中

未画出）。当齿条向左退回时，棘轮 5 反转，使棘爪克服片簧 6 的阻力而在棘轮齿的后面滑过，回到起始位置，等待下一次转位。图中，8 为中心轴，9 为棘爪柱。改变气缸行程及棘轮齿数和定位环凸块数，便可实现不同角度的转位。为便于棘爪复位，通常棘轮的摆角要略大于工作台的转位角。

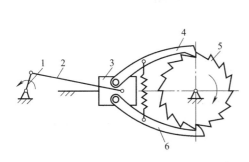
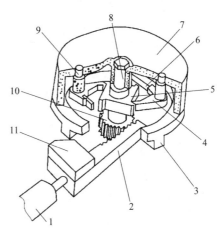

图 6-15　单向转动棘轮机构
1—主动曲柄；2—连杆；3—滑块；
4,6—棘爪；5—棘轮

图 6-16　气缸驱动 90°转位棘轮机构
1—气缸；2—齿条；3—凸块；4—棘爪；5—棘轮；
6—片簧；7—装配工作台；8—中心轴；9—棘
爪柱；10—齿轮；11—挡块

6.3　槽轮机构

6.3.1　运动分析

　　槽轮机构是一种最常用的间歇运动机构，又称为马尔他机构。图 6-17 为分度数 $n=4$ 的外槽轮机构，拨盘 1 为主动构件，作连续回转运动。开有 4 等分的径向槽的槽轮 2 为从动构件。当拨盘上的圆柱销 A 进入径向槽之前，槽轮上的内凹锁止弧 nn 被拨盘上的外凸圆弧 mm 锁住，槽轮静止不动。图 6-17(a) 所示为拨盘沿逆时针方向回转，圆柱销 A 刚开始进入槽轮上的径向槽的瞬间。锁止弧 nn 刚好被松开，圆柱销 A 将驱动槽轮转动。槽轮在圆柱销驱动下完成分度运动，转过 90°。图 6-17(b) 所示为圆柱销 A 即将脱离径向槽的瞬间，此时槽轮上的另一个锁止弧又被锁住，槽轮又静止不动。因此，当拨盘连续转动时，槽轮被驱动作间歇运动，拨盘转过 4 周，槽轮转过 1 周。

　　槽轮机构的优点是：结构简单，易于制造，工作可靠，机械效率也较高，它还同时具有分度和定位的功能；其缺点是槽轮的转角大小不能调节，且存在柔性冲击。因此，槽轮机构适用于速度不高的场合，常用于机床的间歇转位和分度机构中。拨盘上的锁住弧定位精度有限，当要求精确定位时，还应设置定位销。

　　当设计槽轮机构时，在分度数确定以后，运动系数也随之确定而不能改变，因此设计者没有很大的自由度，这是槽轮机构的突出缺点。此外，虽然它的振动和噪声比棘轮机构小，但槽轮在启动和停止的瞬间加速度变化大，有冲击，不适用于高速情况下。分度数越小，冲击越剧烈；分度数大时，拨盘回转中心到销 A 的距离太小，故一般取分度数 $n=4\sim8$。

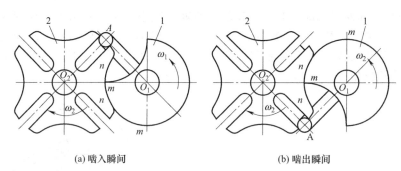

(a) 啮入瞬间　　　　　　　　　　　(b) 啮出瞬间

图 6-17　$n=4$ 的外槽轮机构

1—拨盘；2—槽轮

6.3.2　电影放映机卷片机构图例与说明

图 6-18 为分度数 $n=4$ 的外槽轮机构在电影放映机中的应用情况，其中，槽轮按照影片播放速度转动，当槽轮间歇运动时，胶片上的画面依次在方框中停留，通过视觉暂留而获得连续的效果。

6.3.3　车床刀架转位槽轮机构图例与说明

槽轮上径向槽的数目不同就可以获得不同的分度数，如图 6-19 中的六角车床的刀架转位机构就是由一个分度数 $n=6$ 的外槽轮机构驱动的。在槽轮上开有六条径向槽，当圆销进出槽轮一次，则可推动刀架转动一次（60°），由于刀架上装有 6 种可以变换的刀具，就可以自动地将需要的刀具依次转到工作位置上，以满足零件加工工艺的要求。

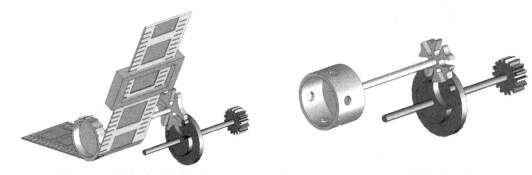

图 6-18　电影放映机卷片机构　　　　　　　　图 6-19　六角车床的刀架转位机构

6.3.4　具有两个不同停歇时间的四槽槽轮机构图例与说明

图 6-20 为具有两个不同停歇时间的四槽槽轮机构，在主动拨盘 1 上装有两个圆销 2 和 3，两圆销中心到拨盘中心连线间的夹角为 β。当主动拨盘 1 均匀转动，圆销 2、圆销 3 分别拨动槽轮 4 转动及停歇。由于夹角 $\beta<180°$ 的原因，可使槽轮两次停歇时间不同。圆销 3 出槽后到圆销 2 进槽前为从动槽轮 4 的第一次停歇时间，该时间对应于主动拨盘 1 转过 $(\beta-90°)$ 的角度；圆销 2 出槽后到圆销 3 进槽前为从动槽轮 4 的第二次停歇时间，该时间对应于主动拨盘 1 转过 $(\beta-270°)$ 的角度。

6.3.5　具有四个从动槽轮槽轮机构图例与说明

图 6-21 为具有四个从动槽轮的槽轮机构，主动拨盘 1 上装有一个圆销 a，四个从动槽轮

2、3、4、5结构完全相同。当拨盘1连续回转时，依次带动其中一个槽轮转位，而其余三个槽轮被锁住不动。

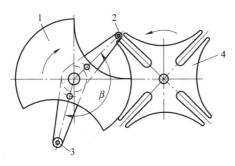

图 6-20　具有两个不同停歇时间的四槽槽轮机构

1—主动拨盘；2,3—圆销；4—从动槽轮

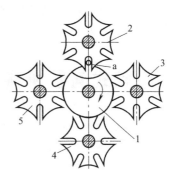

图 6-21　具有四个从动槽轮的槽轮机构

1—主动拨盘；2~5—从动槽轮

6.3.6　主动轴由离合器控制的槽轮分度机构图例与说明

图 6-22 所示为主动轴由离合器控制的槽轮分度机构。如图 6-22 所示，主动带轮 1 输入的运动经离合器 2，使凸轮 4 回转，凸轮上的销子拨动从动槽轮 6 使输出轴间歇回转。槽轮停歇时，凸轮通过滚子 3 控制绕支点 11 转动的定位杆 7 将槽轮定位。由气缸 8 或手柄 10 操纵离合器，使凸轮停转，以达到控制槽轮停歇时间的目的。

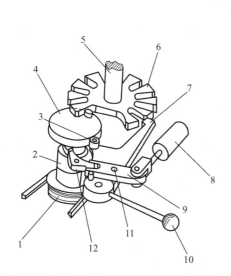

图 6-22　主动轴由离合器控制的槽轮分度机构

1—主动带轮；2—离合器；3—滚子；4—凸轮；
5—轴；6—从动槽轮；7—定位杆；8—气缸；
9—连杆；10—手柄；11,12—支点

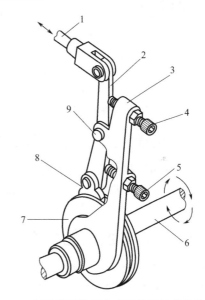

图 6-23　利用摩擦作用实现间歇回转的槽轮机构

1—连杆；2—滑枕杆；3—驱动板；4—调整螺钉 A；
5—调整螺钉 B；6—输出轴；7—槽轮；
8—滑枕；9—滑枕杆支承轴

6.3.7　利用摩擦作用实现间歇回转的槽轮机构图例与说明

图 6-23 所示为利用摩擦作用实现间歇回转的槽轮机构。如图 6-23 所示，驱动板 3 可绕输出轴 6 旋转，滑枕杆 2 通过支承轴 9 安装在驱动板 3 上，并能在驱动板上转动。滑动杆的上端装有连杆，下端装有可摆动的滑枕 8，滑枕与槽轮的沟槽相啮合。

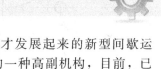

当连杆从左向右运动时，滑枕从槽轮的槽中脱开；而当连杆从右向左运动时，滑枕压紧槽轮的槽，于是使槽轮旋转。

特点：由于这种机构不会产生棘轮机构那样的工作噪声，所以可实现安静的运动。在输出轴上必须装有防止反转的机构。

6.4 凸轮式间歇机构

凸轮式间歇运动机构也称为分度凸轮机构，它是 20 世纪以后才发展起来的新型间歇运动机构。凸轮式间歇运动机构是由主动凸轮、从动盘和机架组成的一种高副机构，目前，已得到广泛应用的分度凸轮机构包括三种类型，即蜗杆分度凸轮机构、圆柱分度凸轮机构和平行分度凸轮机构。

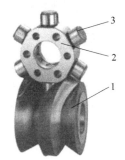

图 6-24　蜗杆分度凸轮机构
1—主动凸轮；2—从动盘；3—圆柱销

6.4.1　蜗杆分度凸轮机构图例与说明

图 6-24 是分度凸轮机构中应用最多的一种形式——蜗杆分度机构。现介绍该分度凸轮机构的组成和工作原理。其主动凸轮 1 和从动盘 2 的轴线相互垂直交错。凸轮上有一条凸脊，看上去像一个蜗杆，从动盘 2 的圆柱面上均匀分布着圆柱销 3，犹如蜗轮的齿。如果凸脊沿一条螺旋线布置，那么凸轮连续转动时就带动从动盘像蜗轮一样连续转动，而且是从动盘作间歇运动。

从动盘上的滚子绕其自身轴线转动，可以减小凸轮面和滚子之间的滑动摩擦。两轴之间的中心距可以作微量调整，消除凸轮轮廓和滚子之间的间隙，实现"预紧"，不但可以减小间隙带来的冲击，而且在从动盘停歇时可得到精确的定位。

6.4.2　圆柱分度凸轮机构图例与说明

图 6-25 是圆柱分度凸轮机构，与自动机床进刀凸轮机构和自动送料凸轮机构的圆柱凸轮没有本质区别，其滚子分布在从动盘的端面上。由于在从动盘上可以布置较多的滚子，因此圆柱分度凸轮机构能实现较大的分度数，但难以实现预紧。

6.4.3　平行分度凸轮机构图例与说明

图 6-26 为平行分度凸轮机构。在主动轴上装有共轭平面凸轮 1、1′和 1″，在从动盘上装有均匀分布的三组滚子 2、2′和 2″。三片共平面轭凸轮分别和三组滚子接触，凸轮的突起部分的曲线可推动从动盘转动，凸轮的圆弧部分卡在两个滚子之间可实现停歇时的定位。

平行分度凸轮可实现"一分度"，即凸轮转过一周，从动盘也转过一周，并停歇一段时间。这种一分度机构应用在压制纸盒的模切机送进系统中，如图 6-27 所示。该模切及送进系统由分度凸轮 8 及两套链传动机构（链轮 4、链条 5）组成，功能由夹持纸板 7 和牙排 6 完成。分度凸轮机构 8 的输出轴 2 通过联轴器 3 与链轮 4 的轴相连。在链条 5 上安装着夹持纸板 7 的牙排 6。分度凸轮机构将输入轴 1 的连续转动转换为链条 5 的步进运动。链条 5 停歇时，纸板 7 正处于模切区，冲模 9 向上运动，纸板上被压制出折痕。链条继续运动时，下一个牙排又将另一张纸板带入模切区。

图 6-25　圆柱分度凸轮机构

图 6-26　平行分度凸轮机构

1,1′,1″—共轭平面凸轮；2,2′,2″—滚子

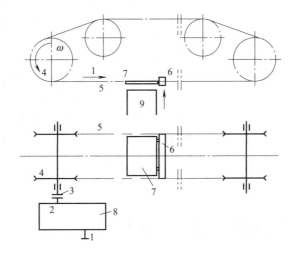

图 6-27　一分度平行分度凸轮机构用于模切机送进系统

1—输入轴；2—输出轴；3—联轴器；4—链轮；5—链条；6—牙排；
7—夹持纸板；8—分度凸轮机构；9—冲模

6.4.4　速换双凸轮机构图例与说明

图 6-28 为速换双凸轮机构。彼此固连的凸轮 1 和 2 绕固定轴心 A 转动，带动从动摆杆 6 绕固定轴心 B 摆动。摆杆的顶端安装着横杆 3，横杆两头装有滚子 4 和 5，图示为凸轮 1 与滚子 4 工作的情形。若将横杆 3 松开后绕 D 点转过 180°。再与摆杆 6 固紧，则可转换为凸轮 2 与滚子 5 工作，达到迅速改变从动件运动规律的目的。

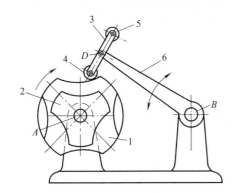

图 6-28　速换双凸轮机构

1,2—凸轮；3—横杆；4,5—滚子；6—摆杆

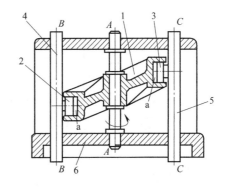

图 6-29　双推杆式圆柱凸轮机构

1—圆柱凸轮；2,3—滚子；4,5—推杆；6—固定导路

6.4.5 双推杆式圆柱凸轮机构图例与说明

图 6-29 为双推杆式圆柱凸轮机构。当外轮廓具有凹槽 a 的圆柱凸轮 1 旋转时，滚子 2、3 沿着凹槽转动，推杆 4、5 沿着固定导路 6 往复移动。圆柱凸轮的轴线 AA 与固定导路中心线 BB、CC 互相平行，两推杆作对应于凸轮向径相位的上下移动。

该机构常用于多柱塞泵中。

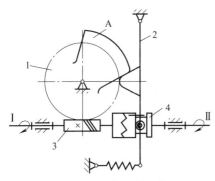

图 6-30 蜗杆凸轮机构
1—蜗轮；2—摆杆；3—蜗杆；4—离合器

6.4.6 蜗杆凸轮机构图例与说明

图 6-30 为蜗杆凸轮机构。此机构包括蜗杆机构、凸轮机构和离合器。主动轴 Ⅰ 作匀速转动，通过蜗杆凸轮机构控制离合器的离合实现从动轴 Ⅱ 的间歇转动。蜗杆 3 与离合器 4 同轴，Ⅰ 轴通过蜗杆使蜗轮 1 匀速转动，当固结在蜗轮上的凸轮块 A 未与从动摆杆 2 上的突起接触时，离合器闭合，Ⅰ 轴通过离合器带动 Ⅱ 轴转动。当凸轮块 A 与摆杆 2 上的突起接触时，凸轮块远休止廓线使摆杆摆至右极限位置，离合器脱开，从动轴 Ⅱ 停止转动。可通过更换凸轮块 A 来改变轴 Ⅱ 的动、停时间比。

该机构常用于同轴线间传递间歇运动的场合，以机械方式、周期性地实现对离合器的控制。

6.4.7 端面螺线凸轮机构图例与说明

图 6-31 为端面螺线凸轮机构。凸轮 1 的端面上螺线突缘廓线分 a-b 和 b-c 两弧线段，a-b 段是以 O_1 为圆心的圆弧段，b-c 是螺旋线段。从动件 2 是一以 O_2 为轴线的齿轮，也可是一个在圆周上均布滚子的圆盘，以减小摩擦。O_1 轴与 O_2 轴垂直不相交。主动凸轮 1 匀速转动，当其 a-b 段廓线与从动件相接触时，轮 2 保持静止并被锁住；当其 b-c 段廓线与从动件接触时，轮 2 实现间歇转动。当主动轮转 1 圈，从动轮转动角度为 $2\pi/z$，z 为齿数（或滚子数）。

该空间凸轮机构可实现交错轴间的间歇传动，可用作自动线上的转位机构。

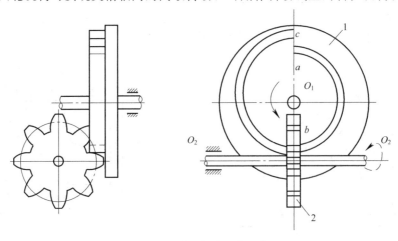

图 6-31 端面螺线凸轮机构
1—凸轮；2—从动件

6.4.8 连杆齿轮凸轮机构图例与说明

图 6-32 为连杆齿轮凸轮机构。该机构由四连杆机构（1-3-7-9）、行星轮系（4-5-6-8-7）和有两个从动件的凸轮机构（2-4-8-9）组成。

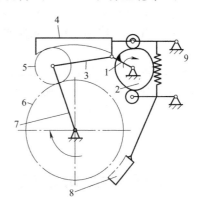

主动曲柄 1 和凸轮 2 固连。主动曲柄 1 连续转动，通过连杆 3 使摆杆 7 往复摆动，摆杆 7 又是行星轮系的行星架。与 1 固连的主动凸轮 2 转动，它的廓线推动从动摆杆 4、8 往复摆动，4 和 8 上的齿弧交替与行星轮 5 和中心轮 6 啮合。当摆杆 8 上的齿弧向右摆动与轮 6 脱离啮合时，摆杆 4 上的齿弧 4 正好也逆时针下摆至与轮 5 啮合，在行星架 7 的带动下，轮 5 沿摆杆 4 上的齿弧向右滚动，带动齿轮 6 实现顺时针转位。当摆杆 4 上的齿弧在凸轮 2 的作用下，顺时针向上摆动脱离与轮 5 的啮合时，摆杆 8 上的齿弧也顺时针向左摆动与轮 6 啮合，使轮 6 锁止不动，轮 5 在行星架的带动下向左滚动，

图 6-32　连杆齿轮凸轮机构

1—主动曲柄；2—凸轮；3—连杆；4,8—从动摆杆；
5—行星轮；6—中心轮；7—摆杆；9—机架

空回复位，从而实现了齿轮 6 的间歇转动。调节曲柄 1 的长度可改变齿轮 6 的转位角的大小。

该机构常用于切削机械、自动机床中，作为可调分度角的分度机构，或间歇转位机构。

6.4.9 单侧停歇凸轮机构图例与说明

图 6-33 为单侧停歇凸轮机构，该机构是形封闭的共轭凸轮机构。主、副凸轮 1 和 1′ 固结，廓线分别与从动摆杆 3、3′ 上的滚子 2、2′ 相接触。摆杆 4 与 3、3′ 杆刚性连接。主动凸轮逆时针匀速转动，当主凸轮 1 向径渐增的廓线与滚子 2 接触时，推动 3 带动杆 4 逆时针摆动，当副凸轮 1′ 向径渐增的廓线与 2′ 接触时，推动 3′ 带动杆 4 顺时针摆动至右极限位置后，正值主、副凸轮的廓线在 a-a 和 a'-a' 两段同心圆弧段，从而使从动摆杆 4 有一段静止时间，实现了单侧停歇。

单侧停歇凸轮机构常用于纺织机械作为织机的打纬机构。

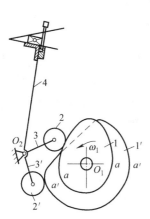

图 6-33　单侧停歇凸轮机构

1,1′—主、副凸轮；2,2′—滚子；
3,3′—从动摆杆；4—摆杆

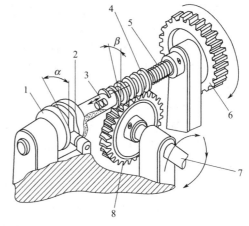

图 6-34　利用凸轮和蜗杆实现不等速回转的机构

1—槽形凸轮；2—凸轮滚子；3—驱动销；
4—蜗杆；5—压缩弹簧；6—驱动齿轮；
7—从动轴；8—蜗轮

6.4.10　利用凸轮和蜗杆实现不等速回转的机构图例与说明

图 6-34 所示为利用凸轮和蜗杆实现不等速回转的机构。如图 6-34 所示，在驱动轴上装有一个驱动销，驱动力通过销子传递到蜗杆，蜗杆上与驱动销相配合的部位有一个长孔，所以，允许蜗杆相对于驱动轴作一定距离的轴向滑动。蜗杆的另一端是一个凸轮，并用压缩弹簧压向一个方向。

当驱动齿轮使蜗杆旋转时，由于凸轮的作用，蜗杆会出现轴向滑动，所以蜗轮除了由蜗杆驱动而作正常的旋转之外，还由于蜗杆的轴向滑动而出现或增或减的附加转动，这样，蜗轮就连续不断地进行复杂的回转运动。

应用实例：自动装配机。

6.5　不完全齿轮机构

6.5.1　运动分析

不完全齿轮机构是由普通渐开线齿轮机构演变而成的间歇运动机构。它与普通渐开线齿轮机构的主要区别在于该机构中的主动轮仅有一个或几个齿，如图 6-35 所示。

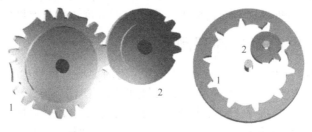

(a) 外啮合不完全齿轮机构　　　　　(b) 内啮合不完全齿轮机构

图 6-35　不完全齿轮机构

在图 6-35(a) 所示外啮合不完全齿轮机构和图 6-35(b) 所示内啮合不完全齿轮机构中，都是 2 为主动轮，1 为从动轮。当主动轮 2 的有齿部分与从动轮 1 轮齿结合时，推动从动轮 1 转动；当主动轮 2 的有齿部分与从动轮脱离啮合时，从动轮 1 停歇不动。因此，主动轮 2 的连续转动，从动轮 1 将获得时动时停的间歇运动。

图 6-35(a) 所示为外啮合不完全齿轮机构，其主动轮 2 转动一周时，从动轮 1 转动六分之一周，从动轮每转一周停歇 6 次。为了防止从动轮 2 在停歇期间游动，两轮轮缘上各装有锁止弧。当从动轮停歇时，主动轮 2 上的锁止弧与从动轮上的锁止弧互相配合锁住，以保证从动轮停歇在预定位置。图 6-35(b) 为内啮合不完全齿轮机构。

与普通渐开线齿轮机构一样，当主动轮匀速转动时，其从动轮在运动期间也保持匀速转动，但在从动轮运动开始和结束时，即进入啮合和脱离啮合的瞬时，速度变化是较大的，故存在冲击。不完全齿轮机构不宜用于主动轮转速较高的场合，一般只用于低速、轻载的场合，如计数器、电影放映机和某些具有特殊运动要求的专用机械中。

6.5.2　单齿条式往复移动间歇机构图例与说明

图 6-36 为单齿条式往复移动间歇机构，不完全齿轮 1 做顺时针转动时，与不完全齿轮 3 啮合，齿轮 3 又与齿条 2 啮合，从而带动齿条 2 向左移动。当不完全齿轮 1 的轮齿 A 部分与

不完全齿轮 3 脱开时，齿条停歇。待不完全齿轮 1 的轮齿 B 部分转入到和齿条 2 啮合，从而又带动齿条 2 向右移动，直到不完全齿轮 1 的轮齿 B 与齿条 2 脱开，齿条 2 又停歇。这样，只要改变齿轮 1 上的不完全齿数，便可对齿条 2 在两端的停歇时间进行调节。

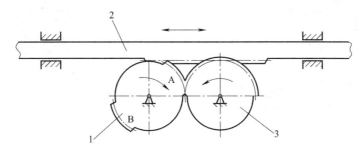

图 6-36　单齿条式往复移动间歇机构
1,3—不完全齿轮；2—齿轮

6.5.3　双齿条式往复移动间歇机构图例与说明

图 6-37 为双齿条式往复移动间歇机构，当不完全齿轮 1 做顺时针转动时，不完全齿轮 1 的轮齿与齿条 2 上部的齿条 A 相啮合，从而使齿条 2 向右移动；当不完全齿轮 1 上的轮齿与齿条 A 部分脱开时，齿条 2 停歇；待不完全齿轮 1 的轮齿与齿条 2 下部的齿条 B 部的齿啮合时，又带动齿条 2 向左移动。这样在不完全齿轮 1 交替地与齿条 A、B 部相啮合，从而使齿条 2 做往复的间歇运动。

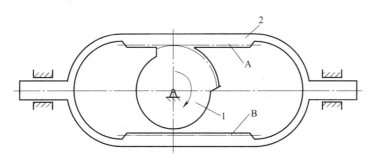

图 6-37　双齿条式往复移动间歇机构
1—不完全齿轮；2—齿条

6.5.4　压制蜂窝煤球工作台间歇机构图例与说明

图 6-38 为压制蜂窝煤球工作台间歇机构，工作台 1 在压制蜂窝煤球时需用 5 个工位来完成装填、压制、退煤等动作，因此要求工作台做间歇运动，即工作台每转动 1/5 转后停歇一段时间。为了满足这一要求，在工作台上装有一个大齿圈 2，主动齿轮 4 为不完全齿轮，当不完全齿轮 4 转动时，它与中间齿轮 3 组成间歇运动机构，可使工作台 1 完成所需的间歇运动。

6.5.5　采用扇形齿轮的夹持机构图例与说明

图 6-39 为采用扇形齿轮的夹持机构，齿轮 1 和齿轮 2 作成一体，可绕轴心 O_1 转动，并分别与可绕轴心 O_2 转动的扇形齿轮 3、扇形齿轮 4 相啮合。当齿轮 1 和齿轮 2 沿逆时针方向旋转时，扇形齿轮 3、扇形齿轮 4 的卡爪部分 a、b 向内靠近，将重物夹紧。

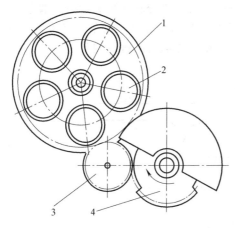

图 6-38 压制蜂窝煤球工作台间歇机构

1—工作台；2—大齿圈；3—中间齿轮；4—主动齿轮

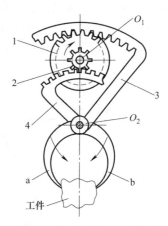

图 6-39 采用扇形齿轮夹持机构

1,2—齿轮；3,4—扇形齿轮

6.5.6 带瞬心线附加杆的不完全齿轮机构图例与说明

图 6-40 为带瞬心线附加杆的不完全齿轮机构，主动轮 1 为不完全齿轮，其上带有外凸锁止弧 a。从动轮 2 为完全齿轮，其上带有内凹锁止弧 b。瞬心线附加杆 3、4、5、6 分别固连在轮 1 和轮 2 上，其中杆 3、4 的作用是使从动轮 2 在开始运动阶段，见图 6-40(a)，由静止状态按一定规律逐渐加速到轮齿啮合的正常速度；而杆 5、6 的作用则是使从动轮 2 在终止运动阶段，见图 6-40(b)，由正常速度按一定规律逐渐减速到静止。

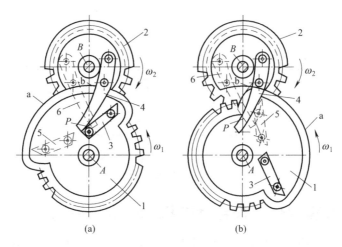

(a)　　　　　(b)

图 6-40 带瞬心线附加杆的不完全齿轮机构

1—主动轮；2—从动轮；3～6—瞬心线附加杆

图示位置为杆 3、4 传动的情形，此时从动轮 2 的角速度为 ω_2（P 为轮 1、2 的相对瞬心）。该机构能实现从动轮 2 的间歇转动，且没有冲击。

6.5.7 凸轮不完全齿轮机构图例与说明

图 6-41 为凸轮不完全齿轮机构，该机构由圆柱凸轮机构和不完全齿轮机构组成。凸轮机构的滚子从动件即不完全齿轮 2。小齿轮 1 绕主动轴 A 作连续转动，当其与不完全齿轮 2 的齿廓啮合时，轮 2 转动；当其对着轮 2 的无齿部分时，轮 2 停歇不动，从而实现从动轴 B

的间歇转动。为避免轮 2 突然启动、突然停歇产生严重冲击，附加一凸轮机构，轮 2 端面安装滚子 3，并合理设计凸轮 4 的廓线，且合理选择凸轮 4 与轮 1 的传动比，使轮 1 与轮 2 的有齿部分即将结束啮合时，凸轮 4 与滚子 3 相啮合并使轮 2 逐渐减速至停歇；在轮 1 将与轮 2 的下一段有齿部分相啮合前，凸轮 4 又带动滚子 3 加速至正常转速。此机构动、停之间无冲击、有良好的传动性能。

应用举例：在从动轴 B 上安装工作台，可用于各种生产线，作为间歇回转工作台的传动机构。工作台可匀速分度转位，可减速后停歇、加速后启动。

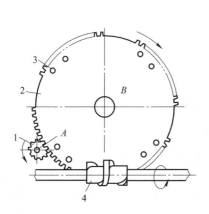

图 6-41 凸轮不完全齿轮机构

1—小齿轮；2—不完全齿轮；

3—滚子；4—凸轮

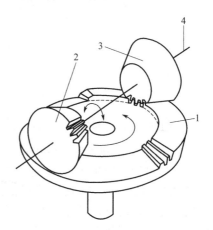

图 6-42 不完全锥齿轮往复运动机构

1—主动轮；2,3—从

动轮；4—输出轴

6.5.8 不完全锥齿轮往复运动机构图例与说明

如图 6-42 所示为不完全锥齿轮往复运动机构，1 为主动轮，2、3 为从动轮，4 为输出轴。如图 6-42 所示，主动锥齿轮 1 是不完全的，从动轴有两个完全齿轮 2 及 3，主动轮的末齿与一个从动齿轮脱啮后，首齿与另一从动齿轮接触。主动轮转动方向不变时，两个从动轮转动方向相反。因此，主动轮连续回转时，从动轴作往复转动。适当选择主动轮有齿段的齿数，可以使从动轴换向时有停歇或无停歇。

6.6 其他常用间歇机构

6.6.1 具有停歇的曲柄滑块机构图例与说明

图 6-43 为具有停歇的曲柄滑块机构，当曲柄 1 绕固定轴心 A 回转时，经连杆 2、4 分别带动滑块 3、5 往复移动。各部长度为：$BC=3AB$，$BD=2.5AB$，$ED=3.5AB$。在铰链点 D 的轨迹中，图示 DD' 部分近似于以 E 点为中心、ED 为半径的圆弧。故当铰链点 D 沿 DD' 部分运动时，滑块 5 几乎停止不动。

6.6.2 具有长时间停歇的齿轮连杆机构图例与说明

图 6-44 为具有长时间停歇的齿轮连杆机构，行星轮 2 沿固定中心轮 1 滚动，两轮节圆半径之比为 $r_2 : r_1 = 1 : 3$。铰链点 C 位于行星轮 2 的节圆上，机构运转时，点 C 的轨迹为

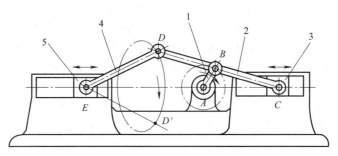

图 6-43　具有停歇的曲柄滑块机构

1—曲柄；2,4—连杆；3,5—滑块

三支近似于圆弧的内摆线。若取连杆 3 的长度等于上述圆弧的半径，则当点 C 通过内摆线 cc 时，滑块 4 将在右极限位置上近似停歇。

6.6.3　连杆摆动单侧停歇机构图例与说明

图 6-45 为连杆摆动单侧停歇机构，这是指从动件在摆动的某一侧极限位置有停歇。该机构是由四杆机构 $ABCD$ 加上上 II 级杆组 MEF（包括滑块 4、导杆 5）组成的六杆机构。M 点为连杆 BC 上的一点，M 点铰接了滑块 4。M 点的轨迹 m 中的 M_1M_2 段为近似直线段。当主动曲柄 1 连续转动时，通过杆 BC 上的 M 点带动滑块 4 和导杆 5 往复摆动。当导杆 5 摆动到左极限位置时正好与 M 点的近似直线轨迹段 M_1M_2 重合，在 M 点从 M_1 到 M_2 的运动过程中，从动导杆 5 作近似停歇。该机构利用连杆曲线的直线段实现从动件单侧间歇摆动。

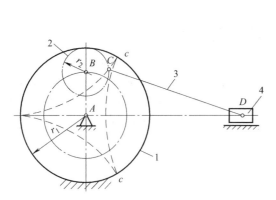

图 6-44　具有长时间停歇的齿轮连杆机构

1—中心轮；2—行星轮；3—连杆；4—滑块

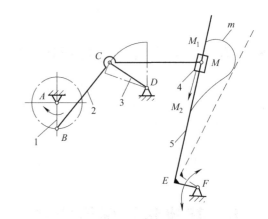

图 6-45　连杆摆动单侧停歇机构

1—主动曲柄；2—连杆；3—摇杆；

4—滑块；5—导杆

应用举例：可用于轻工机械、自动生产线和包装机械中运送工件或满足某种特殊的工艺要求、实现某种加工。

6.6.4　连杆齿轮单侧停歇机构图例与说明

图 6-46 为连杆齿轮单侧停歇机构，该机构由五连杆机构和行星轮系组成。主动曲柄 1 也是行星架。行星轮 2 与固定中心轮 3 的节圆半径比 $r：R=1：3$，连杆 4 与轮 2 在节圆上的 A 点铰接。主动曲柄连续匀速转动，带动行星轮系运动，点 A 产生有三个顶点 a、b、c 的内摆线。以其中的 ab 段的平均曲率半径为连杆长 l_{AC}，曲率中心 C 为摆杆 CD 和连杆 AC

的铰接点。主动曲柄 OB 和行星轮 2 的两个运动输入，使五连杆机构的从动摆杆 CD 有确定的摆动。当主动杆 1 对应 A 点在 ∠aOb=120° 范围内运动时，摆杆在右极限位置 C'D 近似停歇，而在左极限位置 C'D 时有瞬时停歇。这是利用轨迹的近似圆弧实现单侧停歇摆动。若以滑块代替摇杆，可实现单侧停歇的间歇移动。

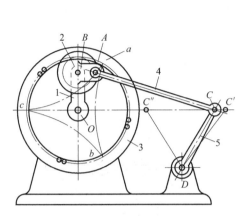

图 6-46　连杆齿轮单侧停歇机构
1—主动曲柄；2—行星轮；3—中
心轮；4，5—连杆

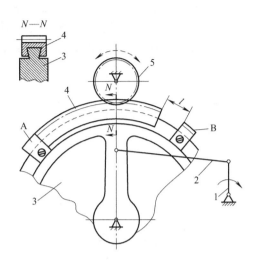

图 6-47　齿轮连杆摆动双侧停歇机构
1—曲柄；2—连杆；3—摇杆；
4—齿圈；5—小齿轮

应用举例：这类机构可实现长时间的停歇，可用于自动机或自动生产线上工件运送至工位后的等待加工或实现某些工艺要求。

6.6.5　齿轮连杆摆动双侧停歇机构图例与说明

图 6-47 为齿轮连杆摆动双侧停歇机构，该机构是由曲柄摇杆机构和不完全齿轮机构组成。摇杆 3 是一扇形板，齿圈 4 可在其外圆上的 A、B 挡块之间滑移，行程为 l。A、B 固定在 3 上。曲柄 1 匀速连续转动，带动摇杆 3 往复摆动，3 作顺时针摆动时，挡块 A 推动齿圈同向摆动，带动从动齿轮 5 逆时针摆动。当杆 3 作逆时针回摆时，3 在齿圈 4 中滑移，齿圈 4 和小齿轮 5 在右极限位置相对静止。3 摆过 l 弧长后，B 挡块与 4 接触，推动 4 逆时针同向摆动，带动 5 顺时针摆动。3 再次改变方向时，4 和 5 在左极限位置也有一段停歇，从而实现从动件 5 的两侧停歇摆动。改变 A、B 挡板的位置，即改变间距 l 可调整停歇时间。此机构与利用连杆轨迹的机构不同，理论上可准确实现停歇，但需克服滑道中的摩擦。

应用举例：可用于自动线中，实现双工位加工。

6.6.6　齿轮摆杆双侧停歇机构图例与说明

图 6-48 为齿轮摆杆双侧停歇机构，该机构包括锥齿轮 1、2、3 组成的定轴轮系和摆动导杆机构。柱销 A_2、A_3，分别安装在锥齿轮 2、3 的内侧，相差 180°。主动轮 1 匀速转动，驱动大齿轮 2、3 同步反相转动。当轮 2 上的柱销 A_2 到达位置 6 时，开始进入摆动导杆 4 的直槽中，带动导杆顺时针摆动，至位置 5 时退出直槽，导杆 4 在一侧极限位置停歇。直至轮 3 上的柱销 A_3，到达位置 5，进入杆 4 的直槽内带动导杆逆时针摆回，至位置 6 退出直槽，导杆 4 在另一侧极限位置停歇。轴 I 的连续转动，变换为导杆 4 两侧停歇的摆动。

应用举例：可用于双侧需等时停歇的间歇摆动场合。如用作双筒机枪的交替驱动机构。

6.6.7 摩擦轮单向停歇机构图例与说明

图 6-49 为摩擦轮单向停歇机构，该机构 2、3 为一对摩擦轮，2 为不完全摩擦轮，以 a 为工作圆弧段。工件 1 放置在固定导路 b 上。主动轮 2 连续顺时针转动，当轮 2 上的 a 段圆弧廓线与工件 1 接触时，2、3 轮对滚，轮间的摩擦力使工件 1 左移送进。当轮 2 的廓线与工件脱离接触后，工件则静止。轮 2 转 1 周，工件完成一个周期的送进和停歇动作。摩擦轮机构结构简单，但为了可靠的送进，还需加径向压紧力。

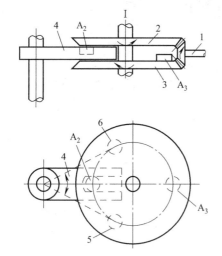

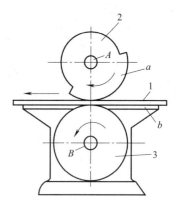

图 6-48　齿轮摆杆双侧停歇机构

1～3—锥齿轮；4—摆动导杆；5,6—摆动位置

图 6-49　摩擦轮单向停歇机构

1—工件；2,3—摩擦轮

应用举例：这是步进式的单向送进机构，可用于冲压机床等机械，作为板条形状工件的间歇送进。

6.6.8 单侧停歇移动机构图例与说明

图 6-50 为单侧停歇移动机构，该机构由凸轮机构和连杆机构所组成。固定凸轮 4 在 α 角的范围内沟槽是一段凹圆弧，以圆弧的半径 r 为连杆 5 的杆长，圆心为滑块 1 与连杆 5 的铰链中心。主动导杆 3 匀速转动，带动同时也在凸轮沟槽中运动的滚子 2，通过连杆 5 使滑块 1 作往复移动。当导杆 3 在 α 角范围内转动时，滑块 1 在左极限位置停歇，从而实现单侧停歇的间歇移动。

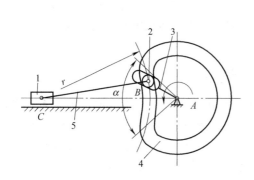

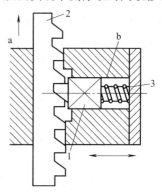

图 6-50　单侧停歇移动机构

1—滑块；2—滚子；3—主动导杆；
4—固定凸轮；5—连杆

图 6-51　棘齿条移动单向机构

1—带棘爪的棱柱止动块；
2—棘齿条；3—弹簧

应用举例：此机构可实现单侧的较长时间的停歇。可用于自动生产线上运送工件至工位等待加工或作满足工艺要求的某一动作。

6.6.9 棘齿条移动单向机构图例与说明

图 6-51 为棘齿条移动单向机构，构件 1 为带棘爪的棱柱止动块，2 为棘齿条，3 为弹簧。止动块 1 上的棘爪在弹簧的作用下恒压紧在棘齿条的齿槽中，当棘齿条 2 沿固定导轨 a 向上移时，止动块 1 上的棘爪在棘齿条的齿背上滑过，若棘齿条 2 有下移趋势时，止动块 1 上的棘爪压紧在棘齿条 2 的齿槽中，阻止其向下移动，实现棘齿条 2 的单向移动。

应用举例：带止动棘爪的棘齿条机构可作反向止动机构，有制动作用。

6.6.10 利用摩擦作用的间歇回转机构（A）图例与说明

图6-52 所示为利用摩擦作用的间歇回转机构。如图 6-52 所示，在侧板 A 和 B 上设有弯向摩擦轮中心的长弯孔，楔滚穿过长弯孔，并利用一个摆杆使楔滚左右摆动。

当楔滚由右向左运动时，由于楔滚在侧板的长孔和摩擦轮之间起到楔的作用，而使摩擦轮旋转。当楔滚由左向右运动时，楔滚从摩擦轮上脱开，不产生摩擦作用，于是没有旋转力。如果在输出轴上装上一个飞轮，那么，摩擦轮就不是间歇转动，而是连续回转。

特点：由于这是一种利用摩擦作用的间歇回转机构，所以，不会像棘轮机构那样出现工作噪声，因此，运转过程比较安静。其缺点是：运转比棘轮机构困难一些。

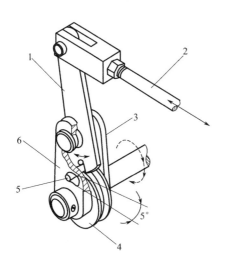

图 6-52　利用摩擦作用的间歇回转机构（A）
1—摆杆；2—连杆；3—侧板 B；
4—摩擦轮；5—楔滚；6—侧板 A

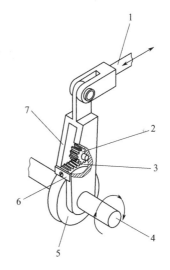

图 6-53　利用摩擦作用的间歇回转机构（B）
1—连杆；2—小齿轮；3—齿条（楔状）；4—输出轴；
5—摩擦轮（与输出轴固定）；6—挡板；7—摆叉

6.6.11 利用摩擦作用的间歇回转机构（B）图例与说明

图6-53 所示为利用摩擦作用的间歇运动机构。如图 6-53 所示，楔形齿条 3 的背面做成与摩擦轮 5 同心的圆弧，并且与摩擦轮贴合。摆叉 7 左右摆动时，小齿轮 2 与齿条 3 啮合，齿条被夹在小齿轮与摩擦轮之间，并与摩擦轮之间产生摩擦力，于是便使摩擦轮 5 和输出轴 4 作间歇回转。在返回过程中，摆叉 7 借助挡板 6 使松动的齿条返回。

6.6.12 利用摩擦作用的间歇回转机构（C）图例与说明

图6-54为利用摩擦作用的间歇回转机构。如图6-54所示，固定在输出轴2上的摩擦圆盘1由两个偏心滚柱6夹持着，借助使驱动杆左右摆动的驱动力便可使输出轴进行间歇回转运动。压紧弹簧4和旋转弹簧3用来使偏心滚柱6和摩擦圆盘1保持接触。当驱动杆从右向左运动时，偏心滚柱压紧摩擦圆盘。于是，输出轴便沿着图示的箭头方向作间歇转动；当驱动杆5从左向右运动时，摩擦圆盘不旋转。

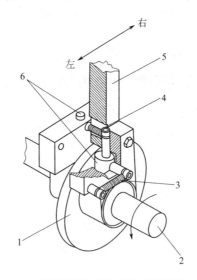

图 6-54　利用摩擦作用的间歇回转机构（C）

1—摩擦圆盘；2—输出轴；3—旋转弹簧；

4—压紧弹簧；5—驱动杆；6—偏心滚柱

第 7 章

螺旋机构应用实例

7.1 螺旋传动概述

螺旋传动是利用螺杆和螺母组成的螺旋副来实现传动要求的。它主要用于将回转运动转变为直线运动，同时传递运动和力。

7.1.1 螺旋机构的工作原理

螺旋机构是利用螺旋副传递运动和动力的机构。如图 7-1 所示为最简单的三构件螺旋机构，其中构件 1 为螺杆，构件 2 为螺母，构件 3 为机架。在图 7-1(a) 中，B 为旋转副，其导程为 l；A 为转动副，C 为移动副。当螺杆 1 转动 φ 角时，螺母 2 的位移 s 为

$$s = l\frac{\varphi}{2\pi}$$

如果将图 7-1(a) 中的转动副 A 也换成螺旋副，便得到图 7-1(b) 所示螺旋机构。设 A、B 段螺旋的导程分别为 l_A、l_B，则当螺杆 1 转过 φ 角时，螺母 2 的位移为

$$s = (l_A \mp l_B)\frac{\varphi}{2\pi}$$

式中，"－"号用于两螺旋旋向相同时，"＋"号用于两螺旋旋向相反时。

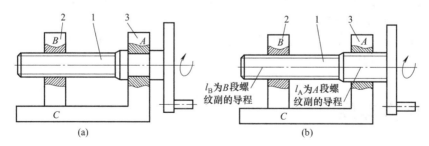

图 7-1 螺旋机构
1—螺杆；2—螺母；3—机架

由上式可知，当两螺旋旋向相同时，若 l_A 与 l_B 相差很小，则螺母 2 的位移可以很小，这种螺旋机构称为差动螺旋机构（又称微动螺旋机构）；当两螺旋旋向相反时，螺母 2 可产生快速移动，这种螺旋机构称为复式螺旋机构。

螺纹机构是利用螺杆和螺母组成的螺旋副来实现传动要求的。通常由螺杆、螺母、机架

及其他附件组成。它主要用于将回转运动变为直线运动，或将直线运动变为回转运动，同时传递运动或动力，应用十分广泛。

7.1.2　螺旋传动的类型和应用

（1）根据螺杆和螺母的相对运动关系，螺旋传动的常用运动形式，主要有以下三种。

① 螺杆轴向固定、转动，螺母运动。常用于机床进给机构，如车床横向进给丝杠螺母机构。

② 螺杆转动又移动，螺母固定。多用于螺旋压力机构中，如摩擦压力加压螺旋机构。

③ 螺母原位转动，螺杆移动，常用于升降机构。

（2）螺旋传动按其用途不同，可分为以下三种类型。

① 传力螺旋。如举重器、千斤顶、加压螺旋。

② 传导螺旋。如机床进给机构。

③ 调整螺旋。一般用于调整并固定零件或部件之间的相对位置，要求自锁性能好，有时也有较高的调节精度要求。如车床尾座调整螺旋机构。

（3）螺旋传动按其螺旋副的摩擦性质不同，又可分为滑动螺旋（滑动摩擦）、滚动螺旋（滚动摩擦）和静压螺旋（流体摩擦）。滑动螺旋机构简单，便于制造，易于自锁，但其主要缺点是摩擦阻力大，传动效率低，磨损快，传动精度低。相反，滚动螺旋和静压螺旋的摩擦阻力小，传动效率高，但结构复杂，特别是静压螺旋还需要供油系统。因此，只有在高精度、高效率的重要传动中才宜采用，如数控机床、精密机床、测试装置或自动控制系统中的螺旋传动等。

7.1.3　螺旋机构特点

螺旋机构与其他将回转运动变为直线运动的机构（如曲柄滑块机构）相比，具有以下的特点：

① 结构简单，仅需内、外螺纹组成螺旋副即可；

② 传动比很大，可以实现微调和降速传动；

③ 省力，可以以很小的力，完成需要很大力才能完成的工作；

④ 能够自锁；

⑤ 工作连续、平稳、无噪声；

⑥ 由于螺纹之间产生较大的相对滑动，因而磨损大，效率低，特别是若用于机构要有自锁作用时，其效率低于50%。这是螺旋机构的最大缺点。

螺旋机构是常见的机构，在各工业部门都获得广泛的应用，从精密的仪器到轧钢机加载装置中的重载传动均可采用这种机构。

7.2　传力螺旋

传力螺旋以传递动力为主，要求以较小的转矩产生较大的轴向推力，用以克服工件阻力，如各种起重或加压装置的螺旋。这种传力螺旋主要是承受很大的轴向力，一般为间歇性工作，每次的工作时间较短，工作速度也不高，通常具有自锁能力。

7.2.1　千斤顶图例与说明

如图 7-2 所示为千斤顶传力螺旋机构。螺杆 7 和螺母 5 是它的主要零件。螺母 5 用紧定螺钉 6 固定在底座 8 上。转动手柄 4 时，螺杆即转动并上下运动。托杯 1 直接顶住重物，不随螺杆转动。挡环 3 防止托杯脱落，挡环 9 防止螺杆由螺母中全部脱出。

7.2.2 压力机图例与说明

图 7-3 所示为加压用压力机螺旋机构。构件 1 与机架组成转动副 A，它又与滑块 2 组成螺旋副 B，2 沿固定导轨 p-p 移动，构件 1 上固定有锥形摩擦轮 c，利用构件 3 使主动摩擦轮 a 和 b 交替与轮 c 接触，由此实现构件 1 按两个相反方向的转动，从而使滑块 2 向下移动时加压，向上移动时退回。

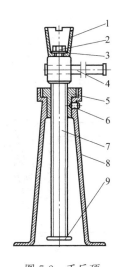

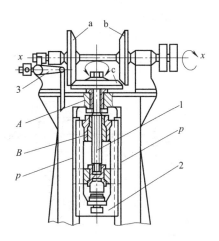

图 7-2 千斤顶

1—托杯；2—螺母；3—挡环；4—手柄；5—螺母；
6—紧定螺钉；7—螺杆；8—底座；9—挡环

图 7-3 压力机

1,3—构件；2—滑块

7.2.3 螺杆块式制动器图例与说明

如图 7-4 所示为螺杆块式制动器。当具有左、右旋向螺纹的螺杆 5 绕轴线 x-x 转动时，带动螺母 1 和 4 相向移动而缩短距离，使摇杆 2 和 6 分别沿顺时针和逆时针方向转动，从而带动左、右两闸块 a 制动轮 3。

7.2.4 螺旋输送机图例与说明

如图 7-5 所示为螺旋输送机。它由一根装有螺旋叶片的转轴 3 和料槽 2 组成。转轴通过轴承安装在料槽 2 两端轴承座上，转轴一端的轴头与驱动装置相连。料槽 2 顶面和槽底开有进、出料口。其工作原理是：物料从进料口 1 加入，当转轴转动时，物料受到螺旋叶片法向推力的作用，该推力的径向分力和叶片对物料的摩擦力，有可能带着物料绕轴转动，但由于物料本身的重力和料槽对物料的摩擦力的缘故，才不与螺旋叶片一起旋转，而在叶片法向推力的轴向分力作用下，沿着料槽轴向移动。

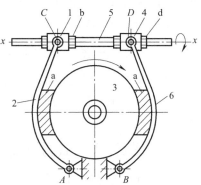

图 7-4 螺杆块式制动器

1,4—螺母；2,6—摇杆；3—轮；5—螺杆

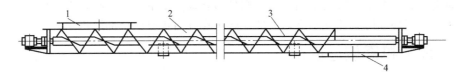

图 7-5　螺旋输送机

1—进料口；2—料槽；3—转轴；4—出料口

7.2.5　螺栓杠杆压紧机构图例与说明之一

如图 7-6 所示为螺栓杠杆压紧机构。在加工工件 4 时，需要压块 6 和杠杆 3 夹紧。构件 1 与构件 5 用螺旋副连接，构件 5 与构件 3 用转动副 A 连接，构件 3 绕固定轴 B 转动，杠杆 2 绕固定轴 C 转动，构件 5 穿过杠杆 2 上的孔，并具有相当大的间隙。在构件 1 转动时，杠杆 2 与 3 压紧工件 4，为了均匀地压紧工件，构件 2 上装有自动调节的压块 6。

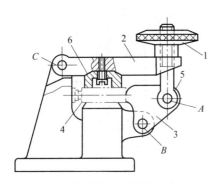

图 7-6　螺栓杠杆压紧机构之一

1,5—构件；2,3—杠杆；4—工件；6—压块

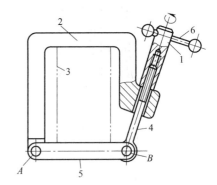

图 7-7　螺栓杠杆压紧机构之二

1,2,5—构件；3—工件；4—螺杆；6—手柄

7.2.6　螺栓杠杆压紧机构图例与说明之二

如图 7-7 所示为螺栓杠杆压紧机构。构件 1 与构件 4 用螺旋副连接，构件 5 分别与构件 2 和 4 用转动副 A 和 B 连接，构件 4 穿过构件 2 的孔中并具有相当大的间隙；当手柄 6 旋转构件 1 通过螺杆 4、连杆 5 将工件 3 压紧。

7.2.7　螺旋手摇钻图例与说明

如图 7-8 所示为螺旋手摇钻。螺母 1 和螺杆 2 组成螺旋副，螺杆 2 具有大升角螺纹，当转动螺杆 2 时，由于螺旋副的相对关系，可使钻头 a 边旋转边直线移动，从而达到钻孔的目的。

7.2.8　螺旋-杠杆式压力机构图例与说明

图 7-9 所示为螺旋-杠杆压力机构。在丝杠 1 上制有相同螺距的右旋螺纹 a 和左旋螺纹 b，螺母 2、3 分别经转动副与长度相等的杠杆 4、5 连接，两杠杆与压头 6 在 A 点构成复合铰链。当丝杠 1 转动时，压头 6 沿轨道 7 上下移动。

7.2.9　镗刀头的固定机构图例与说明

当把镗刀头装夹在镗杆上，而不能用螺钉从镗杆侧面固定镗刀头时，可采用图 7-10 所示的结构。用一个具有锥孔的螺母及锥形夹套紧固镗刀头，并可用一个具有两种螺纹的螺钉在轴线方向上调节刀头的伸出量。

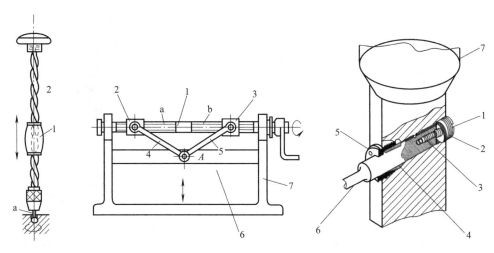

图 7-8　螺旋手摇钻　　图 7-9　螺旋-杠杆压力机构　　图 7-10　镗刀头的固定机构
1—螺母；2—螺杆　　　1—丝杠；2,3—螺母；4,5—杠杆；　　1—螺钉；2—细牙螺纹；3—粗牙
　　　　　　　　　　6—压头；7—轨道　　　　　　螺纹；4—锥形夹套；5—锥孔螺
　　　　　　　　　　　　　　　　　　　　　　母；6—圆形镗刀；7—镗杆

在镗刀上装有埋头键，以使镗刀在刀杆孔内不能相对转动。镗刀的尾部切有粗牙内螺纹，当扭动与此内螺纹相配合的螺钉时，镗刀便做轴线方向的微量位移，其移动量是螺钉头部的细牙螺纹螺距和螺钉尾部的粗牙螺纹螺距之差，从而可调节刀尖的伸出量。

只要拧紧锥孔螺母，则与锥孔相配的锥形夹套就可将刀头紧紧固定住。

7.3　传导螺旋

传导螺旋以传递运动为主，有时也承受较大的轴向力，传导螺旋常需在较长的时间内连续工作，工作速度较高，因此要求具有较高的传动精度。

7.3.1　机床刀具进给装置图例与说明

如图 7-11 所示为机床刀具进给装置。当螺杆 1 原地回转，螺母 2 作直线运动，带动刀架向左移动，达到车削的目的。

7.3.2　转向控制的螺旋连杆机构图例与说明

图 7-12 所示为转向控制的螺旋连杆机构。当主动螺杆 1 转动时，螺母 6 沿轴 z-z 直移运动，并经过连杆 2 给从动连杆 3 传递运动。构件 4 绕定轴线 D 转动；螺杆 1 和构件 4 组成圆柱副，和摇块 5 组成转动副，和螺母 6 组成螺旋副。连杆 2 和螺母 6 与连杆 3 组成转动副 A 和 B；连杆 3 绕定轴 E 转动，并与摇块 5 组成转动副 C。舵 a 和构件 3 固结，构件 1 能在轴承 4 中转动并滑动。

7.3.3　拆卸装置图例与说明

图 7-13 所示为拆卸装置。螺杆 1 与构件 2 组成螺旋副。螺杆 1 的回转可使构件 2 上下

移动，从而带动构件 2 上的两个拆卸爪随之上下移动，实现零件的拆卸。

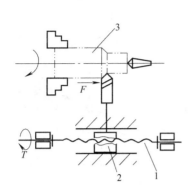

图 7-11　机床刀具进给装置
1—螺杆；2—螺母；3—工件

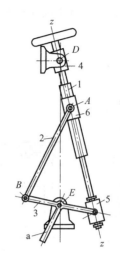

图 7-12　转向控制的螺旋连杆机构
1—主动螺杆；2—连杆；3—从动连杆；
4—构件；5—摇块；6—螺母

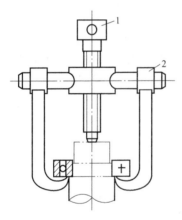

图 7-13　拆卸装置
1—螺杆；2—构件

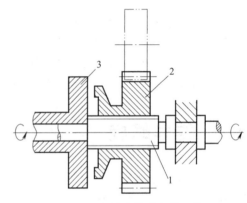

图 7-14　螺旋摩擦式超越机构
1—轴；2—摩擦轮；3—摩擦盘

7.3.4　螺旋摩擦式超越机构图例与说明

如图 7-14 所示为螺旋摩擦式超越机构。摩擦轮 2 装在有右旋螺纹的轴 1 上。启动电动机与轴 1 相连，发动机曲柄轴与摩擦盘 3 相连。启动时，电动机按图示逆时针方向转动，摩擦轮 2 左移，其端面与摩擦盘 3 压紧并靠摩擦力带动曲柄轴。当发动机启动转速高于轴 1 的转速时，摩擦轮 2 与摩擦盘 3 脱开，即发动机曲轴作超越运转。若将摩擦盘 3 固定，则轴 1 作逆时针方向或摩擦轮 2 作顺时针方向转动时，均因摩擦轮 2 和摩擦盘 3 端面压紧而被止动。

7.3.5　驱动回转盘且带对心曲柄滑块机构的螺旋机构图例与说明

如图 7-15 所示为驱动回转盘且带对心曲柄滑块机构的螺旋机构。设该机构尺寸满足下列条件：$AD=CB$，$OD=OC$，螺旋 a 和螺旋 b 的螺距相等，当主动螺杆 1 绕 x-x 轴转动时，通过连杆 5、连杆 6 可带动从动圆盘 2 绕轴 O 摆动。螺杆 1 上的右旋螺纹 a 和左旋螺纹 b 分别与螺母 3 和 4 相配，连杆 5 分别与螺母 3 和圆盘 2 铰接于 A 点和 D 点，而连杆 6 分别与螺母 4 和圆盘 2 铰接于 B 点和 C 点。

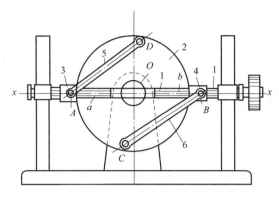

图 7-15　驱动回转盘且带对心曲柄滑块机构的螺旋机构
1—主动螺杆；2—从动圆盘；3,4—螺母；5,6—连杆

7.3.6　夹圆柱零件的夹具图例与说明

如图 7-16 所示为夹圆柱零件的夹具。螺杆 5 左右两端分别为左螺旋和右螺旋螺杆，并分别与螺母 2 和螺母 4 旋合。螺母 2、螺母 4 分别与夹爪 3 和 8 连接在一起并通过轴 9 和 10 与本体 1 连接。当螺杆 5 转动时，由于其在左右两端螺纹方向相反，且被螺钉 6 限制，只能旋转而不能移动，并带动螺母 2 和螺母 4 左右移动。螺母的移动又使夹爪绕支点转动，从而可以将工件 7 夹紧或松开。

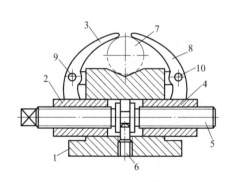

图 7-16　夹圆柱零件的夹具
1—夹具本体；2,4—螺母；3,8—夹爪；5—螺杆；
6—螺钉；7—工件；9,10—轴

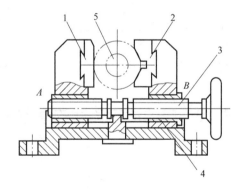

图 7-17　台钳定心夹紧机构
1—平面钳口夹爪；2—V 形夹爪；3—螺杆；
4—底座；5—工件

7.3.7　台钳定心夹紧机构图例与说明

如图 7-17 所示为台钳定心夹紧机构。由平面钳口夹爪 1 和 V 形夹爪 2 组成定心机构。螺杆 3 的 A 端是右旋螺纹，B 端为左旋螺纹，采用导程不同的复式螺旋。当转动螺杆 3 时，钳口夹爪 1 与 2 通过左、右螺旋的作用，夹紧工件 5。

7.3.8　简易拆卸器图例与说明

当需要拆卸压配在一起的零件时，常因无法卸下而遇到各种各样的困难，这里介绍一种结构简单且易于自制的简易拆卸器，如图 7-18 所示。在拉杆的中间拧着装有手轮的牵引螺杆，拉杆左右两侧挂有两个拉钩 A、B，为了适应大小不同的零件，在拉杆上开有若干个沟槽。

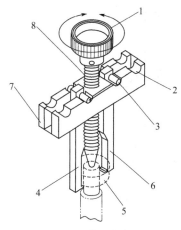

图 7-18　简易拆卸器

1—手轮；2—沟槽；3—拉钩支承销；
4—拉钩 A；5—被拆卸的零件；
6—拉钩 B；7—拉杆；
8—牵引螺杆

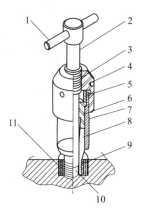

图 7-19　内张式拆卸器

1—T 形手柄；2—手柄轴；3—手柄轴螺纹；4—圆柱螺母；
5—隔套；6—轴肩；7—弹簧夹头外套；8—三爪弹簧
夹头；9—弹簧夹头齿端；10—手柄轴锥端；
11—被拆卸的零件

7.3.9　内张式拆卸器图例与说明

如图 7-19 所示为内张式拆卸器。圆轴螺母和弹簧夹头外套用螺纹紧紧连在一起，借助圆轴螺母并通过隔套和夹头轴肩，将三爪弹簧夹头夹紧固定在弹簧夹头外套中。用手握住圆轴螺母，并旋转手柄，使手柄轴拧入，则弹簧夹头便从内部被扩张，其上的爪齿被咬住欲拆卸的套筒，然后，再继续旋转手柄，则手柄轴下端顶住工件的底面，弹簧夹头就可以将零件拉出。

7.3.10　自动适应负载的摩擦传动装置图例与说明

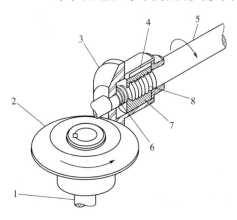

图 7-20　自动适应负载的摩擦传动装置

1—主动轴 A；2—摩擦锥轮 A；3—摩擦锥轮 B；
4—键；5—从动轴 B；6—压缩弹簧；
7—粗牙螺母；8—粗牙螺杆

如图 7-20 所示为自动适应负载的摩擦传动装置。摩擦锥轮 A 在主动轴 A 的带动下，按图示的箭头方向旋转，通过摩擦锥轮 B、键、粗牙螺母和螺杆使从动轴旋转。通过键的作用，粗牙螺母在摩擦锥轮 B 中可作少量的轴向滑动。在运转过程中，若从动轴 B 上的负载大于规定值时，则摩擦锥轮 A、B 间产生相对滑动而使机构不能正常运转，此时，粗牙螺母便由右向左滑动，压缩弹簧进一步被压缩而压紧两个摩擦锥轮，使摩擦力加大，从而使机构继续运转。如果负载减小时，粗牙螺母便由左向右滑动，亦即减弱了压缩弹簧的压力，使摩擦轮 A、B 的摩擦力减小。

7.4 调整螺旋

调整螺旋机构用以调整、固定零件的相对位置，如机床、仪器及测试装置中的微调机构的螺旋。调整螺旋不经常转动，一般在空载下调整。

7.4.1 调整螺旋机构图例与说明

如图 7-21 所示为一种螺旋调整机构。螺杆 1 与曲柄 2 组成转动副 B，与螺母 3 组成螺旋副 D。曲柄 2 的长度 AK 可通过转动螺杆 1 改变螺母 3 的位置来调整。

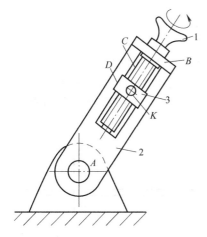

图 7-21 调整螺旋机构
1—螺杆；2—曲柄；3—螺母

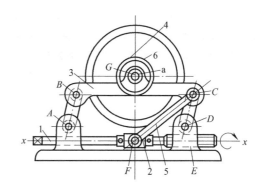

图 7-22 张紧带的螺旋连杆机构
1～3—构件；4—带；5—连杆；6—带轮

7.4.2 张紧带的螺旋连杆机构图例与说明

如图 7-22 所示为张紧带的螺旋连杆机构。当主动构件 1 绕轴线 x-x 转动时，构件 2 沿轴线 x-x 移动，实现带 4 张力的调整，机构构件长度满足条件：$AB＝DC$，$BC＝AD$，亦即图形 $ABCD$ 是平行四边形。构件 1 绕轴线 x-x 转动，并和固定构件组成螺旋副 E，和构件 2 组成转动副；连杆 5 和构件 3 组成转动副 C，在构件 3 上布置了带轮 6 的轴承 a，连杆 5 和构件 2 组成转动副 F；带轮 6 绕轴线 G 转动。

7.4.3 可消除螺旋副间隙的丝杠螺母机构图例与说明

如图 7-23 所示为可消除螺旋副间隙的丝杠螺母机构。主螺母 2 和附加螺母 3 均与丝杠 1 组成螺旋副，而附加螺母 3 还以细牙螺纹与主螺母 2 旋合。转动附加螺母 3 可消除它们与丝杠 1 螺旋副中的间隙，然后再将止动垫片 4 嵌入附加螺母的制动槽中将其固定。附加螺母应具有足够多的止动槽，以供选择。

7.4.4 螺旋-锥套式消除反向跳动装置图例与说明

如图 7-24 所示为螺旋-锥套式消除反向跳动装置。构件 5 为机架，圆环 1 旋入机座左端的螺纹孔中，螺杆 4 与螺母 3 组成螺旋副，螺母 3 的两端外表面带有锥度。若旋紧圆环 1，通过锥套 2 推压螺母 3，则螺杆 4 与螺母 3 之间的间隙减小，故可消除反向跳动。

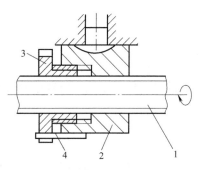

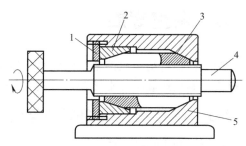

图 7-23　可消除螺旋副间隙的丝杠螺母机构

1—丝杠；2—主螺母；3—附加螺母；4—止动垫片

图 7-24　螺旋-锥套式消除反向跳动装置

1—圆环；2—锥套；3—螺母；4—螺杆；5—机架

7.4.5　镗床镗刀的微调机构图例与说明

如图 7-25 所示为镗床镗刀的微调机构。螺母 2 固定于镗杆 3，螺杆 1 与螺母 2 组成螺旋副 A，同时又与螺母 4 组成螺旋副 B。4 的末端是镗刀，它与 2 组成移动副 C。螺旋副 A 与 B 旋向相同而导程不同，当转动螺杆 1 时，镗刀相对镗杆微量的移动，以调整镗孔的进刀量。

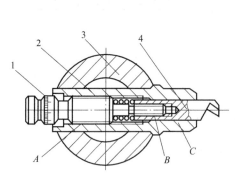

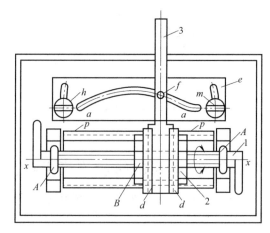

图 7-25　镗床镗刀的微调机构

1—螺杆；2,4—螺母；3—镗杆

图 7-26　从动件行程可调的螺旋凸轮机构

1—构件；2—导块；3—从动件

7.4.6　从动件行程可调的螺旋凸轮机构图例与说明

如图 7-26 所示为从动件行程可调的螺旋凸轮机构。构件 1 绕固定轴线 x-x 回转，使与其组成螺旋副 B 的导块 2 沿固定导槽 p-p 移动；从动件 3 一方面随着其组成移动副 d-d 的导块 2 移动，一方面因其上的销 f 位于固定的曲线槽 a-a 内使它相对导块 2 移动。曲线槽 a-a 位于板 e 上，该板用螺钉 h 和 m 固定在机架上，旋松这两个螺钉，调节曲线槽 a-a 位置，再紧固之，可改变从动件 3 相对导块 2 移动的规律。

7.4.7　带有微调装置的刀杆图例与说明

如图 7-27 所示为带有微调装置的刀杆。图示结构使刀杆的前端部分与刀夹用燕尾槽相结合，利用微调螺钉调节刀尖高度，然后用紧固螺钉将刀夹固定。在制造这种装置时，要尽可能提高燕尾槽的精度，而且要进行淬火和磨削加工。

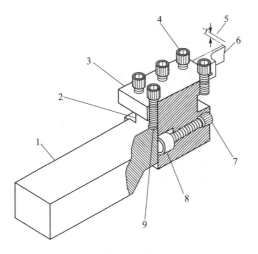

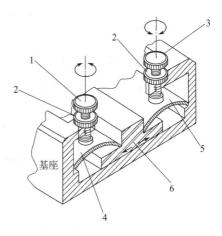

图 7-27　带有微调装置的刀杆

1—刀杆柄；2—燕尾槽；3—刀夹；4—刀头安装
螺钉；5—刀夹调整尺寸；6—刀头；7—刀夹
固定螺钉；8—垫块；9—微调螺钉

图 7-28　利用板簧构成的微动调节机构

1—调节螺钉 A；2—锁紧螺母；3—调节
螺钉 B；4—圆弧形板簧 A；5—圆弧
形板簧 B；6—滑块

7.4.8　利用板簧构成的微动调节机构图例与说明

　　如图 7-28 所示为利用板簧构成的微动调节机构。把两个板簧做成圆弧状，并将其插在基座与滑块之间，利用调节螺钉 A、B 压紧或松开板簧的圆弧中凸部分，就可改变板簧的变形量，从而实现滑块位置的微动调节。

7.4.9　消除进给丝杠间隙的机构图例与说明

　　如图 7-29 所示为消除进给丝杠间隙的机构。进给丝杠通过手轮、止推轴承以及圆螺母（A）、（B）无间隙地装在机体上，在丝杠的螺纹部分安装有两个带法兰盘的螺母，其中一个是加压螺母。

　　紧固在主螺母法兰盘上的两个双头螺栓，穿过加压螺母法兰盘上的光孔，然后在螺栓上套装加压弹簧和调压螺母。这样，使主螺母与加压螺母互相产生压靠作用，从而消除了它与丝杠间的间隙。

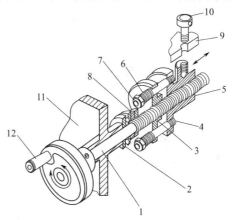

图 7-29　消除进给丝杠间隙的机构

1—丝杠；2—止推轴承；3—加压螺母；4—双头
螺栓；5—主螺母；6—加压弹簧；7—调压螺母；
8—圆螺母（A）、（B）；9—进给部件；10—拧紧
进给部件的螺钉；11—机体；12—手轮

7.5　滚动螺旋

　　若在普通螺杆与螺母之间加入钢球，同时将内、外螺纹改成内、外螺旋滚道，就成为滚动螺旋机构。由于丝杠螺母副间加入了滚动体，当传动工作时，滚动体沿螺纹滚道滚动并形成循环，两者相对运动的摩擦就变成了滚动摩擦，克服了滑动摩擦造成的缺点。按滚珠循环方式不同有内循环、外循环两种方式。

滚动螺旋传动的特点：传动效率高，精度高，启动阻力矩小，传动灵活平稳，磨损小，工作寿命长，但是不能自锁。由于滚动螺旋传动特有的优势，在机构设备中的应用越来越广泛。现代数控机床的进给传动机构基本上都采用滚动螺旋传动。

7.5.1 由螺母钢珠丝杠组成的高效螺旋副图例与说明

如图 7-30(a) 所示为由螺母钢珠丝杠组成的高效螺旋副。钢珠在丝杠导槽中沿螺旋线分布，钢珠 4 放置成几列，但不应少于两个封闭列；用嵌入零件 2 上的特殊沟槽（反珠器）实现滚珠返回而成一封闭列。在不允许丝杠与螺母间有游隙的机构中，可采用图 7-30(b) 所示双螺母结构；其中，螺母 1 和 3 安装在套筒 2 中，并且螺母 1、3 和套筒 2 上各有三角形截面的花键状的外齿圈和内齿圈，而螺母 1 和套筒 2 的齿圈齿数与螺母 3 和套筒 2 的齿圈齿数不同（差 1 齿）。在两螺母相对转动可以消除游隙后，用齿圈固定。

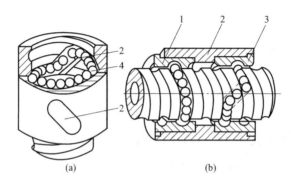

图 7-30 由螺母钢珠丝杠组成的高效螺旋副
1,3—螺母；2—套筒；4—钢珠

7.5.2 滚珠螺旋机构图例与说明

图 7-31 所示为双螺母垫片调整式滚珠螺旋机构示意图。滚珠螺旋机构在螺母 1 和螺杆 4 之间具有封闭的滚道，其中充满着滚珠 3。挡珠器 2 上方有螺柱，通过螺母将其固定在滚珠螺母 1 上。在螺母 1 上开有侧孔及回珠槽 5。把相邻的两条滚道连通起来。这样就可以保证滚珠 3 在螺杆转动期间不停地滚动，并通过回珠槽 5 又返回原来的螺纹滚道中来。这种滚珠返回通道的形式为内循环式，除此之外还有外循环式。

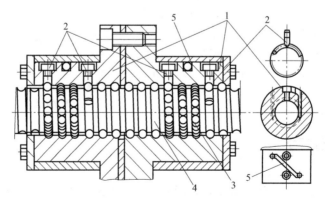

图 7-31 滚珠螺旋机构
1—螺母；2—挡珠器；3—滚珠；4—螺杆；5—回珠槽

挠性传动机构应用实例

　　挠性传动机构是通过中间挠性件传递运动和动力的机构，适用于两轴中心距较大的场合。与齿轮机构相比，挠性传动机构具有结构简单、成本低廉等优点。因此被广泛应用于大型机床、农业机械、矿山机械、输送设备、起重机械、纺织机械、汽车、船舶及日用机械中。

　　挠性传动机构分带传动机构和链传动机构两大类，其中带传动以摩擦带传动为主，同步带传动是一种特殊的齿形带传动机构。

8.1 摩擦带传动

8.1.1 运动分析

　　带传动通常是由主动轮 1、从动轮 2 和张紧在两轮上的环形带 3 组成，如图 8-1 所示。

安装时带被张紧在带轮上，这时带所受的拉力称为初拉力，它使带与带轮的接触面间产生压力。主动轮回转时，依靠带与带轮接触面间的摩擦力拖动从动轮一起回转，从而传递一定的运动和动力。

　　带传动运动平稳，噪声小，结构简单，维护方便，不需要润滑，还可以对整机起到过载保护作用。然而，带传动的效率较低，带寿命较短，传动精度不高，外廓尺寸较大，在实际应用中依据工作需求选择。

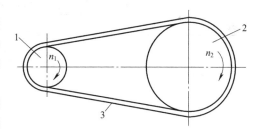

图 8-1 带传动示意图
1—主动轮；2—从动轮；3—环形带

　　摩擦型带传动，按横截面形状可分为平带、V 带和特殊截面带（如圆带、多楔带等）三大类，如图 8-2 所示。

　　平带结构简单，挠性大，带轮容易制造，用于轮距较大的场合。V 带传动较平带传动能产生更大的摩擦力，故具有较大的牵引力，能传递较大的功率，但摩擦损失及带的弯曲应力都比平带大。V 带结构紧凑，所以一般机械中都采用 V 带传动。圆带结构简单，承载较小，常用于医用机械和家用机械中。多楔带兼有平带的挠性和 V 带摩擦力大的优点，主要用于要求结构紧凑、传递功率较大的场合。

(a) 平带

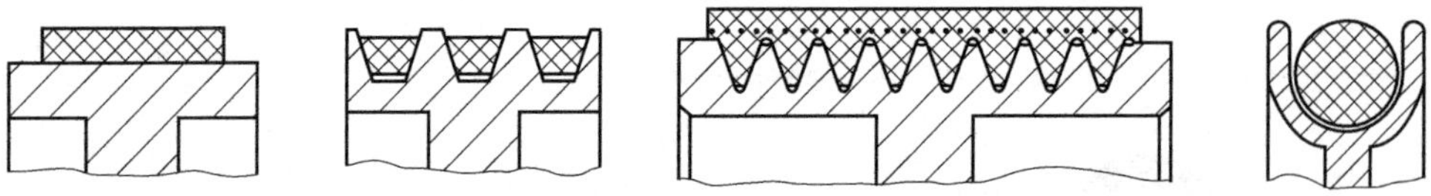

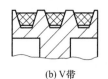
(b) V带

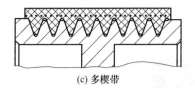
(c) 多楔带

(d) 圆带

图 8-2　带的横截面形状

　　摩擦带传动有多种传动形式。主要包括以下几种：平行开口传动，交叉传动，半交叉传动，有导轮的角度传动，多从动轮传动，多级传动，复合传动和张紧惰轮传动，见表 8-1。

表 8-1　摩擦带传动传动形式

传 动 形 式	机 构 图 例	性　　能
平行开口传动	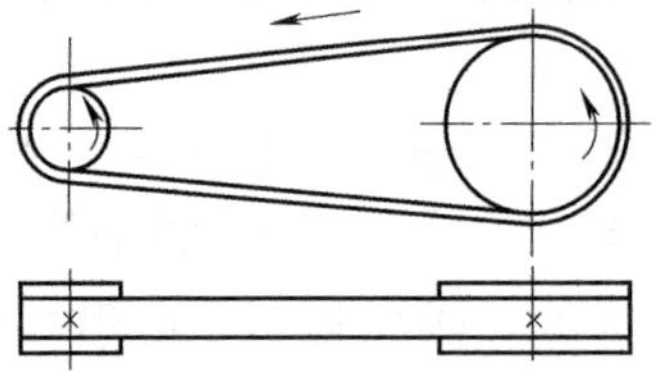	两带轮轴平行,转向相同,可双向传动,传动中带只单向弯曲,寿命高
交叉传动	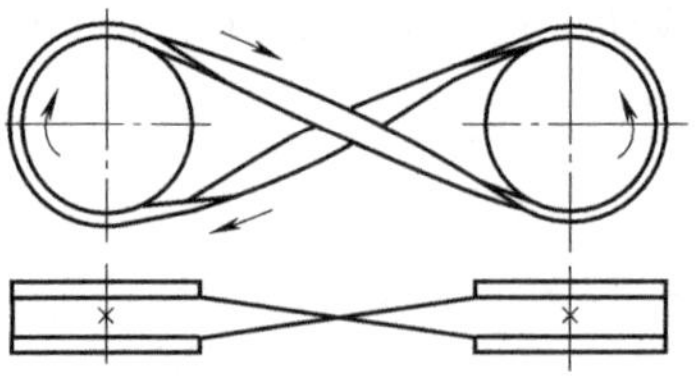	两带轮轴平行,转向相反,可双向传动,带受附加扭矩,交叉处摩擦严重
半交叉传动	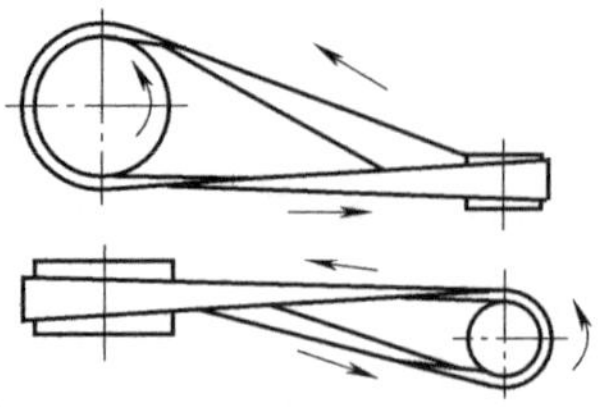	两带轮轴交错,只能单向传动,带受附加扭矩
有导轮的角度传动	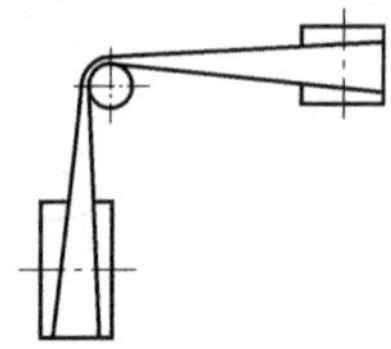	两带轮轴线垂直或交错,两带轮轮宽的对称面应与导轮柱面相切,可双向传动,带受附加扭矩
多从动轮传动	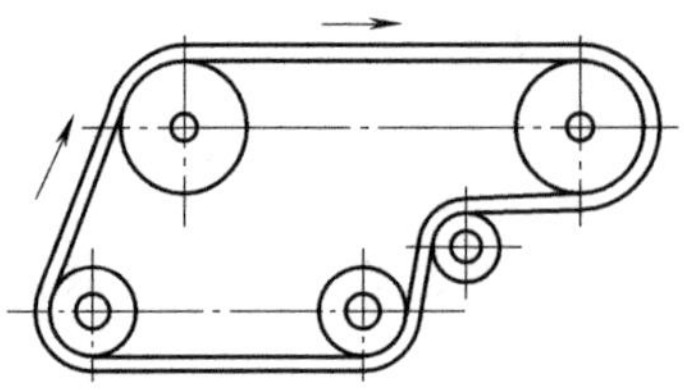	带轮轴线平行,可简化传动机构。带在传动过程中绕曲次数增加,降低了带的寿命
多级传动	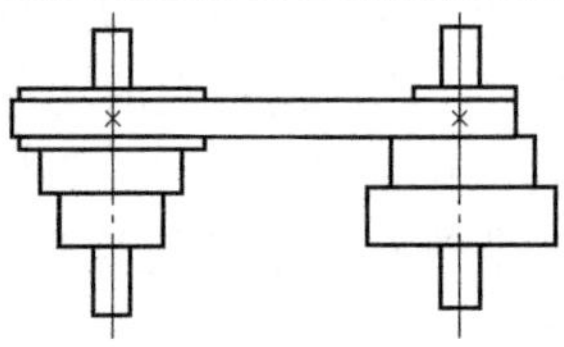	带轮轴线平行,用阶梯轮改变传动比,可实现多级传动

传动形式	机构图例	性能
复合传动		一个主动轮,多个从动轮,各轴平行,转向相同
张紧惰轮传动		主动轮从动轮间安装了张紧惰轮,可增大小带轮的包角,自动调节带的初拉力,单向传动

8.1.2 带减速机图例与说明

带减速机利用窄 V 带实现传动,比普通 V 带承载能力高。带减速机具有传动效率高、噪声低、寿命长、结构紧凑、维护方便等特点,因此,广泛应用于化工设备中,常用于冷却塔或反应釜搅拌,在立式机床中也比较常见,如图 8-3 所示。

如图 8-3 所示,电机 1 带动小带轮 6 转动,通过窄 V 带 7,将动力传递到大带轮 8,大带轮安装在主轴 10 上,主轴由轴承 11 支撑于机架 9 上,主轴 10 通过联轴器与其他轴连接,带动工作部分转动,从而达到减速目的。图中 2 为电机机架,3 为调节螺母,4 为螺栓连接,5 为保护架。

若有更高的减速要求,可以用二级带传动减

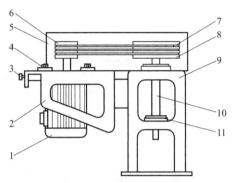

图 8-3 带减速机
1—电机;2—电机机架;3—调节螺母;
4—螺栓连接;5—保护架;6—小带轮;
7—窄 V 带;8—大带轮;9—机架;
10—主轴;11—轴承

速实现,如图 8-4(a) 所示为二级带减速机。使用二级带减速机要考虑安装问题,工程中常用"井"字架解决,如图 8-4(b) 所示。

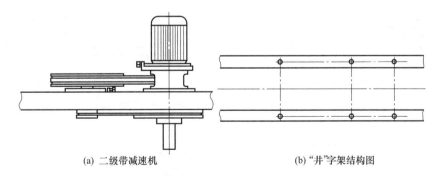

(a) 二级带减速机   (b) "井"字结构图

图 8-4 二级带减速机

8.1.3 带式输送机图例与说明

带式输送机是连续运输机中使用最普遍、构造最典型的一种形式,它是用封闭无端的输送带连续输送货物的机械。输送带的种类很多,通常采用橡胶输送带,采用橡胶带的带式输送机一般称为胶带输送机。

带式输送机的特点是:生产率高,结构简单,工作平稳可靠,输送距离长,能量消耗小，其应用范围遍及工厂、矿山、冶金、化工、建筑、轻工、港口、车站和仓库等部门。带式输送机主要用于连续输送水平或有一定倾斜角度的散粒物料，也可用来输送大宗成件物品，例如袋装或箱装货件。

如图 8-5 所示，固定式胶带输送机由驱动电机 1、减速装置 2、传动滚筒 3、清扫器 4、胶带 5、机架 6、下托辊 7、调心辊 8、上托辊 9、张紧装置 10 和改向滚筒 11 组成。带式输送机机架的两端设计有传动滚筒 3 和改向滚筒 11，作为牵引构件和承载构件的胶带 5 是封闭的，在整个带长上被许多托辊支撑。上部的载货胶带称为承载工作分支，支撑在上托辊 9 上；下部的不承载胶带称为非工作的返回分支，支撑在下托辊 7 上。工作时物料由漏斗或者其他卸料机器装载，开动驱动电机 1，经由减速装置 2 减速后，驱动传动滚筒旋转，依靠胶带与滚筒之间的摩擦力，驱动胶带运移，使物料在另一端卸载。

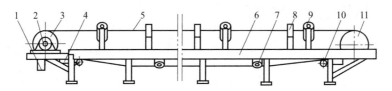

图 8-5　固定式胶带输送机

1—驱动电机；2—减速装置；3—传动滚筒；4—清扫器；5—胶带；6—机架；
7—下托辊；8—调心辊；9—上托辊；10—张紧装置；11—改向滚筒

带式输送机可用于水平或倾斜输送物料，可按照工作环境布置，有五种基本布置形式，如图 8-6 所示。

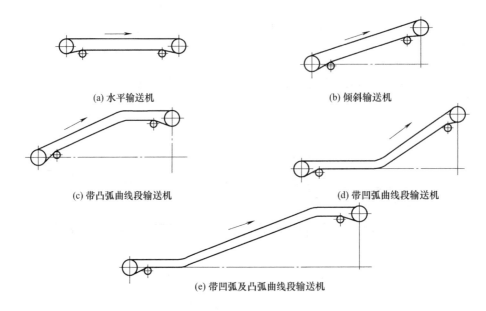

(a) 水平输送机　　　　　　　　　　　　(b) 倾斜输送机

(c) 带凸弧曲线段输送机　　　　　　　　(d) 带凹弧曲线段输送机

(e) 带凹弧及凸弧曲线段输送机

图 8-6　带式输送机的基本布置形式

8.1.4　发动机带传动图例与说明

发动机是汽车的动力源，它是将某一种形式的能量转化为机械能的机器。目前多数汽车发动机都是采用将燃料燃烧产生的热能转化为机械能的发动机，称为热力发动机。发动机通过带传动将动力传递到自身的某些部位，多采用多楔带或 V 带传动。

如图 8-7 所示为常见的发动机带传动示意图，当发动机启动时，传动带从电机带轮 1 获取动力，经传动带驱动主轴带轮 7，曲轴带轮 7 与内部曲轴相连，带动发动机内部零件运动，从而启动发动机。启动后，传动带从工作中的发动机的曲轴带轮 7 获取动力，经张紧轮 3 带动压缩机带轮 5 转动，压缩机是汽车空调系统的中枢；经导向轮 2，传动带驱动水泵带轮 4 转动，冷却系统工作；同一根带驱动动力转向泵带轮 6 转动，汽车获得转向助力。

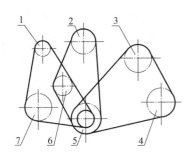

图 8-7　发动机带传动示意图
1—电机带轮；2—导向轮；3—张紧轮；
4—水泵带轮；5—压缩机带轮；
6—转向泵带轮；7—曲轴带轮

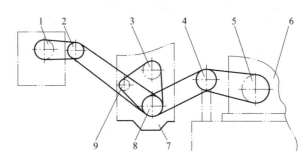

图 8-8　大客车的带传动
1—风扇带轮；2—中间带轮；3—水泵带轮；
4—自动偏心轮；5—压缩机带轮；6—机架；
7—发动机；8—曲轴带轮；9—电机带轮

对于大型客车的发动机，目前普遍采用后置的方式，后轮驱动，特别是豪华型大客车，使车厢内的主要部分远离震动与噪声源，使车厢内部容积完整流畅，有助于乘客流动并改善了乘坐条件与驾驶环境，有利于长途行驶。发动机支撑着几大系统的运行，如空调压缩机，风扇，附加发电机等都通过 V 带传动实现。

如图 8-8 所示为四点支承发动机图例。电机带轮 9 与水泵带轮 3 和曲轴带轮 8 由同一根带连接，曲轴带轮 8 带动内部曲轴同时转动；同时通过中间带轮 2，动力传递给风扇带轮 1；同时曲轴带轮还连接了压缩机带轮 5，在曲轴带轮 8 和压缩机带轮 5 之间装有自动偏心轮 4，自动偏心轮可以自动调节两组带轮的中心距，减小发动机跳动造成的影响。图中 6 为机架，7 为发动机。

8.1.5　木材加工机带传动图例与说明

带传动在农业、林业机械中应用十分广泛，如碎草机、收割机、锯木机等。

以木材加工机械为例，如图 8-9 所示为木工圆锯机，电机 1 通过带传动 2 减速，带动主轴旋转，圆锯片 4 安装在主轴上，木材固定于导板 6 上，随导板移动而移动，当木材接触到圆锯片，木材沿锯片径向方向被切割。图中 3 为工作台，5 为锯片罩。

8.1.6　V 带式无级变速传动机构图例与说明

汽车行驶性能的好坏不仅取决于发动机，在很大程度上还依赖于变速器及变速器与发动机的匹配。在汽车上使用的自动变速器大致有三类：液力自动变速器，电子控制机械自动变速器和无级变速器。无级变速器传动比连续改变，无换挡跳跃，减缓了汽车换挡过程中的冲击，因此应用越来越广泛。

无级变速器最早是在 1896 年开始应用，德国 Daimler-Benz 公司将 V 形橡胶带式无级变速器技术应用于该公司生产的汽车上，后来随着科技的发展一步步改进，发展为金属带式无级变速器。带式无级变速器靠旋转体之间的接触摩擦力来传递动力，通过改变输入输出的作用半径，连续地改变传动比。

  V 带式无级变速传动机构制造方便，结构紧凑，运转可靠，因而被广泛应用。常见 V 带式无级变速传动机构有单变速轮式、双变速轮式和中间变速轮式。

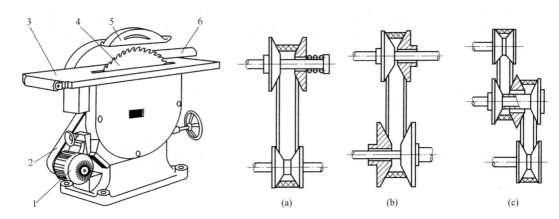

图 8-9 木工圆锯机

1—电机；2—带传动；3—工作台；

4—圆锯片；5—锯片罩；6—导板

图 8-10 V 带式无级变速传动机构

  如图 8-10(a) 所示为单变速轮式，下带轮为普通带轮，上带轮为可变槽宽带轮，通过调节两轮中心距，在弹簧和 V 带张力作用下，迫使可动盘开合，从而到达变速目的，常用于中心距不大的场合。

  如图 8-10(b) 所示为双变速轮式，上下带轮可改变槽宽，利用调速机构使变速带轮的可动盘轴向移动，可使两轮的接触半径同时改变，以改变传动比。这种机构具有变速范围大、中心距不变等特点，但结构复杂。

  如图 8-10(c) 所示为中间变速轮式，在输入和输出轴上装有普通带轮，在中间轴上的带轮为可变槽宽的双槽变速带轮。移动中间轮的可变锥盘，可使两个槽宽同时改变，一槽变宽，一槽变窄，以达到调速目的。

  如图 8-11 所示为 SEW 宽 V 带式无级变速器。其中 1 为分离式箱体，2 为宽 V 带，3 为可调带轮，4 为调节装置，5 为电动机，6 为减速器。

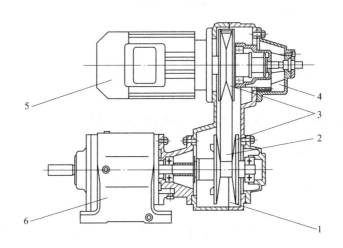

图 8-11 SEW-VARILOC 系列宽 V 带式无级变速器

1—分离式箱体；2—宽 V 带；3—可调带轮；4—调节装置；5—电动机；6—减速器

8.1.7　带式抛粮机图例与说明

如图 8-12 所示为带式抛粮机，原动机为电机 13，通过带传动 12 减速，将动力传递到传动轮 5，带在摩擦力作用下传动。抛粮轮 9 由带传动获得很高的线速度运动，当谷物从入料口 8 进入后，由胶带 10 和胶圈 11 夹持以同样高的线速度运行，在胶带 10 和抛粮轮 9 脱离处，谷物从抛粮轮切线方向被抛向远方。

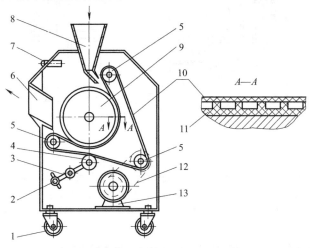

图 8-12　带式抛粮机

1—脚轮；2—紧固螺栓；3—张紧杆；4—张紧轮；5—传动轮，改变带
的传动方向；6—抛粮口；7—传感器；8—入料口；9—抛粮轮；
10—胶带；11—胶圈；12—带传动；13—电机

8.1.8　带式挡块换向器图例与说明

如图 8-13 所示为带式挡块换向机构。带式挡块换向是利用挡块和夹紧装置换向，图中 B、C 为固定挡块，A 为可移动撞块。机构在图示位置时，弹簧 6 通过销子 5 的斜面推动夹头 2 将带 4 压紧在 3 上，3 随带 4 左移；当撞块 A 碰到挡块 B 后，构件 2 顺时针转动，推动销子 5，在 2 的斜面定点越过销 5 的斜面定点后，2 的下部将带 4 压紧在 3 上，3 随带 4 右移，从而达到自动换向，图中 1 为带轮。

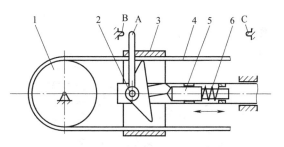

图 8-13　带式挡块换向器

1—带轮；2—夹头；3—构件；4—带；5—销子；6—弹簧

8.1.9　脱水机图例与说明

如图 8-14 所示为脱水机，脱水机由机壳、转鼓、底盘、吊杆、减震压簧、配料盒传动部件、离合器、制动装置部件组成。工作时，电机 1 带动主动轮 2，通过多根 V 带 3 将动力传递给主轴轮 4，驱动转鼓绕主轴线回转构成离心力场，当该机运转正常时，从顶部加料管进入物料，转鼓与物料接触部分均采用不锈钢，物料在离心力场的作用下，均匀分布于转鼓内壁，液体穿过离心机网经转鼓滤孔而泄出，固体则被截留在转鼓的内壁，当达到分离要求后，关闭电机，制动停机，由人工把物料从该机上部卸出。

离心脱水机有配重底座和减震器，不需要浇注基础。具有结构简单、操作方便，通用性强等特点。广泛用于服装毛巾、蔬菜加工、纺织、染整、化工、制药、食品、饭店、宾馆、浴室、医院等领域，满足大容量脱水需求，也有人称之为甩干机。

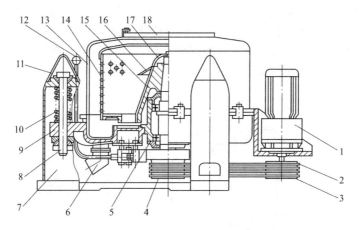

图 8-14　ss 型工业脱水机

1—电机；2—主动轮；3—V 带；4—主轴轮；5—主轴组合部件；6—出水管；7—柱脚；
8—摆杆；9—底盘；10—缓冲弹簧；11—柱脚罩；12—制动手柄；13—外壳；
14—转鼓筒底；15—转鼓底；16—布料盘；17—主轴罩；18—翻盖

8.1.10　长距离匀速往复运动机构图例与说明

谈到往复运动机构，人们首先便想到曲柄机构。但是，如果往复距离很长，比如 1m 或者 2m，曲柄机构就不能胜任了。

如图 8-15 所示的往复运动机构，是在两根轴间安装带或链条作为传动机构。虽然其往复运动距离并非毫无限制，但是，完全可以设计得相当大。在带或链条外侧的某个部位安装一个销子支承座，驱动销与往复运动工作台上的滑动长孔相配合，带动往复运动工作台作往复运动。

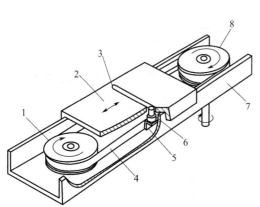

图 8-15　长距离匀速往复运动机构

1—张紧从动轮；2—往复运动工作台；
3—滑动长孔；4—带（或链条）；
5—销子支承座；6—驱动销；
7—导轨；8—驱动轮

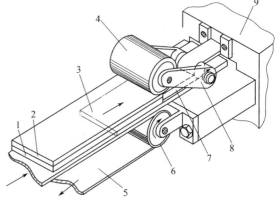

图 8-16　板材的连续自动供料机构

1,2—被供板材；3—正在供给的板材；
4—浮动压轮；5—带运输机；
6—滚子；7—挡铁；8—摆
动臂；9—加工机械

本装置的特点是不但往复运动距离可以很大，而且，往复运动两端的减速和加速运动是相当平稳的。至于驱动电机，则可以使用无级变速电机。这种往复运动机构既可用于喷涂工作台的往复运动，也可用作上下运动的斗式提升机。在往复运动的行程中设置各种传感器和限位开关等，便可适应不同的作业需要。

8.1.11 板材的连续自动供料机构图例与说明

如图 8-16 所示为利用带运输机实现板材连续自动供料的装置。将板材直接放在带运输机上，向加工机械输送供料，其上重叠放置的板料靠在挡铁上而停止前进，处于等待状态，并用浮动压轮压在上面，使其供料状态不发生混乱。带运输机的驱动电机为电子控制的无级高速电机。该机构可以用于制板厂或木工厂的板料自动供料。可以一次放置几张板材，从而可节约放料的辅助时间。此外，还可保证生产安全。

8.1.12 直线位移微调机构图例与说明

图 8-17 是一个光学镜头高精度微调机构的后半部分。其前半部是一个精密螺杆螺母传动装置，将旋钮的转动转变为输入杆 6 的直移。图中仅示出输入杆 6 及后半部分差动机构。从动杆 9 与镜头连接。滚子 1、2、3 是一个整体，直径为 d_1、d_2 及 d_3，分别与滑块 5、7 及机架导轨 8 用挠性带 4 连接。输入杆 6 及滑块 5 移动时，滚子 3 在机架导轨 8 上滚动，滚子 2 带动滑块 7 及输出杆 9 输出微小运动。输出杆 9 与输入杆 6 位移距离之比为 $\dfrac{d_3 - d_2}{d_3 - d_1}$。令 $d_3 - d_1 \geqslant d_3 - d_2$，可得到非常小的传动比。

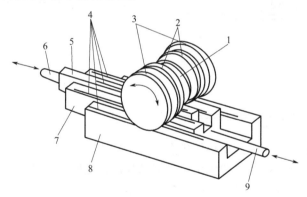

图 8-17　直线位移微调机构

1～3—滚子；4—挠性带；5,7—滑块；6—输入杆；8—机架导轨；9—输出杆

8.2 同步带传动

8.2.1 运动分析

同步带也称同步齿形带，是以钢丝为抗拉体，外面包覆聚氨酯或橡胶组成。同步传动带横截面为矩形，工作面具有等距横向齿，带轮也制成相应的齿形，工作时靠带齿与轮齿啮合传动，如图 8-18 所示。由于带与带轮无相对滑动，能保持两轮的圆周速度同步，故称为同步带传动。

同步带机构传动比恒定，结构紧凑，抗拉强度高，传动功率大，传动效率高，线速度可达 50 m/s，传动比可达 10，传递的功率可达 200kW。此外，因传动预紧力小，所以轴和轴承上的受力较小。同步带传动的缺点是带与带轮价格较高，对制造、安装要求高。

8.2.2　搅拌机同步带传动图例与说明

利用同步带实现传动的旁入式（侧式）搅拌机，主要用于石油、化工、制药、食品加工及环保等行业，可用于无悬浮颗粒的各种液体混合匀质和防止沉降的场合，如污水处理，药剂调和等。由于使用同步齿形传动，使中心距大为缩小，外形较为紧凑，传动效率高，传动比准确、平稳、噪声小、无滑差，又节能，便于拆装维修。

如图 8-19 所示，电机 4 固定于机架上，通过同步带传动带动主轴旋转，主轴另一端装有叶片 6，是工作部分。控制箱 3 固定在立柱 2 上，是控制部分，可以实现搅拌机的高度调节，带传动置于传动箱体 5 内部，可有效防尘。安装可依照工作现场环境，图示 1 为小车，小型搅拌机置于小车上，便于移动，使用灵活方便。

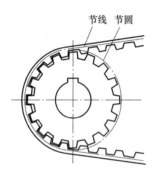

图 8-18　同步带传动示意图

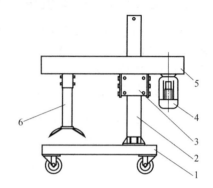

图 8-19　同步带旁入式搅拌机
1—小车；2—立柱；3—控制箱；4—电
机；5—传动箱体；6—叶片

8.2.3　数控机床同步带传动图例与说明

数控机床较普通机床有无法比拟的优点，加工精度高，可靠性高，生产效率高，经济效益好，这不仅得益于计算机技术的应用，机械结构的优化同样起到重要的作用。数控机床的本体仍然是机械结构实体，但是为了满足数控技术的要求和充分发挥数控技术的特点，在机构上有所变化，如采用高性能的主传动及主轴部件就是变化之一。

如图 8-20 所示为立式加工中心传动系统示意图，1 为电机，2 为联轴器，3 为滚珠丝杠，4 为轴承，5 为蜗轮蜗杆传动副，6 为同步带传动。

数控机床的主传动系统一般采用直流或交流主轴电机，通过带传动和主轴箱内的变速齿轮带动主轴旋转。传动主轴的带形式有同步齿形带和多楔带。同步带传动，综合了带传动、齿轮传动和链传动的优点，传动效率高，可达 98% 以上，同时可以克服齿轮传动时引起的震动和噪声的缺点。

8.2.4　发动机配气机构图例与说明

目前，四冲程汽车发动机都采用气门式配气机构。其功用是按照发动机的工作顺序和工作循环要求，定时开启和关闭各缸的进、排气门，使新气进入气缸，废气从气缸中排出。

气门配气机构由气门组和气门传动组两部分组成，每组的零件组成与气门的位置、凸轮轴的位置和气门驱动形式等有关。配气机构的布置形式可以按照多种分类方法分为多种不同类型。按照凸轮轴的传动形式可分为齿轮传动、链传动和同步带传动三种。齿轮传动用于凸轮轴下置、中置配气机构中，链传动适合凸轮轴顶置式配气机构。近年来，随着汽车技术的发展，同步带传动广泛地应用在高速汽车的发动机上，曲轴通过同步带传动，带动凸轮轴旋转。同步带传动可以减小噪声，减少结构质量，也可以控制成本。如一汽奥迪 A6 和捷达、宝来、桑塔纳型轿车发动机配气机构都采用同步带传动。

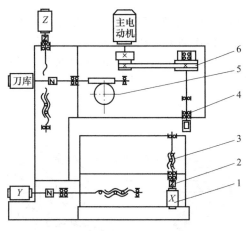

图 8-20　立式加工中心传动系统简图

1—电机；2—联轴器；3—滚珠丝杠；4—轴承；

5—蜗轮蜗杆传动副；6—同步带传动

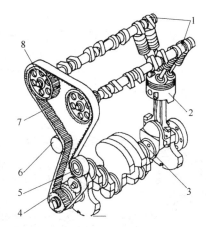

图 8-21　同步带传动配气机构

1—双凸轮轴；2—气缸；3—曲轴；4—小同步带轮；

5,6—张紧轮；7—同步带；8—大同步带轮

如图 8-21 所示为同步带传动配气机构总成，由双凸轮轴 1，气缸 2，曲轴 3，张紧轮 5、6 和同步带传动组成。曲轴 3 在气缸 2 作用下转动，带动小同步带轮 4，同步带 7 带动大带轮 8 转动，大同步带轮与凸轮轴 1 相连，凸轮轴与曲轴转速比为 1∶2，实现配气功能。

8.2.5　同步齿形带在计数装置上的应用图例与说明

如图 8-22 所示是具有张紧轮的同步齿形带，带动测微计丝杠旋转，同时使计数器转动。

图 8-22 是有关电动测微计示意图，测微计的顶尖同工件接触时，由电流检测电路作用而停止转动。

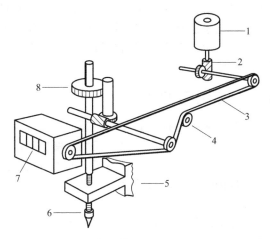

图 8-22　同步齿形带在计数装置上的应用

1—马达兼制动器；2—蜗杆传动；3—同步齿形带；4—张紧轮；

5—绝缘台；6—测微计螺钉；7—计数器；8—苯酚齿轮

8.3 链传动

8.3.1 运动分析

链传动是由装在平行轴上的主、从动链轮和绕在链轮上的环形链条所组成,如图 8-23 所示。以链作中间挠性件,靠链与链轮轮齿的啮合来传递动力,和带传动相比,链传动没有弹性滑动和打滑,可以保持平均传动比,需要的张紧力小,作用在轴上的压力也小,可以减少轴承的摩擦损失。早在中国东汉时代,张衡发明的浑天仪就采用了链传动,1874 年,世界上出现第一辆自行车也采用了链传动,链传动的应用日趋广泛。

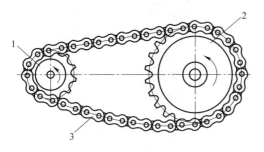

图 8-23 链传动示意图
1—主动链轮;2—链;3—从动链轮

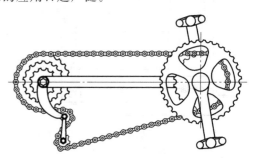

图 8-24 变速自行车链传动

链传动的主要优点是挠性好,承载能力大,相对伸长率低,结构十分紧凑,而且可在温度较高、有油污的恶劣环境条件下工作,抗腐蚀性强,因而在矿山机械、农业机械、石油机械及机床中广泛应用。链传动的缺点是瞬时链速和瞬时传动比不是常数,因此传动平稳性较差,而且自重大,工作中有一定的冲击和噪声。链传动的功率可达 3000kW,中心距可达 8m,链速可达 40m/s,但一般情况下功率不大于 100kW,链速不大于 15m/s。

用于动力传动的链主要有套筒滚子链和齿形链两种。套筒滚子链可单列使用和多列并用,多列并用可传递较大功率。套筒滚子链比齿形链重量轻、寿命长、成本低。在动力传动中应用较广。齿形链是由许多齿形链板用铰链连接而成,齿形链板的两侧是直边,工作时链板侧边与链轮齿廓相啮合。与滚子链相比,齿形链运转平稳、噪声小、承受冲击载荷的能力高,但是结构复杂,价格较贵,也较重,所以齿形链的应用没有滚子链那样广泛,齿形链多用于高速或运动精度要求较高的传动。

8.3.2 自行车链传动图例与说明

自行车也称脚踏车、单车,对于自行车起源的问题,目前没有确切的说法,但是有一点很明显,作为一种代步工具,自行车经济、环保、轻快、便捷,时至今日仍受到青睐,特别经过改造的自行车,更富有新奇创意,成为一种时尚。自行车通过人力驱动,对脚蹬施力,与曲轴固连的链轮转动,通过链牵引带动后轴链轮,自行车向前行驶。现代的变速车还可实现变传动比,让骑车人更省力。

一般的自行车由主动轮和从动轮两个链轮,通过链条传动,实现自行车的前进。对于变速自行车,则增加了变速装置。在主动轴附近的链条上有个装置叫前拨,转动变速杆,就会使前拨的位置发生变化,从而使链条到不同的前齿轮上,这时,转动调节从动轴的变速杆即可变速。也就是说主从动轴都采用了可变换的设计,从而形成不同的传动比,达到变速的目的。一般的变速自行车，是在主动轴上安装 3～5 个齿轮，从小到大排列好。在从动轴上安装 6～9 个齿轮，从大到小排列好。在车把或车身上有两个变速杆，分别对应着主动轴和从动轴，如图 8-24 所示。

8.3.3 通用悬挂输送机图例与说明

悬挂输送机主要用于长距离的生产线物料运输。一般由驱动装置、张紧装置、输送链条、直轨段、水平弯轨、垂直弯轨、检查轨段、润滑轨段、吊具、吊装装置以及电气控制盒、急停盒等部件组成。如图 8-25 所示为车间悬挂输送线示意图。

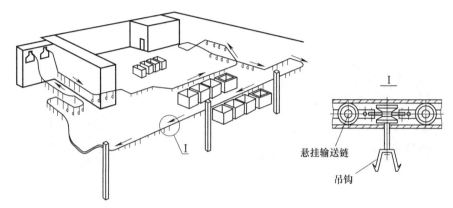

图 8-25　悬挂输送线示意图

轨道采用方形钢管、开口朝上和法兰连接的形式。法兰之间采用密封胶密封，从而有效地防止了物品的污染，又保持了轨道油漆的美观，输送链条是采用轴承钢制作 的双走轮双导轮万向铰接链条，活动灵活自如，耐磨损，对轨道压强小，从而提高了弯轨的使用寿命。由于驱动装置是采用圆盘式驱动方式，因此链条驱动平稳，驱动力大。在驱动装置上设置安全销，有效地防止了设备在超载情况下受到损害。在有化学腐蚀的清洗车间可以采用不锈钢轨道，保证设备的正常运转。

电机通过带轮带动减速器，使驱动拨轮旋转，再拨动输送链条在轨道中运行，输送链条上的均衡梁式吊具挂着物品完成工序间的输送任务。悬挂输送机驱动常采用链式驱动，如图 8-26 所示。

8.3.4 斗式提升机图例与说明

斗式提升机是链式输送机的一种，以无端链条作为牵引构件，链条绕过若干链轮，由驱动链轮带动链条运动，从而达到运输货物的目的。斗式提升机主要用于在垂直或接近垂直方向上连续提升粉粒状物料或块状物料，如水泥、沙石、煤、谷物、木屑等。

斗式提升机结构简单，横截面尺寸小，占地面积小，提升高度较高，而且工作过程在封闭的罩壳内，粉尘对环境污染小，因此应用广泛，主要用于冶金、建材、港口、化工、粮食等部门。但是斗式提升机也有一定的弊端，链条容易磨损，拆装清理比较麻烦，所以限定了运输物料种类的范围。

斗式提升机主要由牵引构件、承载构件、驱动装置、张紧装置、上下链轮（带轮）、机架和罩壳等组成，如图 8-27 所示。

斗式提升机链传动系统由主动轮 1、从动轮 8 和链条 10 组成，在张紧的链条 10 外侧固连一驱动销 3，它通过升降滑板 2 上的长孔 4 带动滑板移动。滑板上装有料斗 5，料斗在最下端接受工件，上升到上端，当料斗边缘碰到倾斜轴 7 后，料斗自动倾斜并排出物料。料斗在最下端位置时，由传感器 13 检测得到检测信号，操纵有制动器的电机 12 停转，使料斗静止等待供料，料斗在邻近到上下端点时，由于驱动销沿圆弧运动，料斗得以自动实现减速或加速，即使料斗及传送的工件很重，也能平稳启停。图中 6 为提升机外壳，9 为转动支点，11 为支撑销。

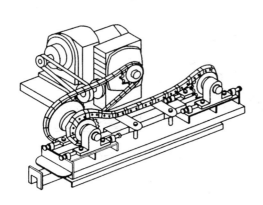

图 8-26　悬挂输送机驱动装置

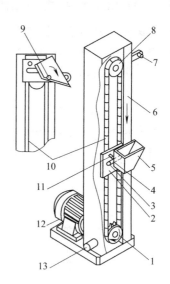

图 8-27　斗式提升机

1—主动轮；2—升降滑板；3—驱动销；4—长孔；
5—料斗；6—提升机外壳；7—倾斜轴；8—从
动轮；9—转动支点；10—链条；11—支撑销；
12—电机；13—传感器

8.3.5　双链辊筒输送机图例与说明

双链辊筒输送机依靠链条驱动辊筒来输送物品，具有输送能力强，运送货物量大，输送灵活等特点，可以实现多种货物合流和分流的要求。如图 8-28 所示为双链滚筒输送机示意图，减速电机 5 为原动机，固定于机架 1 上，首先由减速电机 5 经过链条传动装置 4 将动力传递给辊子，驱动第一个辊子，然后再由第一个辊子通过链传动装置驱动第二个辊子，这样逐次传递，实现全部辊子成为驱动辊子，达到运输货物的目的。

图 8-28 中 2 为辊子，货件 3 置于辊子上。辊筒输送机的双链动力辊筒采用高耐磨工程塑料链轮或钢质链轮及塑钢座，精密轴承，每个辊子上装有两个链轮，辊子排布如图 8-29 所示，1 为辊子，辊子一端装有链轮 2，辊子之间由传动链 3 连接。

辊子直径一般为 73～155mm，长度根据被运货物尺寸而定（比货物大 50～100mm），在制造时进行动平衡试验。由于每个辊子自成系统，更换维修比较方便，但是费用较高。

8.3.6　金属线导向机构图例与说明

如图 8-30 所示为金属线导向机构，链传动的主动链轮 6 和从动链轮 1 齿数相同，在链条 4 的某一节上装拨杆 3，柱杆 5 连到拨杆上。铰链 2 中心到链条 4 轴线间的距离等于链轮的节圆半径 R，在有这样的尺寸关系时，支撑在导向支架 7 中的柱杆 5 得到匀速往复运动，行程长度等于中心距 a。构件 3 绕过链轮时，柱杆 5 不动，将金属线绕在鼓轮上时，机构用作金属线的导向。

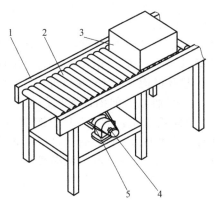

图 8-28　双链滚筒输送机
1—机架；2—辊子；3—货件；4—链条
传动装置；5—减速电机

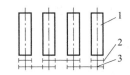

图 8-29　双链滚筒传动原理示意图
1—辊子；2—链轮；3—传动链

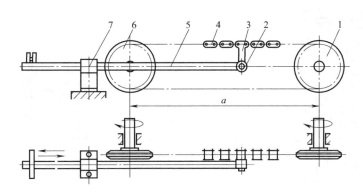

图 8-30　金属线导向机构
1—从动链轮；2—铰链；3—拨杆；4—链条；
5—柱杆；6—主动链轮；7—导向支架

8.3.7　链传动配气机构图例与说明

链传动特别适合凸轮轴顶置式配气机构，如图 8-31 所示为内燃机链传动配气机构总成。内燃机燃气推动活塞往复运动，经连杆转变为曲轴 5 的连续转动，经由链传动 6 将动力传递给凸轮轴 4、挺柱 1 和推杆 2 用来启闭进气阀和排气阀，3 为摇臂轴。

为使工作中链条有一定的张力而不至于脱链，通常装有导链板、张紧装置等。链传动的主要问题是其工作可靠性和耐久性不如齿轮传动和同步带传动，它的传动性能主要取决于链条的制造质量。

8.3.8　叉车起升机构图例与说明

叉车是各类仓库及生产车间使用广泛的一种装卸机械，兼有起重和搬运的性能，常用于作业现场的短距离搬运、装卸物资及拆码垛作业。叉车的种

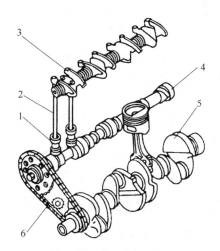

图 8-31　链传动配气机构
1—挺柱；2—推杆；3—摇臂轴；4—凸
轮轴；5—曲轴；6—链传动

类繁多，分类方法各异，根据货叉位置不同可分为直叉式及侧叉式，直叉式又分为平衡重式、插腿式及前移式。仓储部门常用的都属于直叉平衡重式。

叉车的工作装置是叉车进行装卸作业的工作部分，它承受全部货重，并完成货物的叉取、升降、堆放和码垛等工序。如图8-32所示为平衡重式叉车的工作装置，主要由取物装置（货叉4及叉架5）、门架（外门架2及内门架6）、起升机构3、门架倾斜机构1和液压传动装置等部分组成。门架倾斜机构就是倾斜油缸1，倾斜油缸的伸缩即实现门架前倾和后倾，即货叉的前倾和后倾。起升机构由起升油缸3、导向轮8及轮架9、起重链7和叉架5等组成。起升油缸3安装在外门架的下横梁上。而油缸活塞杆10的上端与轮架9相连，导向轮装在轮架上。在导向轮上绕有起重链7，其一段固定在油缸盖（或门架横梁）上，另一端绕过导向轮与叉架相连。起升油缸顶起导向轮，通过链轮带动链条，链条牵引叉架，使叉架升降，从而实现货叉的升降动作，即实现货物的升降动作。

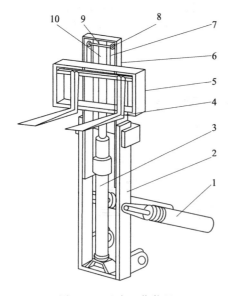

图 8-32　叉车工作装置
1—倾斜油缸；2—外门架；3—起升油缸；4—货叉；
5—叉架；6—内门架；7—起重链；8—导向轮；
9—轮架；10—活塞杆

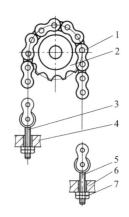

图 8-33　叉车套筒滚子链
1—链条；2—链轮；3,7—调节螺栓；
4—固定板；5—固定螺栓；6—叉架

叉车上使用的起重链条有两种，即片式起重链和套筒滚子链。片式起重链结构简单，承载能力比套筒滚子链大，承受冲击载荷的能力强，工作更为可靠。如CPD1、CPC3等叉车采用此种链条。如图8-33所示，套筒滚子链由链片、销轴、套筒及滚子等部分组成，比片式起重链传动阻力小，耐磨性好，CPQ1、CPC2、CPCD5等叉车采用此种链条。通常链条1绕在链轮2上，一端固定在叉架6上，另一端固定在起升油缸外壁的固定板4上。3为调节螺栓，5为固定螺栓，7为调节螺母。链条的松紧可以通过链条两端的调节螺栓来调节，使两根链条的松紧度大致相等。

8.3.9　链板式输送机图例与说明

链式输送机是连续式装卸机械的又一种主要形式。它与绕过若干链轮的无端链条作挠性的牵引构件，由驱动链轮通过轮齿与链节的啮合，将圆周牵引力传递给链条，在链条上或固接着的工作构件上输送货物。

链板式输送机的结构如图8-34所示。电机及减速装置4与主轴相连，1为链板，2为机架，滚筒支撑在轴承及轴承座 3 上，货物 5 置于链板上。它与带式输送机相似，主要区别是：带式输送机用输送带牵引和承载货物，靠摩擦驱动传递引力；而链板输送机则用链条牵引，用固定在链条上的板片承载货物，靠啮合驱动传递牵引力。

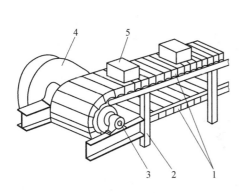

图 8-34　链板式输送机

1—链板；2—机架；3—轴承及轴承座；

4—电机及减速装置；5—货物

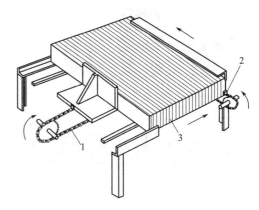

图 8-35　制刷机上的层板进料装置

1,2—滚子链；3—板

链板式输送机主要用于部分工厂、仓库或内河港口中输送货件。它与带式输送机相比，优点是板片上能承载较重的货件，链条挠性好、强度高，可采用较小直径的链轮，但能传递较大的牵引力。缺点是装备质量、磨损、消耗功率都较带式输送机大，而且，链板输送机和其他啮合驱动的输送机一样，在链条运动中产生动载荷，使工作速度受到限制。

8.3.10　制刷机上的层板进料装置图例与说明

如图 8-35 所示为制刷机上的层板进料装置，它是滚子链应用在分度和输送上的实例。滚子链 1 通过滑动离合器把板 3 连续推进，滚子链 2 上的推爪把板送进机器。

8.3.11　绕着滚链工作的往复传动装置图例与说明

如图 8-36 所示是链轮和滚子链传动装置。两个链轮 1 或 2 都可以作主动件使用，当其中的任一个作主动件时，另一个链轮就可作可调整的惰轮使用。滚子链 3 与标准链仅有一点不同，即链节的一个铆钉被一个长销 4 所取代。这个销的两端都有一个由开口销保持轴向位置的滚子 5。

在工作时，滚子 5 置于两个随动板 6 之间，且带动它们。随动板紧密地配合在壳体 7 的槽内，且在上下两面用开口销定位。在随动板的一条框边上加工一个开口，以提供当壳体运动到行程两端时在链轮轮毂上通过的缺口。托板 8 被焊到壳体 7 上，且用螺钉固定到需要往复运动的机器滑板上。

当滚子链带动置于两个随动板 6 之间的两个滚子 5 移动时，直线运动就传给壳体，并通过 8 而传给机器滑板。当支持滚子的链节到达一个链轮时，它就传下去，因而也就改变了方向，且在链的下方返回。这样保持在两个随动板 6 之间的滚子 5，就以相反的方向驱动壳体和机器滑板，为机器提供所需的往复运动。

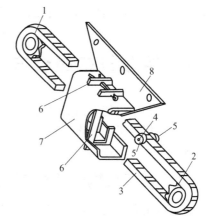

图 8-36　绕着滚链工作的往复传动装置

1,2—链轮；3—滚子链；4—长销；5—滚子；

6—随动板；7—壳体；8—托板

组合机构应用实例

前面各章分述了各种常见机构的原理和它们的应用。生产过程中的许多动作要求，都可以利用这些机构来实现，大多数工作机械的动作系统都是由这些常见的机构组成的。但是，在生产实际中，对机构的运动特性和动力特性的要求是多种多样的，而齿轮机构、凸轮机构或连杆机构等单一的基本机构，由于结构形式等方面的限制往往难以满足这些要求。例如，圆柱齿轮机构只能实现等速转动；凸轮机构的从动件一般只能作往复移动或摆动；铰链四杆机构在从动件行程中部不具有停歇的特性等。因此，为了满足生产中千差万别的要求，人们常常把若干种基本机构用一定方式连接起来，以便得到单个基本机构所不能有的运动性能，创造出性能优良的组合机构。

通常所说的组合机构，指的是用同一种机构去约束和影响另一个多自由度机构所形成的封闭式机构系统，或者是由集中基本机构有机联系、互相协调和配合所组成的机构系统。

组合机构是一些常用的基本机构的组合，如所谓凸轮-连杆机构、齿轮-连杆机构、齿轮-凸轮机构等，这些组合机构，通常是以两个自由度的机构为基础，也就是说要使机构具有确定的运动，必须给这种机构输入两种独立运动，而从动件输出的运动则是这两种输入运动的合成。正是利用这种运动合成的原理，它才获得多种多这样的运动特性。

机构的组合是发展新机构的重要途径之一，多用来实现一些特殊的运动轨迹或获得特殊的运动规律，广泛地应用于机械、设备以及总成的机构设计中。

9.1　组合机构组合方式分析

组合机构不仅能够满足多种运动和动力要求，而且还能综合应用和发挥各种基本机构的特点，所以组合机构越来越得到了广泛的应用。在机构组合系统中，单个的基本机构称为组合系统的子机构。常见的机构组合方式有如下几种。

9.1.1　基本机构的串联式组合

在机构组合系统中，若前一级子机构的输出构件即为后一级子机构的输入构件，则这种组合方式称为串联式组合。

如图 9-1(a) 所示的机构就是这种组合方式的一个例子。图中构件 1-2-5 组成凸轮机构（子机构Ⅰ），构件 2-3-4-5 组成曲柄滑块机构（子机构Ⅱ），构件 2 是凸轮机构的从动件，同时又是曲柄滑块机构的主动件。主动件为凸轮 1，凸轮机构的滚子摆动从动件 2 与摇杆滑块机构的输入件 2 固连，输入运动 ω_1 经过两套基本机构的串联组合，由滑块 4 输出运动。如图 9-1(b) 所示为串联式机构组合方式分析框图。

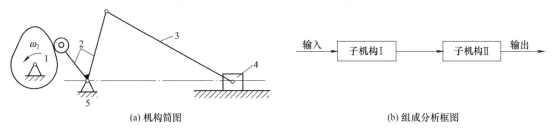

(a) 机构简图　　　　　　　　　　　　(b) 组成分析框图

图 9-1　串联式机构组合

由上述分析可知，串联式组合所形成的机构系统，其分析和综合的方法均比较简单。其分析的顺序是：按框图由左向右进行，即先分析运动已知的基本机构，再分析与其串联的下一个基本机构。而其设计的次序则刚好反过来，按框图由右向左进行，即先根据工作对输出构件的运动要求设计后一个基本机构，然后再设计前一个基本机构。

9.1.2　基本机构的并联式组合

在机构组合系统中，若几个子系统共用同一个输入构件，而它们的输出运动又同时输入给一个多自由度的子机构，从而形成一个自由度为 1 的机构系统，则这种组合方式称为并联式组合。

如图 9-2(a) 所示的双色胶版印刷机中的接纸机构就是这种组合方式的一个实例。图中凸轮 1 和 1′是一个构件，目的是实现不同的运动轨迹，当凸轮转动时，两个不同轮廓的凸轮 1 和凸轮 1′同时带动四杆机构 ABCD（子机构 I）和四杆机构 GHKM（子机构 II）运动，而这两个四杆机构的输出运动又同时传给五杆机构 DEFNM（子机构 III），从而使其连杆 9 上的 P 点描绘出一条工作所需求的运动轨迹。如图 9-2(b) 所示为并联式组合方式分析框图。

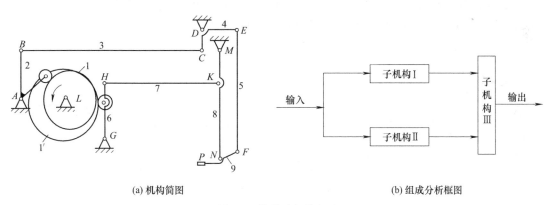

(a) 机构简图　　　　　　　　　　　　(b) 组成分析框图

图 9-2　并联式机构组合

9.1.3　基本机构的反馈式组合

在机构组合系统中，若其多自由度子机构的一个输入运动是通过单自由度子机构从该多自由度子机构的输出构件回授的，则这种组合方式称为反馈式组合。

如图 9-3(a) 所示的精密滚齿机中的分度校正机构就是这种组合方式的一个实例。图中蜗杆 1 除了可绕本身的轴线转动外，还可以沿轴向移动，它和蜗轮 2 及机架 4 组成一个自由度为 2 的蜗杆蜗轮机构（子机构Ⅰ）；凸轮 2′和推杆 3 及机架 4 组成自由度为 1 的移动滚子从动件盘形凸轮机构（子机构Ⅱ）。其中蜗杆 1 为主动件，凸轮 2′和蜗轮 2 为一个构件。蜗杆 1 的一个输入运动（沿轴线方向的移动）就是通过凸轮机构从蜗轮 2 回授的。如图 9-3（b）所示为反馈式组合方式分析框图。

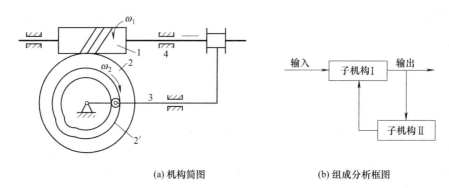

(a) 机构简图　　　　　　　(b) 组成分析框图

图 9-3　反馈式机构组合
1—蜗杆；2—蜗轮；2′—凸轮；3—推杆；4—机架

9.1.4　基本机构的复合式组合

在机构组合系统中，若由一个或几个串联的基本机构去封闭一个具有两个或多个自由度的基本机构，则这种组合方式称为复合式组合。

在这种组合方式中，各基本机构有机连接，互相依存，它与串联式组合和并联式组合都既有共同之处，又有不同之处。

如图 9-4（a）所示的凸轮-连杆组合机构，就是复合式组合方式的一个例子。图中构件 1、4、5 组成自由度为 1 的凸轮机构（子机构Ⅰ），构件 1、2、3、4、5 组成自由度为 2 的五杆机构（子机构Ⅱ）。当构件 1 为主动件时，C 点的运动是构件 1 和构件 4 运动的合成。

与串联式组合相比，其相同之处在于子机构Ⅰ和子机构Ⅱ的组成关系也是串联，不同的是，子机构Ⅱ的输入运动并不完全是子机构Ⅰ的输出运动。

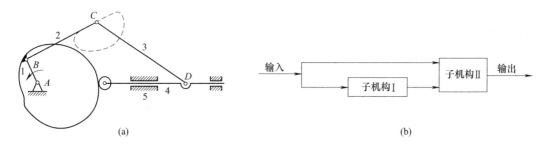

(a)　　　　　　　　　　　　　　　　(b)

图 9-4　复合式机构组合

与并联式组合相比，其相同之处在于 C 点的输出运动也是两个输入运动的合成，不同的是，这两个输入运动一个来自子机构Ⅰ，而另一个来自主动件。如图 9-4（b）所示为复合式组合方式分析框图。

组合机构可以是同类基本机构的组合，也可以是不同类型基本机构的组合。通常由不同类型的基本机构所组成的组合机构用得最多，因为它更有利于充分发挥各基本机构的特长和克服各基本机构固有的局限性。在组合机构中，自由度大于 1 的差动机构称为组合机构的基础机构,而自由度为 1 的基本机构称为组合机构的附加机构。

组合机构多用来实现一些特殊的运动轨迹或获得特殊的运动规律,组合机构的类型多种多样,在此本章将着重介绍几种常用组合机构的特点、功能及相关图例说明。

9.2 凸轮-连杆组合机构

凸轮-连杆组合机构多是自由度为 2 的连杆机构(作为基础机构)和自由度为 1 的凸轮机构(作为附加机构)组合而成。利用这类组合机构可以比较容易地准确实现从动件的多种复杂的运动轨迹或运动规律,因此在工程实际中得到了广泛应用。

如图 9-5 所示为能实现预定运动规律的两种简单的凸轮-连杆机构。图 9-5(a) 所示的是凸轮-连杆组合机构,实际相当于曲柄 CD 长度可变的四杆机构;而图 9-5(b) 所示则相当于 BD 两点距离长度可变的曲柄滑块机构。这些机构,实质上是利用凸轮机构来封闭具有两个自由度的多杆机构。所以,这种组合机构的设计,关键在于根据输出运动的要求,设计凸轮的廓线。

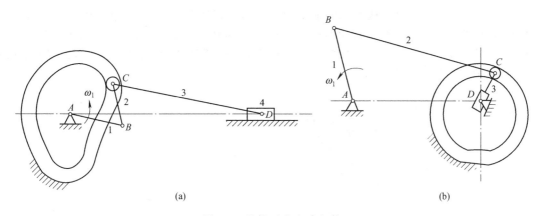

图 9-5 凸轮-连杆组合机构

9.2.1 实现复杂运动轨迹的凸轮-连杆组合机构图例与说明

(1) 印刷机吸纸机构图例与说明

如图 9-6 所示为平板印刷机吸纸机构的运动示意图,该机构由自由度为 2 的五杆机构与两个自由度为 1 的摆动从动件和凸轮从动件组成,两个盘形凸轮 1 和 $1'$ 固结在同一转轴上,工作时要求吸纸盘 P 按图示点画线所示轨迹运动。当凸轮转动时,推动从动件 2、3 分别按要求的运动规律运动,并带动五杆机构的两个连架杆,使固结在连杆 5 上的吸纸盘 P 按要求的矩形轨迹运动,以完成吸纸和送进等动作。

(2) 刻字、成形机构图例与说明

如图 9-7 所示为刻字、成形机构的运动简图。它是由自由度为 2 的四杆组成的四移动副机构,即由构件 2、3、4 和机架 5 组成的基础机构,称为十字滑块机构。分别有槽凸轮 1 和杆件 2、槽凸轮 $1'$ 和杆件 3 及机架 5 组成的凸轮机构作为附加机构,经并联组合而形成的凸轮-连杆组合机构。

槽凸轮 1 和 $1'$ 固结在同一转轴上,它们是一个构件,当凸轮转动时,由于两凸轮向径的变化将通过滚子推动从动杆 2 和 3 分别在 x 和 y 方向上移动,从而使与杆 2 和杆 3 组成移动副的十字滑块 4 上的 M 点描绘出一条复杂的轨迹 m-m,即完成刻字、成形的目的。

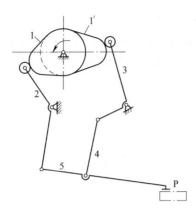

图 9-6　平板印刷机吸纸机构

1,1′—盘形凸轮；2,3—从动件；4,5—连杆

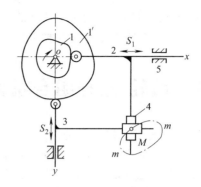

图 9-7　刻字、成形机构运动简图

1,1′—槽凸轮；2,3—杆件；4—十字滑块；5—机架

9.2.2　实现复杂运动规律的凸轮-连杆机构图例与说明

如图 9-8 所示为一种结构简单的能实现复杂运动规律的凸轮-连杆组合机构。其基础机构为自由度为 2 的五杆机构，即由曲柄 1、连杆 2、滑块 3、摇块 5 和机架 6 组成，其附加机构为槽凸轮机构，其中槽凸轮 6 固定不动。只要适当地设计凸轮的轮廓曲线，就能使从动滑块 3 按照预定的复杂规律运动。

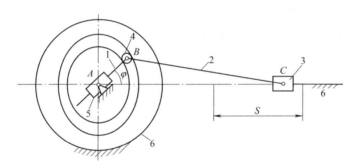

图 9-8　凸轮-连杆组合机构

1—曲柄；2—连杆；3—滑块；4—滚轮；5—摇块；6—机架

9.2.3　其他形式凸轮-连杆机构实例

（1）冲床的自动送料机构图例与说明

如图 9-9 所示为冲床的自动送料机构，当主动曲柄 1 作等速转动，则从动滑块 6 按预定的规律运动。该机构由曲柄 1、连杆 2、滑块 3 和机架 7 组成的曲柄滑块机构和由移动凸轮 3、摆杆 4 和机架 7 组成的摆动移动凸轮机构及以由摆杆 4、连杆 5、滑块 6 和机架 7 组成的摆杆滑块机构三个串联而成。每一个前置机构的输出件（从动件）都是后继机构的输入件（主动件）。

（2）内燃机图例与说明

如图 9-10 所示为一单缸四冲程内燃机，它是由气缸体 1、活塞 2、进气阀 3、排气阀 4、连杆 5、曲轴 6、凸轮 7 和 7′、顶杆 8 和 8′、齿轮 9 和 9′、齿轮 10 等杆块组成。这些杆块又组成四个相对独立、又协同动作的四部分：①将燃气燃烧推动活塞 2 的往复移动通过连杆 5 转换为曲轴 6 的连续转动；②凸轮 7 转动通过进气阀门顶杆 8 启闭进气阀门，以便可燃气进入气缸；③凸轮 7′转动通过排气阀门顶杆 8′启闭排气阀门，以便燃烧后的废气排出气缸；

④三个齿轮 9、9′和 10 分别与凸轮 7、凸轮 7′和曲轴 6 相连，使安装它们的轴保持一定的速比，保证进、排气阀门和活塞之间有一定节奏的动作。当燃气推动活塞运动时，各部分协调动作，进、排气阀门有规律地启闭，加上气化、点火等装置的配合，就把燃气的热能转换为曲轴转动的机械能。

在图 9-10 中，活塞 2、连杆 5、曲轴 6 和气缸体（机架）1 是组成一个可将活塞的往复移动转换为曲轴的连续转动曲柄滑块机构；凸轮 7、进气阀顶杆 8 和机架 1 组成一个可将凸轮的连续转动转化为顶杆的按某一种预期运动规律（如等速运动规律）的往复移动的凸轮机构；凸轮 7′、排气阀门顶杆 8′和机架组成另一个凸轮机构；三个齿轮 9、9′、10 和机架 1 组成一个可将转动变快或变慢，甚至改变转向的齿轮系。因此，内燃机是由一个曲柄滑块机构、两个凸轮机构和一个齿轮系组成的复杂组合机构。

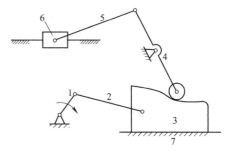

图 9-9　冲床的自动送料机构
1—曲柄；2,5—连杆；3,6—滑块；
4—摆杆；7—机架

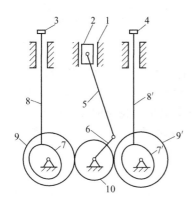

图 9-10　单缸四冲程内燃机
1—气缸体；2—活塞；3—进气阀；4—排气阀；5—连杆；
6—曲轴；7,7′—凸轮；8,8′—顶杆；9,9′,10—齿轮

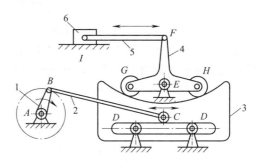

图 9-11　摇床机构
1—曲柄；2,5—连杆；3—大滑块；
4—构件；6—从动件

（3）摇床机构图例与说明

如图 9-11 所示为摇床机构。该机构由连杆机构（1、2、3）、移动凸轮机构（3、4、G、H）及摆杆滑块机构（4、5、6）组成。曲柄 1 为主动件，通过连杆 2 使大滑块 3（移动凸轮）作往复直线移动。滚子 G、H 与凸轮廓线接触，使构件 4 绕固定轴 E 摆动，再通过连杆 5 驱动从动件 6 按预定的运动规律往复移动。该机构适用于低速轻负荷的摇床机构或推移机构。

（4）丝织机开口机构图例与说明

如图 9-12 所示为丝织机的开口机构。该机构由等径凸轮 1、导块机构 2、3、4 和曲柄滑块机构 4′、5、6 组成。当凸轮 1 回转时，推动导块机构连杆 3 上的滚子 D，通过摇杆 4、双臂摇杆 4′及吊杆 5 与 5′，控制杆 6 与 6′作上下升降运动，带动经纱完成开口动作。

（5）齐纸机构图例与说明

如图 9-13 所示为齐纸机构。凸轮 1 为主动件，从动件 5 为齐纸块。当递纸吸嘴开始向前递纸时，摆杆 3 上的滚子与凸轮小面接触，在拉簧 2 的作用下，摆杆 3 逆时针摆动，通过连杆 4 带动摆杆 6 和齐纸块 5 绕 O_1 点逆时针摆动让纸。当递纸吸嘴放下纸张、压纸吹嘴离开纸堆、固定吹嘴吹风时，凸轮 1 大面与滚子接触，摆杆 3 顺时针摆动，推动连杆 4 使摆杆 6 和齐纸块 5 顺时针摆动靠向纸堆，把纸张理齐。

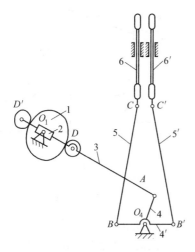

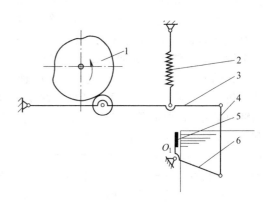

图 9-12 丝织机开口机构

1—等径凸轮；2—导块；3—连杆；4—摇杆；
4′—双臂摇杆；5,5′—吊梭；6,6′—控制杆

图 9-13 齐纸机构

1—凸轮；2—拉簧；3,6—摆杆；
4—连杆；5—齐纸块

（6）飞机上的高度表图例与说明

如图 9-14 所示为飞机上使用的高度表。飞机因飞行高度不同，大气压力发生变化，使膜盒 1 与连杆 2 的铰链点 C 右移，通过连杆 2 使摆杆 3 绕轴心 A 摆动，与摆杆 3 相固连的扇形齿轮 4 带动齿轮放大装置 5，从而使指针 6 在刻度盘 7 上指出相应的飞机高度。

（7）用偏心凸轮和连杆驱动的步进送料机构图例与说明

如图 9-15 所示为用偏心凸轮和连杆驱动的步进送料机构。该步进送料装置是由偏心凸轮、曲柄和若干个连杆构成的。输送杆垂直方向的运动是由偏心凸轮驱动的，而水平往复运动则由曲柄驱动。图中端部画有黑点的轴是与机体固定连接不动的轴，输送杆的运动方式是慢速送进、快速返回。

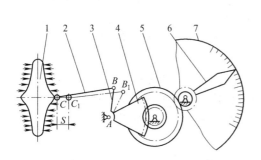

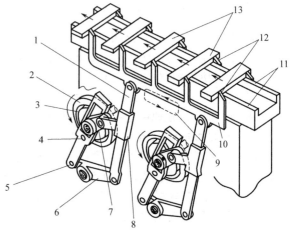

图 9-14 飞机上的高度表

1—膜盒；2—连杆；3—摆杆；4—扇形齿轮；
5—齿轮放大装置；6—指针；7—刻度盘

图 9-15 用偏心凸轮和连杆驱动的步进送料机构

1—连杆 E；2—凸轮；3—偏心凸轮槽；4—与凸轮槽相配的轴销；5—连杆 A；6—连杆 B；7—连杆 C；8—连杆 D；9—输送杆的运动轨迹；10—输送杆；11—导轨；12—输送爪；13—被输送的零件

9.3 齿轮-连杆组合机构

齿轮-连杆组合机构是由定传动比的齿轮机构和变传动比的连杆机构组合而成，由于其运动特性多种多样，以及组成该机构的齿轮和连杆便于加工、精度易保证和运转可靠等特点，因此这类组合机构在工程实际中应用日渐广泛。应用齿轮-连杆组合机构可以实现多种运动规律和不同运动轨迹的要求。

如图 9-16 所示为一典型的齿轮-连杆组合机构。四杆机构 $ABCD$ 的曲柄 AB 上装有行星齿轮 $2'$ 和齿轮 5。行星齿轮 $2'$ 与连杆 2 固连，而中心轮 5 与曲柄 1 共轴线并可分别自由转动。当主动曲柄 1 以 ω_1 等速回转时，从动件 5 作非匀速转动。

9.3.1 实现复杂运动轨迹的齿轮-连杆组合机构图例与说明

这类组合机构多是由自由度为 2 的连杆机构作为基础机构和自由度为 1 的齿轮机构作为附加机构组合而成。利用这类组合机构的连杆运动曲线，可方便地实现工作所要求的预定轨迹。

如图 9-17 所示为工程实际中常用来实现复杂运动轨迹的一种齿轮-连杆组合机构，它是由定轴轮系 1、4、5 和自由度为 2 的五杆机构 1、2、3、4、5 经复合式组合而成。当改变两轮的传动比、相对相位角和各杆长度时，连杆上 M 点即可描绘出不同的运动轨迹。

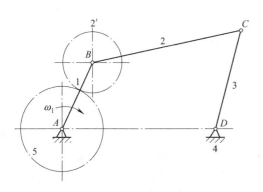

图 9-16　齿轮-连杆组合机构
1—曲柄；2—连杆；$2'$—行星齿轮；
3—摇杆；4—机架；5—齿轮

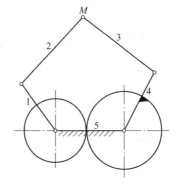

图 9-17　齿轮-连杆组合机构
1～5—构件

如图 9-18 所示为振摆式轧钢机轧辊驱动装置中所使用的齿轮-连杆组合机构。当主动齿轮 1 转动时，同时带动齿轮 2 和 3 转动，通过五杆机构 $ABCDE$ 使连杆上 M 点描绘出如图所示的复杂轨迹，从而使轧辊的运动轨迹符合轧制工艺的要求。调节两曲柄 AB 和 DE 的相位角，可方便地改变 M 点的轨迹，以满足轧制生产中不同的工艺要求。

9.3.2 实现复杂运动规律的齿轮-连杆组合机构图例与说明

齿轮-连杆组合机构多是以自由度为 2 的差动轮系为基础机构和以自由度为 1 的连杆机构为附加机构组合而成的。

如图 9-19 所示的铁板输送机构是应用齿轮-连杆组合机构实现复杂运动规律的实例。在该组合机构中，中心轮 2、行星轮 3、内齿轮 4 及系杆 H 组成的自由度为 2 的差动轮系，它是该组合机构的基础机构。齿轮机构 1 和齿轮 2 以及曲柄摇杆机构 $ABCD$ 是该组合机构的附加机构。其中齿轮 1 和杆 AB 固结在一起，杆 CD 与系杆 H 是一个构件。当主动件 1 运动时，一方面通过齿轮机构传给差动轮系中的中心轮 2，另一方面又通过曲柄摇杆机构传给系杆 H。因此，齿轮 4 所输出的运动是上述两种运动的合成。通过合理选择机构中各齿轮齿数和各杆件的几何尺寸，可以使从动齿轮 4 按下述运动规律运动：当主动曲柄 AB（即齿轮 1）从某瞬时开始转过 $\Delta\varphi_1 = 30°$ 时，输出构件齿轮 4 停歇不动，以等待剪切机构将铁板剪断；在主动曲柄转过 1 周中其余角度时，输出构件齿轮 4 转过 240°，这时刚好将铁板输送到所要求的长度。

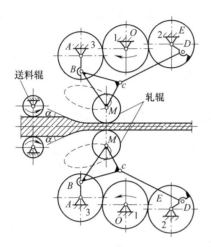

图 9-18 振摆式轧钢机轧辊驱动装置

1—主动齿轮；2,3—从动齿轮

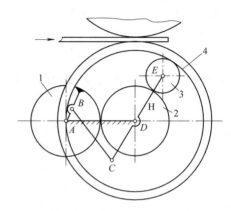

图 9-19 铁板输送机构简图

1—齿轮机构；2—中心轮；3—行星轮；4—内齿轮

9.3.3 其他形式齿轮-连杆机构图例与说明

（1）深拉压力机机构图例与说明

如图 9-20 所示为深拉压力机机构。其主体机构为一具有两个自由度的七杆机构。两长度不等的曲柄 1 和 2 分别与连杆 3 和 4 铰接于点 A 和 B，两连杆又铰接于点 C；主动齿轮 8 同时与分别和曲柄 1 和 2 固连的齿轮 1 和 2 啮合，因而使两曲柄能同步转动。连杆 5 和 3、4 铰接于点 C，5 又和滑块 6 铰接于点 D，滑块 6 与固定导路 7 组成移动副。则当主动齿轮 8 转动时，从动滑块（冲头）6 在导路中往复移动，且由于铰接点 C 的轨迹 K_C 的形状而使冲头 6 的运动速度能满足工艺要求，即冲头由其上折返位置以中等速度接近工件，然后以较低的且近似于恒定的速度对工件进行深拉加工，最后由下折返位置快速返回至其上折返位置。

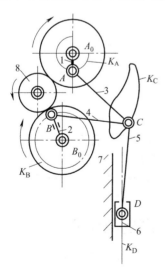

图 9-20 深拉压力机机构

1,2—曲柄；3~5—连杆；6—滑块；7—固定导路；8—主动齿轮

（2）活塞机的齿轮连杆机构图例与说明

如图 9-21 所示为活塞机的齿轮连杆机构，齿轮 1 绕固定轴线 B 转动，它与绕固定轴线 C 转动的齿轮 4 啮合，齿轮 1 和齿轮 4 分别与构件 6 和 5 组成转动副 D 和 E，构件 6 和 5 与连杆 3 组成转动副 A，连杆 3 与活塞 2 组成转动副 F，活塞 2 在汽缸 a 中移动。机构的构件长度满足条件 $r_1 = 2r_4$ 和 $AD = AE$，式中：r_1 和 r_4 分别为齿轮 1 和 4 的分度圆半径。当主动轮 1 转动时 A 点描绘复杂的连杆曲线 q，而作往复移动的从动

活塞 2 在齿轮 1 转动一周中有两个不同的行程值。

（3）由齿轮和连杆构成的步进送料机构图例与说明

图 9-22 为由齿轮和连杆构成的步进送料机构。如图 9-22 所示，将齿数相同的 A、B、C、D 四个齿轮相互啮合，并由原动轴使它们按箭头所示方向回转。齿轮 A、B 以及齿轮 C、D 分别通过齿轮销轴和弯杆孔销轴同各自的弯杆接触，弯杆的前端再分别通过另一个销轴与输送杆相连，这样，便构成了一组连杆机构。

当齿轮转动时，输送杆描绘的运动轨迹呈 D 字形，完成零件的送进运动。这种机构的另一应用实例是作为电影胶片的进给装置。

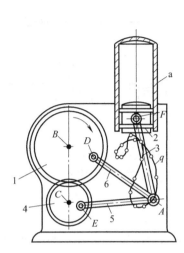

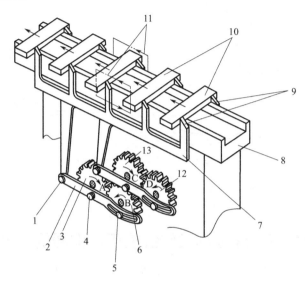

图 9-21　活塞机的齿轮连杆机构简图
1,4—齿轮；2—活塞；
3—连杆；5,6—构件

图 9-22　由齿轮和连杆构成的步进送料机构
1—输送杆销轴；2—弯杆；3—齿轮 A；4—齿轮销轴；5—弯杆孔销轴；6—齿轮 B；7—输送杆；8—导轨；9—输送爪；10—被输送的零件；11—输送杆的运动轨迹；12—齿轮 D；13—齿轮 C

9.4　凸轮-齿轮组合机构

凸轮-齿轮组合机构多是由自由度为 2 的差动轮系和自由度为 1 的凸轮机构组合而成。其中，差动轮系为基础机构，凸轮机构为附加机构，即用凸轮机构将差动轮系的两个自由度约束掉一个，从而形成自由度为 1 的机构系统。

应用凸轮-齿轮组合机构可使其从动件实现多种预定的运动规律的回转运动，例如具有任意停歇时间或任意运动规律的间歇运动，以及机械传动校正装置中所要求的一些特殊规律的补偿运动等。

如图 9-23 所示为一种简单差动轮系和凸轮的组合机构。系杆 H 为主动件，中心轮 1 为从动件。凸轮 3 固定不动，转子 4 装在行星齿轮 2 上并嵌在凸轮槽中。当系杆 H 等速回转时，凸轮槽迫使行星轮 2 与系杆 H 之间产生一定的相对运动，如图中所示的 φ_2^H 角，从而使从动件 1 实现所需的运动规律。

9.4.1　纺丝机的卷绕机构图例与说明

如图 9-24 所示为纺丝机的卷绕机构。当主动轴 O_1 连续回转时，圆柱凸轮 4 及与其固结的蜗杆 4′ 将作转动兼移动的复合运动，从而传动蜗轮 5；蜗杆 4′ 的等角速转动使蜗轮 5 以 ω_5' 等角速转动，蜗杆 4′ 的变速移动使蜗轮 5 以 ω_5'' 变角速转动，该从动蜗轮的运动为两者的合成而作时快时慢的变角速转动，以满足纺丝卷绕工艺的要求。固结在主动轴 O_1 上的齿轮 1 和 1′，分别将运动传给空套在轴 O_2 上的齿轮 2 和 3；齿轮 2 上的凸销 A 嵌于圆柱凸轮 4 的纵向直槽中，带动圆柱凸轮 4 一起回转并允许其沿轴向有相对位移；齿轮 3 上的滚子 B 装在圆柱凸轮 4 的曲线槽 C 中；由于齿轮 2 和齿轮 3 的转速有差异，所以滚子 B 在槽 C 内将发生相对运动，使凸轮 4 沿轴 O_2 移动。

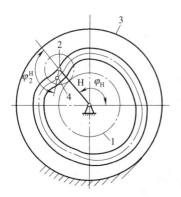

图 9-23　凸轮-齿轮组合机构

1—中心轮；2—行星齿轮；3—凸轮；4—转子

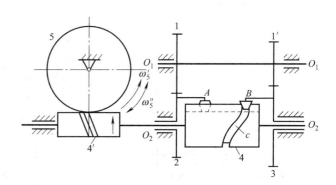

图 9-24　纺丝机的卷绕机构

1,1′,2,3—齿轮；4—圆柱凸轮；4′—蜗杆；5—蜗轮

9.4.2　滚齿机工作台校正机构图例与说明

如图 9-25 所示为某滚齿机工作台校正机构的简图，它是利用凸轮-齿轮组合机构实现运动补偿的一个实例。图中，齿轮 2 为分度挂轮的末轮，运动由它输入；蜗杆 1 为分度蜗杆，运动由它输出；通过与蜗杆相啮合的分度蜗轮（图中未画出）控制工作台转动。采用该组合机构，可以消除分度蜗轮副的传动误差，使工作台获得精确的角位移，从而提高被加工轮齿的精度。其工作原理如下：中心轮 2′、行星轮 3 和系杆 H 组成一简单的差动轮系。凸轮 4 和摆杆 3′ 组成一摆动从动件凸轮机构。运动由轮 2 输入后，一方面带动中心轮 2′ 转动，另一方面又通过杆件 2″，齿轮 2‴、5′、5、4′ 带动凸轮 4 转动，从而通过摆杆 3′ 使行星轮 3 获得附加转动，系杆 H 与之固连的分度蜗杆 1 的输出运动，就是上述这两种运动的合成。只要事先测定出机床分度蜗轮副的传动误差，并据此设计凸轮 4 的廓线，就能消除分度误差，使工作台获得精确的角位移。

9.4.3　车床床头箱变速操纵机构图例与说明

如图 9-26 所示为车床床头箱变速操纵机构。当手柄 1 转动某一角度时，轮 8 带动摆杆 2 和 7 转动，它们通过拨叉 3 和 6，分别带动三联齿轮 4 和双联齿轮 5 在花键轴上滑移，使不同的齿轮进入啮合，改变主轴转速。手柄 1 和圆柱凸轮 8 固连；8 上有两条曲线槽 a 和 b，摆杆 2 和 7 上的销子分别插在曲线槽 a 和 b 内。

9.4.4　可在运转过程中调节动作时间的凸轮机构图例与说明

图 9-27 为可在运转过程中调节动作时间的凸轮机构。在凸轮轴 2 上空套蜗轮 5，蜗轮上装有固定着微动开关的支架 4。

凸轮 1 转动时，其凸起部分使微动开关接通或断开，如果微动开关相对于凸轮凸起部分的位置改变，那么，微动开关的动作时间也可改变。

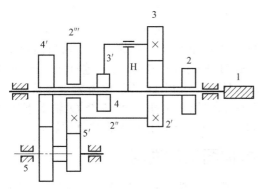

图 9-25　滚齿机工作台校正机构简图
1—蜗杆；2,2′,2″,4′,5,5′—齿轮；
2″—杆件；3—行星轮；3′—摆杆；4—凸轮

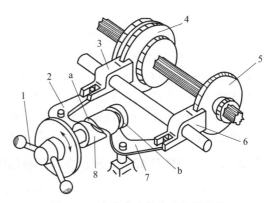

图 9-26　车床床头箱变速操纵机构
1—手柄；2,7—摆杆；3,6—拨叉；
4—三联齿轮；5—双联齿轮；8—圆柱凸轮

现在，如果使与蜗轮相啮合的蜗杆 7 转动，那么，通过蜗杆、微动开关支架，就可对微动开关相对于凸轮的动作时间进行无级调整予以改变。这种调节，可以在凸轮运转过程中任意进行改变。

应用实例：用于凸轮程序控制装置。

9.4.5　凸轮和齿轮组成的行程放大机构图例与说明

图 9-28 为凸轮和齿轮组成的行程放大机构。与平板凸轮 1 相关的轴销 5 带动滑杆 2 左右移动，移动距离为凸轮升程 x，滑杆上装有可摆动的扇形齿轮 4，扇形齿轮与齿条 3 相啮合，由于滑杆的移动将使扇形齿轮摆动，因此，凸轮引起的移动将使扇形齿轮另一侧的臂杆摆动，摆动距离将依杆长与齿轮半径之比而放大。

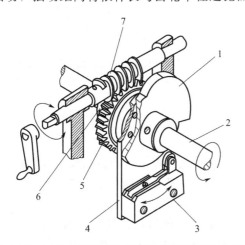

图 9-27　可在运转过程中调节动作时间的凸轮机构
1—凸轮；2—凸轮轴；3—微动开关；4—微动
开关支架；5—动作时间调节蜗轮；6—蜗轮
的轴向锁圈；7—动作时间调节蜗杆

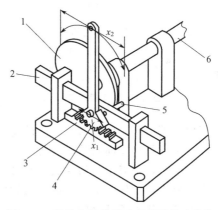

图 9-28　凸轮和齿轮组成的行程放大机构
1—平板驱动凸轮；2—滑杆；3—齿条；
4—扇形齿轮；5—轴销；6—凸轮轴

9.4.6　机械厂加工用的送料机图例与说明

图 9-29 所示为机械厂加工用的送料机，它是模拟人工操作的动作而设计的一种专用机械手，代替人工，完成一定的动作。它的动作顺序是：手指夹料；手臂上摆；手臂回转一角

度；手臂下摆；手指张开放料；手臂再上摆、反转、下摆、复原。其外形如图 9-29（a）所示。图 9-29（b）为机械传动图，电动机通过减速装置减速后（此部分图中未画出），带动分配轴 2 上的链轮 1 转动。分配轴 2 上的齿轮 17 与齿轮 16 相啮合，把转动传给盘形凸轮 19，使杆 18 绕固定轴 O_2 摆动。杆 18 带动连杆 20，并通过杆 9、10、11、12 和连杆 13，使夹紧工件的手指 14 张开。连杆 20 与杆 9 之间可以相对转动。手指 14 的复位夹紧由弹簧实现。同时，分配轴 2 上的盘形凸轮 5 的转动，通过杆 21 和圆筒 7 可使大臂 15 绕 O_3 轴上下摆动（O_3 轴支承在座 8 上）。此外，圆柱凸轮 3 通过齿条 4 和齿轮传动使座 8 作往复回转。

9.4.7 采用凸轮和齿轮的间歇回转机构图例与说明

图 9-30 为采用凸轮和齿轮的间歇回转机构。如图 9-30 所示，借助燕尾槽 6 和支承轴的作用，齿条杆 4 既可以滑动，其头部又可以作上下运动。偏心端面凸轮 3 的作用是使齿条杆产生上述滑动及上下运动。

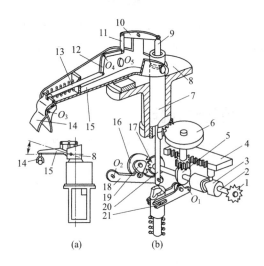
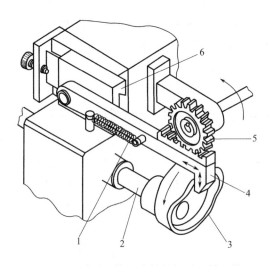

图 9-29 机械厂加工用的送料机
1—链轮；2—分配轴；3—圆柱凸轮；4—齿条；
5,19—盘形凸轮；6,16,17—齿轮；
7—圆筒；8—座；9～12,18,21—杆件；
13,20—连杆；14—手指；15—大臂

图 9-30 采用凸轮和齿轮的间歇回转机构
1—齿条杆复位弹簧；2—凸轮轴；3—偏心端面凸轮；
4—齿条杆；5—间歇转动齿轮；6—滑动燕尾槽

当偏心端面凸轮旋转时，由于凸轮偏心的作用，使齿条杆向上运动，当齿条与齿轮啮合之后，在齿条杆从左向右移动过程中，使齿轮转动。接着，凸轮的偏心方向转到下方，齿条杆也随之落下，使齿条与齿轮脱开啮合。

设计要点：设计时采用不同的凸轮曲线，可使间歇转动的齿轮获得有变化的旋转运动。采用齿条与齿轮脱离啮合的机构时，要注意能满足再次啮合的要求。这种机构不适用于实现高速旋转运动。

9.5 其他组合方式的组合机构图例

9.5.1 糖果包装推料机构图例与说明

如图 9-31 所示为糖果包装推料机构，它由两个并列布置的曲柄摇杆机构 1-2-3-6 和 1-4-

5-6 所组成。当公共曲柄 1 等速转动时，同时驱动两从动摇杆 3 和 5，使推糖板 3′与接糖板 9 将输送带 10 上的糖块 7 以及包糖纸 8 夹紧，并将它们向左送入工序盘内（图中未标出）。

9.5.2 小型压力机机构图例与说明

如图 9-32 所示为小型压力机。主动件是以 B 为圆心的偏心轮，绕轴心 A 回转。输出构件是压头 7，作上下往复移动。机构中偏心轮 1′和齿轮 1 的固连一体；齿轮 8 和以 G 为圆心的偏心圆槽凸轮 8′固连一体绕 H 轴转动；以 F 为圆心的圆滚子 5 与杆 4 组成销、孔活动配合的连接，滚子在凸轮槽中运动。

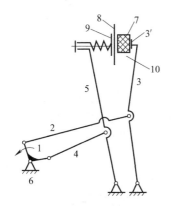 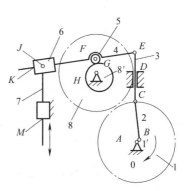

图 9-31　糖果包装推料机构简图
1—曲柄；2,4—连杆；3,5—从动摇杆；3′—推糖板；
6—机架；7—糖块；8—包糖纸；9—接糖板；10—输送带

图 9-32　小型压力机机构简图
1,8—齿轮；1′—偏心轮；2,3—连杆；4—杆件；
5—圆滚子；6—滑块；7—压头；8′—偏心圆槽凸轮

9.5.3 间隙回转工作台图例与说明

如图 9-33 所示为间隙回转工作台，该工作台的传动机构由凸轮机构、槽轮机构和连杆机构组合而成。工作台 10 绕输出轴 1 转动，工作台的下方由若干扇形板 9 组成径向槽。输入轴 5 上装有圆轮 7，滚子 8 偏心安装在圆轮 7 上；输入轴 5 上还装有端面凸轮 6，其滚子从动件 4 绕固定销轴 3 摆动；从动件 4 的另一端装有定位销 2。当滚子 8 在扇形板 9 外空转时，工作台停歇不动，定位销 2 在凸轮 6 的作用下插在工作台 10 的定位孔中。当滚子 8 进入由扇形板组成的径向槽时，定位销 2 在凸轮 6 的作用下从定位孔中脱出，滚子 8 便可驱动工作台继续分度转位。

9.5.4 梳毛机堆毛板传动机构图例与说明

如图 9-34 所示为梳毛机堆毛板传动机构。该机构由曲柄摇杆机构 1、2、3、7 与导杆滑块机构 4、5、6、7 组成。导杆 4 与摇杆 3 固接，曲柄 1 为主动件，从动件 6 往复移动。主动件 1 的回转运动转换为从动件 6 的往复移动。如果采用曲柄滑块机构来实现，则滑块的行程受到曲柄长度的限制。而该机构在同样曲柄长度条件下能实现滑块的大行程。

9.5.5 横包式香烟包装机堆烟机构图例与说明

如图 9-35 所示为横包式香烟包装机堆烟机构。凸轮 1 为主动件，摆杆 2 上设置扇形圆弧，与齿轮 3 啮合。当凸轮 1 转动时，通过扇形齿弧 2 与齿轮 3 及摆杆 4 等构件的运动使推板 5 按一定的运动规律往复移动。其中齿轮、连杆机构主要是用于放大推板行程，所需的放大比例可根据实际需要确定。

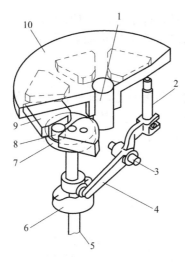

图 9-33　间隙回转工作台

1—输出轴；2—定位销；3—固定销轴；4—从
动件；5—输入轴；6—端面凸轮；7—圆轮；
8—滚子；9—扇形板；10—工作台

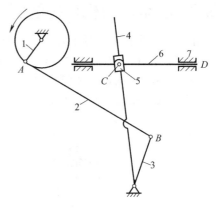

图 9-34　梳毛机堆毛板传动机构

1—曲柄；2—连杆；3—摇杆；4—导杆；
5—滑块；6—从动件；7—机架

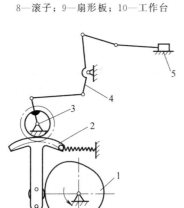

图 9-35　横包式香烟包装机堆烟机构

1—凸轮；2,4—摆杆；3—齿轮；5—推板

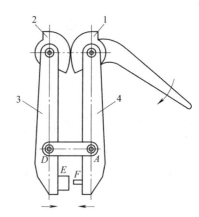

图 9-36　穿孔机构

1,2—凸轮齿轮构件；3,4—连杆

9.5.6　穿孔机构图例与说明

如图 9-36 所示为穿孔机构。构件 1、2 为具有凸轮轮廓曲线并在廓线上制成轮齿的凸轮齿轮构件。构件 1 与手柄相固接。当操纵手柄时，依靠构件 1 和 2 凸轮廓线上轮齿相啮合的关系驱使连杆 3、4 分别绕 D、A 摆动，使 E、F 移近或移开，实现穿孔的动作。

9.5.7　开关炉子加料阀门机构图例与说明

如图 9-37 所示为开关炉子的加料阀门机构。该机构由凸轮机构 6、7、8 和两个连杆机构 6、5、11 和 1、4、3 组成，9 为机架。当主动凸轮 7 转动时，通过 7 上的曲柄销 2 在导杆 1 的导槽中运动，带动导杆 1、连杆 4 使摇杆 3 往复摆动。当凸轮向径不变时，摆杆 6 处于远停程，杆 5、11 和导杆轴 10 均静止不动，杆 3 向右慢速摆动到右极限位置，如图 9-37(a) 所示，当凸轮 7 转动到在最小向径范围内时，摆杆 6 摆动，并通过杆 5、11 带动导杆轴 10，从而使杆 3 又叠加一个运动而向左快速返回，且运动速度比较均匀，如图 9-37(b) 所示。

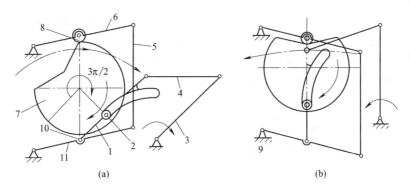

图 9-37　开关炉子的加料阀门机构

1—导杆；2—曲柄销；3—摇杆；4—连杆；5,11—杆件；

6—摆杆；7—凸轮；8—滚子；9—机架；10—导杆轴

9.5.8　电阻压帽机机构图例与说明

如图 9-38 所示为电阻压帽机运动简图。起重送料机构由凸轮机构 5、13、15 和正弦机构 13′、14、15 串联而成。夹紧机构由直动从动件凸轮机构 6 与顶杆组成。压帽机构则由两个完全相对称的凸轮机构 4、9 分别与连杆机构串联而成。这四个执行机构的原动凸轮 4、5、6、9 均固接在同一分配轴 3 上。

其工作过程是：电动机 1 经带式无级变速机构 2 及蜗杆 11 驱动分配轴 3，使凸轮机构 4、5、6 及 9 一起运动，起重凸轮 5 将电阻坯件 8 送到作业工位，凸轮 6 将电阻坯件 8 夹紧，凸轮 4 及 9 同时将两端电阻帽 7 快速送到压帽工位，再慢速将它压牢在电阻坯件 8 上。然后各凸轮机构先后进入返回行程，将压好电阻帽的电阻卸下，并换上新的电阻坯料和电阻帽，再进入下一个作业循环。调节手轮 12 可使分配轴 3 的转速在一定范围内连续改变，以获得最佳的生产节拍。

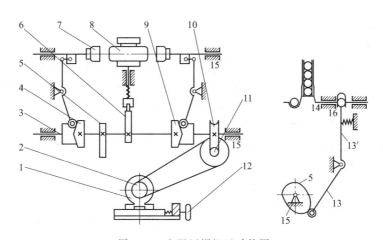

图 9-38　电阻压帽机运动简图

1—电动机；2—带式无级变速机构；3—分配轴；4~6,9—凸轮机构；7—电阻帽；8—电阻坯件；

10—蜗轮；11—蜗杆；12—手轮；13—连杆；13′,14,15—正弦机构

9.5.9　自动送料装置图例与说明

在多数情况下，机械不只由某一个简单机构所组成，而是由多种机构组成的系统，这些

机构彼此协调配合以实现该机器的特定任务。如图9-39所示为自动传送装置，包含带传动机构2、蜗轮蜗杆机构3、凸轮机构4和连杆机构5等。当电动机1转动通过上述各机构的传动而使滑杆6左移时，滑杆的夹持器的动爪8和定爪9将工件10夹住。而当滑杆6带着工件向右移动到一定位置时，如图9-39(b)所示，夹持器的动爪8受挡块7的压迫而绕A点回转将工件松开，于是工件落于载送器11中被送到下道工序。

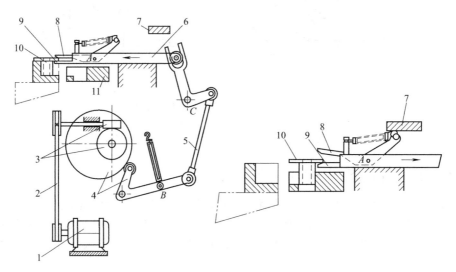

图9-39　自动送料装置

1—电动机；2—带传动机构；3—蜗轮蜗杆机构；4—凸轮机构；5—连杆机构；
6—滑杆；7—挡块；8—动爪；9—定爪；10—工件；11—载送器

9.5.10　铆钉自动冷镦机图例与说明

如图9-40所示为铆钉自动冷镦机，其任务是生产铆钉。金属丝料经过校直机构（带槽滚轮）、送料机构（滚轮及连杆机构）到达定模座，然后由切料和转送机构（移动凸轮机构）将料切断并送到另一位置，接着由镦锻机构（曲柄滑块机构）的主滑块镦出铆钉头，最后脱模机构（铰链四杆机构）将铆钉从定模座中推出。

如图9-40所示为铆钉冷镦机的运动简图，电动机通过减速传动装置，带动曲轴1回转，再通过曲轴1将运动和动力传给各个传动链，带动执行机构运动，如传给连杆2的曲柄滑块机构（1、2、3）、连杆4的曲柄滑块机构、曲柄20的曲柄摇杆机构等。

该铆钉冷镦机由两组曲柄滑块机构、两组移动凸轮机构、两组双摇杆机构、曲柄摇杆机构、齿轮机构、棘轮机构等九个机构组成，其中23为机架。该冷镦机的工作原理如下。

（1）镦压机构

铆钉冷镦机的主运动机构是由曲柄滑块机构（构件1、2、3）组成的镦压机构，其执行构件镦头3（滑块）作往复运动，由装在执行构件c上的成形模具实现铆钉镦压成形。由于冷镦成形材料的抗力很大，镦压机构承受很大的载荷，所以采用了曲柄滑块机构，镦头3（滑块）在接近行程终点时，将能获得较大的机械增益。构件镦头3往复一次完成一个工作循环，制出一个成品。

（2）进料机构

工艺要求镦头3后退时进料机构开始送料，而镦头3前进时进料机构停止动作。进料机构将盘料13经校直后间歇地穿过进料口a和切断口b，并伸出一定的料长。在进料辊之前设置了5个校直滚轮12，将盘料线材校直。

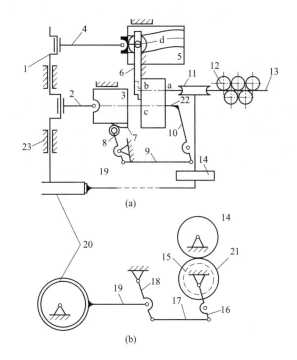

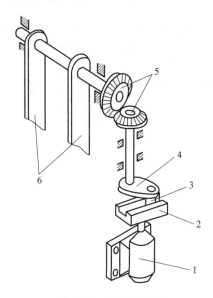

图 9-40　铆钉自动冷镦机

1—曲轴；2,4,9—连杆；3—镦头（滑块）；5,7—移动凸轮；
6—切刀；8—从动件；10—摇杆；11—送料辊；12—校直滚轮；
13—线材；14,21—齿轮；15—棘轮；16,17—四杆机
构；18～20—曲柄摇杆机构；22—顶杆；23—机架

图 9-41　卷烟卸盘机

1—电动机；2—滑槽；3—滚子；4—摆杆；
5—锥齿轮；6—卸盘机械手

由于进料对传动平稳性要求不高，同时为适应不同规格的铆钉，进料长度应是可调的，故采用棘轮机构。

进料机构的进料时间必须与主运动的镦压机构协调配合。因此，棘轮 15 的运动也来自曲柄 1，通过曲柄摇杆机构（构件 20、19、18）及四杆机构（构件 18、17、16）驱动棘轮 15，棘轮 15 与齿轮 21 固连，经齿轮 14 及与齿轮 14 同轴固连的进料辊 11（进料辊 11 和图中未画出的另一自由回转进料辊夹持着线材 13），靠摩擦力将线材送进。

（3）切料转送机构

当线材进到预定位置后，考虑到切刀的行程不大，且在行程的始末有停歇要求，在切料进刀过程中有等速要求，故采用移动凸轮机构 5、6 来完成动作。凸轮的运动来自曲柄 1，通过曲柄滑块机构（构件 1、4、5）推动移动凸轮 5 运动，凸轮上的凹槽 d 迫使切刀 6 按预期规律运动，切刀 6 切断材料后继续前进，切刀 6 同时作为送料钳将切好的棒料送到模具前的镦锻工位 c 处，此时切刀不能立即退回，应待镦头上的动模把棒料推入到定模板的模孔中后才可退回，使棒料稳定在工作位置；但切刀停止时间又不能过久，避免镦头碰到传送夹钳。

（4）起模顶料机构

起模工作在冷镦之后进行，并在镦头后退过程中新料送至冷镦工位前将已镦好的铆钉推出模具，铆钉的起模速度大于镦头的后退速度。

为了协调配合的方便，也为了简化机构，移动凸轮 7 直接固定在滑块 3 上，通过变动从动件 8、连杆 9、摇杆 10 及顶杆 22，在规定的时刻将工位从模具中退出。

该装置的各执行机构的运动采用集中驱动方式，完成了成卷的线材通过校直、送料、切

料、转送、镦锻、起模等工序，制成铆钉。各执行机构准确协调配合，所以该装置总体设计正确合理。

9.5.11　卷烟卸盘机机构图例与说明

图 9-41 为卷烟卸盘机。带有摆线针轮减速的电动机 1 由行程开关控制，可作正、反向转动；电动机正转时，经滑槽 2、滚子 3 推动摆杆 4 转动，并经一对锥齿轮 5 使卸盘机械手 6 将卷烟盘（图上未表示）反转 180°，把卷烟卸到上方的供料道上；稍后，电动机反转，使卸盘机械手摆回原位，并将烟盘带回。该机构中主要用转动导杆机构（2-3-4）实现卸盘机械手的变速回转，启动时转速较慢，逐渐加速，使烟盘中的卷烟能紧靠在烟盘上，以免在翻转中散落。但是，导杆（滑槽）2 作主动时，有死点位置，所以滑槽的转动范围要受到限制。

特殊机构应用实例

10.1 导轨

10.1.1 运动分析

对导轨的定义是：金属或其他材料制成的槽或脊，可承受、固定、引导移动装置或设备并减少其摩擦的一种装置。导轨表面上的纵向槽或脊，用于导引、固定机器部件、专用设备、仪器等。导轨在日常生活中的应用也是很普遍的，如滑动门的滑槽、火车的铁轨等都是导轨的具体应用。

在机械制造业繁荣的同时，导轨也成为这个行业的一个重要角色，突出表现在导轨在机床中的应用。为使机床运动部件按规定的轨迹运动，并支承其重力和所受的载荷，导轨承担起这一重任，特别是在数控技术发展的今天，导轨的作用更是无法替代。机床导轨是机床基本结构的要素之一，机床的加工精度和使用寿命很大程度上取决于机床导轨的质量，而对数控机床的导轨则有更高的要求，如高速进给时不振动，低速进给时不爬行；有高的灵敏度，能在重载下长期连续工作；耐磨性要高，精度保持性要好等。这些都与导轨副的摩擦特性有关，要求摩擦因数小，静、动摩擦因数之差小。

导轨按照运动的形式，有直线运动导轨和圆周运动导轨两类，前者如车床和龙门刨床床身导轨等，后者如立式车床和滚齿机的工作台导轨等。机床导轨按照运动面间的摩擦性质分为滑动导轨和滚动导轨两类。前者中属纯流体摩擦者称为液体静压导轨或气体静压导轨。导轨的截面形状主要有三角形、矩形、燕尾形和圆形等，如图10-1所示。三角形导轨的导向性好；矩形导轨刚度高；燕尾形导轨结构紧凑；圆形导轨制造方便，但磨损后不易调整。当导轨的防护条件较好，切屑不易堆积其上时，下导轨面常设计成凹形，以便于储油，改善润滑条件；反之则宜设计成凸形。现代数控机床采用的导轨主要有塑料滑动导轨、滚动导轨和静压导轨。

滑动导轨，两导轨面间的摩擦性质是滑动摩擦，大多处于边界摩擦或混合摩擦的状态。滑动导轨结构简单，接触刚度高，阻尼大和抗振性好，但启动摩擦力大，低速运动时易爬行，摩擦表面易磨损。为提高导轨的耐磨性，可采用耐磨铸铁，或把铸铁导轨表层淬硬，或采用镶装的淬硬钢导轨。塑料贴面导轨基本上能克服铸铁滑动导轨的上述缺点，使滑动导轨的应用得到了新的发展。

静压导轨，在相配的两导轨面间通入压力油或压缩空气，经过节流器后形成定压的油膜

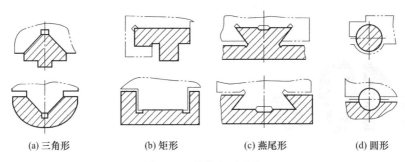

(a)三角形　　　　(b)矩形　　　　(c)燕尾形　　　　(d)圆形

图 10-1　导轨截面形状

或气膜,将运动部件略为浮起。两导轨面因不直接接触,摩擦因数很小,运动平稳。静压导轨需要一套供油或供气系统,主要用于精密机床、坐标测量机和大型机床上。

　　静压导轨分为闭式和开式两种,开式静压导轨工作原理如图 10-2(a) 所示,油泵 2 启动后,油经滤油器 1 吸入,用溢流阀 3 调节供油压力,再经滤油器 4,通过节流器 5 降压至油腔压力,进入导轨的油腔,并通过导轨间隙向外流出,回到油箱 8。油腔压力形成浮力将运动部件 6 浮起,与固定部件 7 形成一定的导轨间隙,并在两导轨面间即 6、7 之间形成定压油膜。当载荷增大时,运动部件下沉,导轨间隙减小,液阻增加,流量减小,从而使油经过节流器时的压力损失减小,油腔压力增大,直至与载荷平衡。

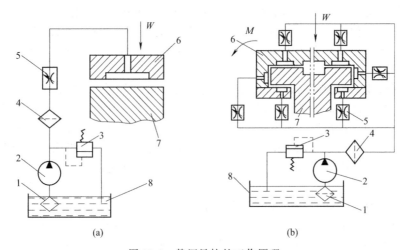

图 10-2　静压导轨的工作原理

1,4—滤油器;2—油泵;3—溢流阀;5—节流器;6—运动部件;7—固定部件;8—油箱

　　开式静压导轨只能承受垂直方向的负载,承受颠覆力矩的能力差。而闭式静压导轨能承受较大的颠覆力矩,导轨刚度也较高,其工作原理如图 10-2(b) 所示。当运动部件 6 受到颠覆力矩 M 后,阀 3、滤油器 4 的油腔间隙增大,滤油器 1 和部件 6 的间隙减小。由于各相应节流器的作用,使阀 3、滤油器 4 的油腔压力减小,滤油器 1 和部件 6 的油腔压力增高,从而产生一个与颠覆力矩相反的力矩,使运动部件保持平衡。在承受载荷 W 时,滤油器 1、4 间隙减小,压力增大;阀 3 和部件 6 间隙增大,压力减小,从而产生一个向上的力,以平衡载荷 W。

　　滚动导轨,相配的两导轨面间有滚珠、滚柱、滚针或滚动导轨块的导轨。这种导轨摩擦因数小,不易出现爬行,而且耐磨性好,缺点是结构较复杂和抗振性差。滚动导轨常用于高精度机床、数控机床和要求实现微量进给的机床中。

卸荷导轨和复合导轨，卸荷导轨是利用机械或液压的方式减小导轨面间的压力，但不使运动部件浮起，因而既能保持滑动导轨的优点，又能减小摩擦力和磨损。复合导轨是导轨的主要支承面采用滚动导轨，而主要导向面采用滑动导轨。

现代数控机床常采用的滚动导轨有滚动导轨块和直线滚动导轨两种。

滚动导轨块是一种滚动体作循环运动的滚动导轨，其结构如图 10-3(a) 所示。1 为防护板，端盖 2 与导向片 4 引导滚动体（滚柱 3）返回，5 为保持器，6 为本体。使用时，滚动导轨块安装在运动部件的导轨面上，每一导轨至少用两块，导轨块的数目取决于导轨的长度和负载的大小，与之相配的导轨多用镶钢淬火导轨。

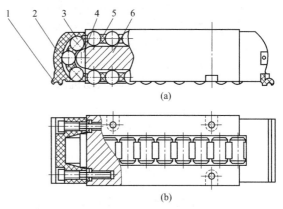

图 10-3　滚动导轨块的结构
1—防护板；2—端盖；3—滚柱；4—导
向片；5—保持器；6—本体

当运动部件移动时，滚柱 3 在支承部件的导轨面与本体 6 之间滚动，同时又绕本体 6 循环滚动，滚柱 3 与运动部件的导轨面不接触，因而该导轨面不需淬硬磨光，滚动导轨块的特点是刚度高，承载能力大，便于拆装。滚动导轨块工作时，导轨块固定，导轨运动。如图 10-3 (b) 所示为导轨块外形。

直线滚动导轨是近年来新出现的一种滚动导轨，其结构如图 10-4(a) 所示，主要由导轨体 1、滑块 7、滚珠 4、保持器 3、端盖 6 等组成，由侧面密封垫 2 与端部密封垫 5 密封。由于它将支承导轨和运动导轨组合在一起，作为独立的标准导轨副部件，由专门生产厂家制造，故又称单元式直线滚动导轨。使用时，导轨体 1 固定在不运动部件上，滑块 7 固定在运动部件上。当滑块沿导轨体运动时，滚珠 4 在导轨体和滑块之间的圆弧直槽内滚动，并通过端盖 6 内的滚道从工作负载区到非工作负载区，然后再滚动回工作负载区，不断循环，从而把导轨体和滑块之间的移动变成了滚珠的滚动。直线滚动导轨工作时，导轨固定，滑块运动。如图 10-4(b) 所示为直线导轨外形。

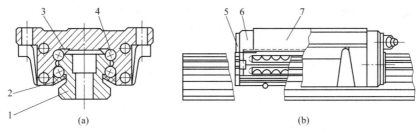

图 10-4　直线滚动导轨的结构
1—导轨体；2—侧面密封垫；3—保持器；4—滚珠；5—端部密封垫；6—端盖；7—滑块

10.1.2　运动平台导轨图例与说明

如图 10-5 所示为两轴同步带传动运动平台，主要由电机 1、法兰 2、联轴器 5、两组同步带传动 3 及 11、轴承及轴承座 10、导轨副（导轨、滑块）、平台 9、机座、限位开关 8、远点开关 7 等组成。电机 1 通过法兰 2、联轴器 5 与轴连接，将运动传递给轴 6，并同步带轮，轴承起支承作用，同步带与滑块 13 相连，随电机的正反转拉动平台沿导轨 12 滑动，实现两个方向运动。图中 7 为远点开关，8 为限位开关，控制平带的运动位置。

两轴运动控制系统的执行电机多采用步进电机或全数字式伺服电机，电机将动力通过同步带传递给工作部分，工作台沿导轨运动，实现两个方向进给运动。工作时，两轴独立运动，各轴的运动之间没有联动关系，可以是单轴运动，也可以是两轴同时按各自的速度运动。点位运动、连续运动都属于独立运动。

将此平台用于机床上，就成为两轴联动机床，如图 10-6 所示，除此之外，若在平台上安装立柱导轨，则演化为三轴联动机床，实现工作台沿 Z 方向的升降运动。

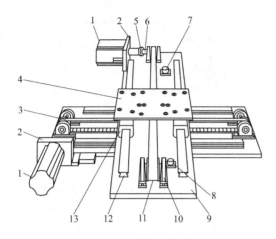 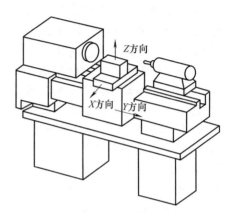

图 10-5　两轴运动平台　　　　　　　　　　图 10-6　两轴联动机床

1—电机；2—法兰；3,11—同步带传动；4—工作台；
5—联轴器；6—轴；7—远点开关；8—限位开关；
9—平台；10—轴承及轴承座；12—导轨；13—滑块

10.1.3　数控磨槽机导轨图例与说明

数控磨槽机由工作台料斗与砂轮架两部分组成，该磨槽机的工作程序为：上料→夹紧→磨槽→分度→磨槽→下料，均由步进电机控制完成。工作台料斗的作用是装夹毛坯和实现自动上下料，并使其形成螺旋线运动。

图 10-7 为数控磨槽机工作台料斗结构，图 10-8 为砂轮架结构。加工时，主轴进至磨削位置，螺旋槽的根部正处于支架中心，与砂轮对齐。磨削时，应从螺旋槽的根部向麻花钻顶部磨削，使细长毛坯受拉力。砂轮落下，接触毛坯，开始磨削，步进电机 19、15 协调动作，步进电机 19、15 使毛坯向后作螺旋线运动，步进电机 5（见图 10-8）控制

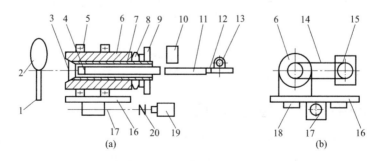

图 10-7　工作台料斗结构

1—砂轮架；2—砂轮；3—弹簧夹头；4—毛坯导管；5—轴承；6—主轴；7—套管；8—蝶
形弹簧；9—固定挡块；10—料斗；11,12—齿轮齿条；13,15,19—步进电机；
14—同步齿形带；16—工作台；17—滚珠丝杠副；18—矩形导轨；20—联轴器

砂轮向下微动。这样，一条螺旋槽磨削完成。完成后，砂轮抬起主轴再次前进至磨削位置，再由步进电机 15 控制，转动 180°，以便磨削另一条螺旋槽。整个过程装夹与加工交替进行，连续加工。

料斗结构如图 10-7 所示，砂轮 2 固定在砂轮架 1 上。主轴 6 安放在工作台 16 上，工作台安装在矩形贴塑导轨上。由步进电机 19 通过联轴器 20 连接滚珠丝杠副 17，驱动工作台 16 直线运动；步进电机 15 通过同步齿形带 14 驱动主轴 6 转动；步进电机 19 与步进电机 15 协调运动，可形成任意导程的螺旋线。

步进电机 19 工作力矩很大，带动主轴 6 后退至固定挡块 9 处，再继续向后，将已处于压缩状态的蝶形弹簧 8 继续压缩至适当变形，导致弹簧夹头 3 打开。装夹工件时，料斗 10 中的毛坯在自身重力作用下，落于毛坯导管 4 引导槽中。步进电机 13 通过齿轮齿条驱动顶针推动毛坯至加工位置，然后并不退回图示顶针位置，而是在毛坯位置，进行装夹，进行加工。其后的装夹，顶针先将加工后的工件推出，然后退回图示顶针位置，再推动下一个毛坯。主轴前移，与固定挡块 9 脱离，蝶形弹簧 8 的弹力可使弹簧夹头夹紧毛坯，上料、夹紧动作完成。

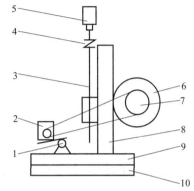

如图 10-8 所示，砂轮架结构的作用主要是安装砂轮，实现对麻花钻螺旋槽的磨削，由异步电机、平台、砂轮支架、滚珠丝杠副等组成。工作时，砂轮 6 由异步电机 2 通过带传动 7 带动旋转，异步电机 2 可以绕转轴 1 微动，8 为垂直导轨，9 为砂轮支架，10 为平台。竖直方向，步进电机 5 通过联轴器 4 带动滚珠丝杠 3 转动，实现砂轮的上下运动。

图 10-8　砂轮架结构
1—转轴；2—异步电机；3—滚珠丝杠；
4—联轴器；5—步进电机；6—砂
轮；7—带传动；8—垂直导轨；
9—砂轮支架；10—平台

10.2　手轮

10.2.1　运动分析

手轮是机械操作中常见的部件，主要用于机床设备，印刷机械，纺织机械，包装机械，医疗器械，石油石化设备，锅炉锅盖配件等。特别是在机床加工和阀类机械中担当了重要角色。手轮按原料可分为天然橡胶手轮、塑料手轮、胶木手轮；按样式分主要有小手轮、波纹手轮、小波纹手轮、背波纹手轮、圆轮缘手轮、双柄手轮、铸铁镀烙手轮、平面手轮、双辐条手轮等。

10.2.2　离合式气动阀门手轮机构图例与说明

图 10-9 为离合式气动阀门手轮机构。手轮机构与气动装置联合使用，用于开启 90°的蝶阀、球阀等，实现手动或气动驱动。旋转偏心装置 180°，手轮 10 位于气动位置，气动操作，不能手动。拉出限位销 6，逆时针转动手柄，手柄位于手动位置，蜗轮蜗杆啮合，实现手动操作。手柄位于手动位置时，手动操作，不能气动，拉出限位销 6，顺时针转动手柄至气动，蜗轮蜗杆脱开，实现气动。气动切换手动过程中会出现顶齿现象，需转动手轮一个角

度，确保蜗轮蜗杆正确啮合，才能手动，气动手动不能同时驱动。

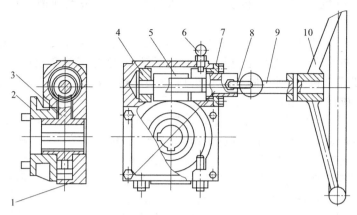

图 10-9　离合式气动阀门手轮机构

1—箱体；2—支架盖；3—蜗轮；4—组合套件；5—蜗杆；6—限位销；

7—端盖；8—离合手柄；9—蜗杆轴；10—手轮

蜗轮连接内孔制作了相隔 90°的两条键槽，以便用户根据需要选择装置同阀体相对的位置。减速器底面与阀门连接，上支架面与气缸连接，阀轴配合穿过蜗轮内孔，阀轴端四方与气缸方孔配合。工作气动时，气缸带动阀轴、蜗轮同转。手动时，蜗杆与蜗轮啮合，带动阀轴转动，气缸活塞亦随动。

10.2.3　计量泵图例与说明

计量泵主要由电机、变速传动箱、调量机构和液压缸体等组成，如图 10-10 所示。电机动力通过蜗轮副变速，带动连杆 7 由转动变十字头往复运动，柱塞安装在十字头 1 顶端，连动柱塞往复，通过单向阀作用完成吸排过程，旋转调量手轮 5 改变偏心块 6 偏距，调节柱塞行程，以控制流量大小。图 10-10 中 2 为蜗杆，3 为调量柱，4 为蜗轮。

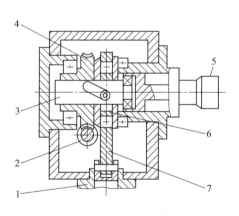

图 10-10　计量泵

1—十字头；2—蜗杆；3—调量柱；4—蜗轮；

5—调量手轮；6—偏心块；7—连杆

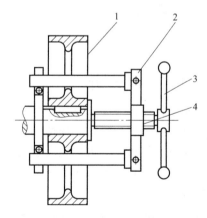

图 10-11　螺旋压紧装置

1—带轮；2—支架；3—手轮；4—螺杆

10.2.4　带安装工具图例与说明

图 10-11 为螺旋压紧装置。带传动机构装配的主要技术要求是：带轮装于轴上，圆跳动

不超过允差；两带轮的对称中心平面应重合，其倾斜误差和轴向偏移误差不超过规定要求；传动带的张紧程度适当。工程中常用螺旋压入工具安装带轮，通过手轮 3 转动，螺杆 4 向前运动，将带轮 1 压紧在轴上，支架 2 起到支撑作用。

10.3　伸缩机构

10.3.1　运动分析

　　伸缩机构在生活生产中比较常见，如电动伸缩门、剪式升降台及起重设备的臂架伸缩机构。伸缩机构一种是利用平行四边形原理，通过连杆铰接，实现伸缩，如图 10-12（a）所示，对两端施力，或者一端固定，对另一端施力，机构可以拉长也可缩短；另一种是利用截面不同的箱形结构，实现伸缩，如图 10-12（b）所示，三节伸缩臂，在伸缩油缸作用下，非工作状态时，三节臂 1 和二节臂 2 缩进基本臂 3 中，工作时，按工作需要伸缩。

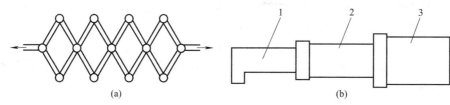

(a)　　　　　　　　　　　　　　　　(b)

图 10-12　伸缩原理图

1—三节臂；2—二节臂；3—基本臂

10.3.2　电动伸缩门图例与说明

　　电动伸缩门主要由门体、驱动器、控制系统构成，如图 10-13 所示。门体采用优质铝合金及普通方管管材制作，采用平行四边形原理铰接，伸缩灵活、行程大。驱动器采用特种电机驱动，并设有手动离合器，停电时可手动启闭，控制系统有控制板、按钮开关，另可根据用户需求配备无线遥控装置。门体沿滑轨移动，两端装有行程开关传感器，可以自行控制门的两端极限位置。

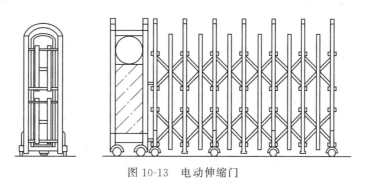

图 10-13　电动伸缩门

10.3.3　剪刀式升降台图例与说明

　　剪刀式升降台既可以载人，亦可载物，常用于车站、码头、机场和仓库等地作为辅助设

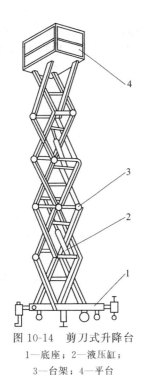

图 10-14　剪刀式升降台
1—底座；2—液压缸；
3—台架；4—平台

备使用。升降台主要由平台、底座和台架等组成，如图 10-14 所示。台架 3 支撑在底座 1 上，在液压缸 2 的作用下伸缩，平台 4 是操作台。有的平台可以进退，底座可固定于地面或装在专用货车上，专用货车常附设外伸支腿以增加稳定性。有的升降台带有行走装置，长距离移动时由其他设备拖曳。

剪刀式升降台台架为单节或多节的活动剪形撑杆，一般由液压缸顶起两组撑杆使平台升起。升降台几乎都采用手动油泵驱动，其操纵系统一般有两套，一套在地面上操纵，粗调升降高度，一套在工作台上操纵，进行细调。

10.3.4　起重臂伸缩机构图例与说明

起重臂伸缩机构是以调节起重臂长度来改变起重机的工作幅度和起升高度的工作机构。起重机的起重臂是伸缩式的箱形结构，如图 10-15 所示。在基本臂 6 中装有一个双作用式伸缩油缸 4，油缸的根部铰接在基本臂尾端的支座上，而活塞杆的顶端铰接于伸缩臂 2 前端的支座上。当操纵起重臂换向阀将压力油通入油缸时，可驱动伸缩臂沿着基本臂内滑轨伸出或缩回。图 10-15 中 1 为滑轮，3 为托辊，5 为伸缩平衡阀。

起重臂伸缩机构的作用是改变起重臂长度，以获得需要的起升高度和幅度，满足作业要求。臂架全部缩回以后，起重机外形尺寸减小，可提高起重机的机动性和通过性。

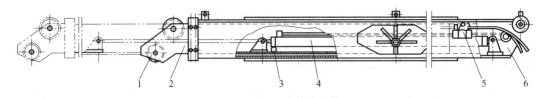

图 10-15　起重臂伸缩机构
1—滑轮；2—伸缩臂；3—托辊；4—双作用式伸缩油缸；5—伸缩平衡阀；6—基本臂

10.4　变幅机构

10.4.1　运动分析

变幅机构常见于起重设备，主要用来改变起重机幅度，可以扩大起重机的作业范围，当变幅机构和回转机构协同工作时，起重机的作业范围是一个环形空间。

变幅机构按照工作性质可分为非工作性变幅和工作性变幅。非工作性变幅只在空载条件下变幅，调整取物装置的工作位置。工作性变幅是在带载条件下进行变幅，主要用于港口门座起重机、浮游起重机等。变幅机构按臂架驱动方式的不同可分为绳索卷筒传动和液压传动两种形式。

10.4.2　固定式动臂旋转起重机图例与说明

一般机械传动和电力传动的起重机的变幅机构采用绳索卷筒式变幅机构，它是由驱动机构、变幅卷筒、变幅滑轮组和动臂组成，如图 10-16 所示为固定式动臂旋转起重机原理。回转装置 1 带动转台 3 任意角度转动，2 为动臂变幅卷筒，调节动臂 6 的幅度，4 为起升卷筒，5 为吊钩及滑轮组。

起升机构使重物升降。变幅机构使铰接在转台上的动臂作俯仰运动，改变起重幅度。回转机构使转台连同动臂和吊重一起环绕回转中心线回转。固定式动臂旋转起重机的工作范围为绕回转中心线的环形空间。这种起重机装在塔身、履带底盘、专用底盘或汽车底盘上，就成为塔式、履带式、轮胎式或汽车式动臂旋转起重机。其工作范围就扩大成为具有一定高度的任意空间。

10.4.3 汽车起重机图例与说明

液压传动起重机用油缸来改变动臂倾角，达到变幅的目的，与绳索套筒式变幅机构相比，变幅油缸制造精度要求较高。

如图 10-17 所示为 QY8 型汽车起重机变幅机构的构造，起重机在工作中变化幅度 R 和起升高度 H 是借助于改变臂仰角和调整臂长来实现的。动臂仰角的改变利用活塞杆铰接在基本臂 7 上，伸缩油缸铰接在转台 2 上的两个双作用式变幅油缸 4 实现，载重汽车 1 承载整个设备重量，为了增大起重机的支承基底，提高起重能力，载重汽车装有伸缩支腿 3，5 为吊臂伸缩臂，6 为起升机构。

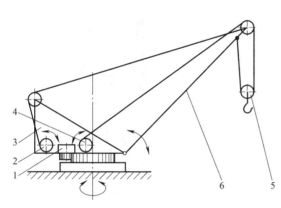

图 10-16 固定式动臂旋转起重机
1—回转装置；2—动臂变幅卷筒；3—转台；4—起升卷筒；5—吊钩及滑轮组；6—动臂

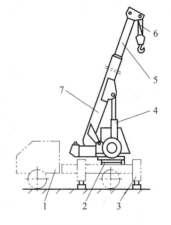

图 10-17 汽车起重机
1—载重汽车；2—转台；3—伸缩支腿；4—双作用式变幅油缸；5—吊臂伸缩臂；6—起升机构；7—基本臂

10.5 取物机构

10.5.1 运动分析

取物装置在起重设备和自动生产线上应用广泛，根据搬运物品的不同，可将取物装置分为通用和专用两类，通用的取物装置有吊钩和吊环，专用的取物装置有抓斗、吸盘、专用夹钳等。

10.5.2 吊钩图例与说明

吊钩是起重机械中最常见的吊具，吊钩按形状分为单钩和双钩；按制造方法分为锻造吊钩和叠片式吊钩，如图 10-18 所示为常用吊钩形式，图 10-18(a) 为锻造单钩，图 10-18(b)

为锻造双钩，图 10-18(c) 为叠片式双钩。吊钩通常与滑轮组的动滑轮组合成吊钩组，并与起升机构的钢丝绳连在一起。吊钩与动滑轮组成吊钩挂架，如图 10-19 所示，有长钩短挂架 [图 10-19(a)] 和短钩长挂架 [图 10-19(b)] 两种。

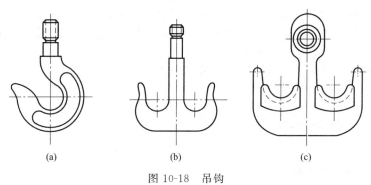

图 10-18　吊钩

为了便于系物，吊钩能绕垂直轴线与水平轴线旋转，因此，吊钩用止推轴承支承在吊钩横梁上，吊钩尾部的螺母压在这个止推轴承上，如图 10-20 所示，滑轮组 3 与钢丝绳 4 相连，吊钩横梁 2 安装在滑轮组外壳架上，吊钩横梁上安装着吊钩 1。为了使吊钩能绕水平轴线旋转，短钩长挂架吊钩横梁的轴端与固定轴挡板相配处制成环形槽，允许横梁转动；反之，上方的滑轮轴的轴端则为扁缺口，不允许滑轮轴转动。

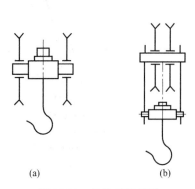

图 10-19　吊钩挂架简图

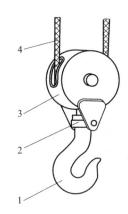

图 10-20　吊钩组
1—吊钩；2—吊钩横梁；3—滑轮组；4—钢丝绳

10.5.3　杠杆钳爪图例与说明

夹钳也是一种取物装置，多用来搬运成件物品，用它可以缩短装卸工作的辅助时间，提高工作效率。夹钳依靠钳口与物品之间的摩擦力来夹持和提取物品，具体形状及尺寸可以根据产品的形状来设计。

如图 10-21 所示，按给定方向转动杠杆，绕 A 轴旋转，从而抓住块状物。根据块状物的尺寸和数量，夹板间的距离可以改变。

10.5.4　伸缩抓取机构图例与说明

如图 10-22 所示，用等长连杆组成的交叉状缩放机构 1，其一端和手爪的基体 3 铰接，而另一端用铰销插在 3 的滑动槽中滑动。缩放机构的中间有一铰链 6 固定在固定基体 5 上，而对称的另一铰销则可在固定基体 5 的槽中滑动，此铰销是驱动装置。当驱动轴向上运动时，带动缩放机构中所有下部铰链向上运动，而使整个机构张开，爪 7 便获得很大的开口度，如图 10-22（a）所示。当驱动轴向下运动时，则各连杆收缩，两爪闭合，如图 10-22（b）所示。

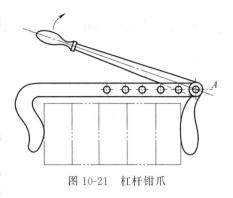

图 10-21　杠杆钳爪

10.5.5　气吸式取物机构图例与说明

气吸式抓取机构利用吸附作用取物，如图 10-23 所示，利用气压变化原理设计的气吸式取物机构，随着压缩空气的压力变化吸附物件。压缩空气经管道 4 进入喷嘴体 3，随着喷嘴孔道截面积的减小而使气流速度逐渐增大；当气流到达最小截面而又突然增加时，空气扩散的气流速度最大；在喷嘴出口 A 处，由于高速气流喷射而形成低压空间，致使橡胶皮碗 1 内的空气被高速喷射气流不断地卷带走，形成负压，将工件 5 吸住；若停止供气，则吸盘就会放下工件 5。

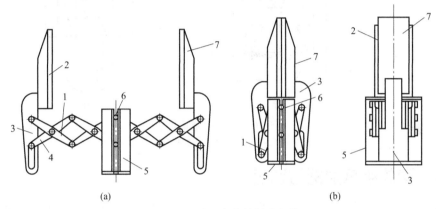

(a)　　　　　　　　　　　　　　　　(b)

图 10-22　开口度大的抓取机构

1—交叉状缩放机构；2—手爪；3,5—基体；4—连杆；6—铰链；7—爪

如图 10-24 所示取物机构是利用抽气吸附作用完成对工件的夹持和搬运。由气孔 B 抽气使活塞杆 2 下降（动作Ⅰ），吸盘 3 接触工件 4，再从气孔 A 抽气，吸住工件后活塞上升（动作Ⅱ）。移动该装置（动作Ⅲ）到预定位置后，气孔 A 接大气压，工件落下。由于活塞密封环作用，活塞杆不会下降。再移动该装置返回原位（动作Ⅳ）待命，重复上述动作。

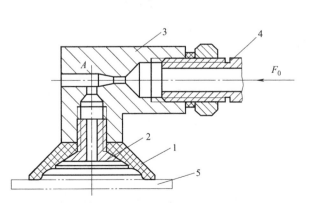

图 10-23　压缩空气气吸式抓取机构

1—橡胶皮碗；2—吸盘；3—喷嘴体；4—管道；5—工件

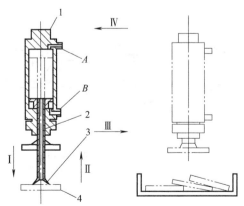

图 10-24　抽气气吸式抓取机构

1—气缸；2—活塞杆；3—吸盘；4—工件

10.5.6 自锁抓取机构图例与说明

如图 10-25 所示为自锁抓取机构。图 10-25（a）所示机构，当拉杆 3 处于图示夹紧位置时，若 $\alpha \approx 0$ 即为自锁位置，这时如撤去驱动力 F，工件也不会自行脱落。若拉杆 3 再向下移，则手爪 1 反而会松开。为了避免上述情况的出现，对于不同尺寸的工件，可以更换手爪，以保证机构处于夹紧位置时，$\alpha \approx 0$。

图 10-25（b）所示为另一种自锁抓取机构，图示位置为自锁位置。

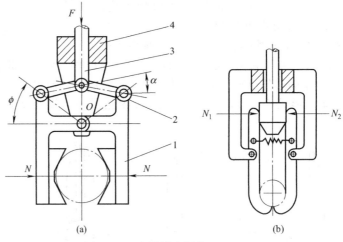

图 10-25　自锁抓取机构
1—手爪；2—连杆；3—拉杆；4—机架

10.5.7 柔软手爪图例与说明

柔软抓取机构用挠性带和开关组成。如图 10-26 所示，挠性带绕在被抓取的物件上，把物件抓住，可以分散物件单位面积上的压力而不易损坏。

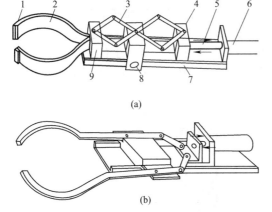

图 10-26　柔软手爪
1—接头；2—挠性带；3—缩放连杆；4—驱动
接头；5—活塞杆；6—推杆；7—滑
道；8—固定台；9—夹紧接头

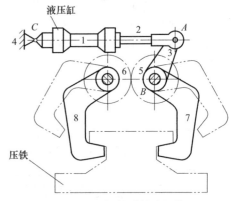

图 10-27　机械手抓取机构
1—液压缸；2—活塞杆；3—摇杆；4—机架；
5,6—齿轮；7,8—机械手

图 10-26（a）所示挠性带 2 的一端有接头 1，另一端是夹紧接头 9，它通过固定台 8 的沟槽后固定在驱动接头 4 上。当活塞杆 5 向右将挠性带拉紧的同时，又通过缩放连杆 3 推动夹

紧接头 9 向左收紧挠性带，从而把物件夹紧。这是一种用挠性带包在被抓取物表面的柔软手爪。活塞杆向左时，将带松开。图 10-26（b）是用有柔性的杠杆作手爪，当活塞杆向右时，将手爪放开；反之则夹紧。

10.5.8 机械手抓取机构图例与说明

如图 10-27 所示为齿轮连杆机械手抓取机构。机构由曲柄摇块机构 1-2-3-4 与齿轮 5、6 组合而成。齿轮机构的传动比等于 1，活塞杆 2 为主动件，当液压推动活塞时，驱动摇杆 3 绕 B 点摆动，齿轮 5 与摇杆 3 固结，并驱使齿轮 6 同步运动。机械手 7、8 分别与齿轮 5、6 固结，可实现铸工搬运压铁时夹持和松开压铁的动作。

10.5.9 球类工件供料的擒纵机构图例与说明

如图 10-28 所示为球类工件供料的擒纵机构。止动爪 8、9 均由枢轴装在公用侧板 2 上，用两个连杆 7 与摇杆 5 的两个杆臂连接，摇杆 5 也用枢轴装在侧板 2 上。两个销子 6 紧固在连杆 7 顶端，并插入摇杆 5 的两个长槽内，弹簧 4 对销子 6 产生一个向下推力，从而使爪 8、9 作用在工件上的力仅有弹簧力。当气缸 1 伸出时，使摇杆 5 摆动，在弹簧 4 作用下爪 8 下降，挡在工件送进通道上，同时也将爪 9 提起，使工件可以向前运动，直至被爪 8 挡住，如图 10-28（b）所示。当气缸缩回时，拉动摇杆 5 回摆，从而拉动爪 8 提起，将两个前导工件释放，同时，爪 9 在弹簧 4 作用下下降，挡住后续工件，如图 10-28（a）所示。

10.5.10 利用弹簧螺旋的弹性抓取机构图例与说明

如图 10-29 所示，两个手爪 1、2 用连杆 3、4 连接在滑块上，气缸活塞杆通过弹簧 5 使滑块运动。手爪夹持工件 6 的夹紧力取决于弹簧的张力，因此可根据工作情况，选取不同张力的弹簧；此外，还要注意，当手爪松开时，不要让弹簧脱落。

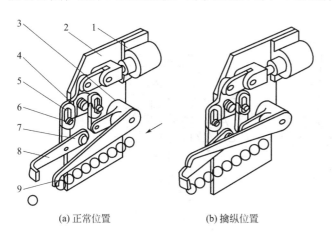

(a) 正常位置　　　　(b) 擒纵位置

图 10-28　球类工件供料的擒纵机构

1—气缸；2—公用侧板；3—构件；4—弹簧；5—摇杆；6—销子；7—连杆；8,9—止动爪

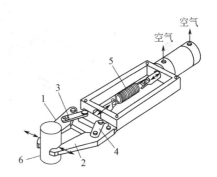

图 10-29　利用螺旋弹簧的弹性抓物机构

1,2—手爪；3,4—连杆；5—弹簧；6—工件

10.5.11 具有弹性的抓取机构图例与说明

图 10-30（a）所示的抓取机构中，在手爪 5 的内侧设有槽口，用螺钉将弹性材料装在槽口中以形成具有弹性的抓取机构；弹性材料的一端用螺钉紧固，另一端可自由运动。当手爪夹紧工件 7 时，弹性材料便发生变形并与工件的外轮廓紧密接触；也可以只在一侧手爪上安

装弹性材料，这时工件被抓取时定位精度较好。1是与活塞杆固连的驱动板，2是气缸，3是支架，4是连杆，6是弹性爪。图10-30(b)是另一种形式的弹性抓取机构。

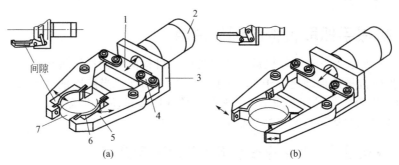

图10-30　具有弹性的抓取机构

1—驱动板；2—气缸；3—支架；4—连杆；5—手爪；6—弹性爪；7—工件

10.5.12　从三个方向夹住工件的抓取机构图例与说明

图10-31(a)为从三个方向夹住工件的抓取机构的原理图，爪1、2由连杆机构带动，在同一平面中作相对的平行移动；爪3的运动平面与爪1、2的运动平面相垂直；工件由这三爪夹紧。

图10-31(b)为爪部的传动机构。抓取机构的驱动器6安装在抓取机构机架的上部，输出轴7通过联轴器8与工作轴相连，工作轴上装有离合器4，通过离合器与蜗杆9相连。蜗杆带动齿轮10、11，齿轮带动连杆机构，使爪1、2作启闭动作。输出轴又通过齿轮5带动与爪3相连的离合器，使爪3作启闭动作。当爪与工件接触后，离合器进入"OFF"状态，三爪均停止运动，由于蜗杆蜗轮传动具有反行程自锁的特性，故抓取机构不会自行松开被夹住的工件。

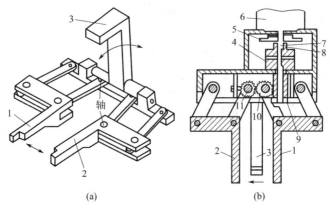

图10-31　从三个方向夹住工件的抓取机构

1～3—爪；4—离合器；5,10,11—齿轮；6—驱动器；7—输出轴；8—联轴器；9—蜗杆

10.5.13　扁平圆盘类工件供料的擒纵机构图例与说明

如图10-32所示，工件由进给导轨1送进到摆动爪4上，挡块3是用来限位的。气缸6伸出，带动隔料爪2将后续的工件挡住，由挡销5推动摆动爪4，使之张开，释放其上的工件，垂直下落到工作区。气缸6缩回时，摆动爪4复位，隔料爪2退回，下一个工件进入摆动爪上。设计时应尽可能减小每个工件下落的距离，以免工件下落时摇摆翻转。

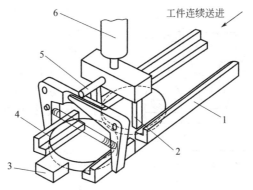

图 10-32　扁平圆盘类工件供料的擒纵机构
1—进料导轨；2—隔料爪；3—挡块；4—摆动爪；5—挡销；6—气缸

10.6　夹紧机构

10.6.1　运动分析

　　夹紧机构及装置在机械加工中占有很重要的地位，夹紧机构可以保持工件确定的工作位置，避免刀具及机床的损坏，或者人身事故。一般夹紧装置由力源装置、递力机构和夹紧元件三部分组成。力源装置是产生夹紧作用的装置，如气动、液动、电动等动力装置。递力机构是传力装置，它把力源装置的夹紧作用力传递给夹紧元件，从而完成对工件的夹紧。夹紧元件是夹紧装置的执行元件，通过它和工件受压面的直接接触而完成夹紧作用。

10.6.2　联动夹紧机构图例与说明

　　联动夹紧机构是由一个原始作用力来完成若干个夹紧动作的机构。用一个原始作用力，通过浮动夹紧机构分散到数点上对工作进行夹紧的机构称为多点联动夹紧机构。对于手动夹紧装置来说，采用联动夹紧机构可以简化操作，减轻劳动强度。对于机动夹紧装置来说，采用联动夹紧机构可以减少动力装置，简化结构，降低成本。

　　如图 10-33 所示为两力同向多点联动夹紧机构。拧紧螺母 1，通过杠杆 2 同时使一对钩形压板 3 实现联动而夹紧工件 4。

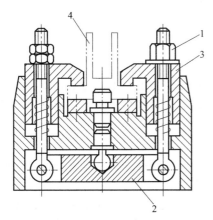

图 10-33　两力同向多点联动夹紧机构
1—螺母；2—杠杆；3—钩形压板；4—工件

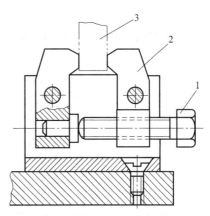

图 10-34　两力对向多点联动夹紧机构
1—螺钉；2—压板；3—工件

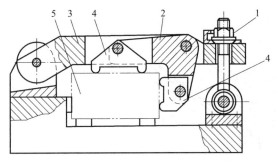

图 10-35　两力垂直多点联动夹紧机构
1—螺母；2—浮动压板；3—摆动
杠杆；4—浮动压头；5—工件

如图 10-34 所示为两力对向多点联动夹紧机构。拧动螺钉 1，可同时使一对压板 2 实现联动而夹紧工件 3。

如图 10-35 所示为两力垂直多点联动夹紧机构。拧紧螺母 1，通过摆动杠杆 3 使浮动压板 2 上的浮动压头 4 同时夹紧工件 5。

如图 10-36 所示为四力交叉多点联动夹紧机构。转动手柄使偏心轮 1 推动柱塞 2，由液性塑料把压力传到四个滑柱 4 上，迫使滑柱 4 向外推动两对压板 3，同时夹紧工件 5。当松开偏心轮 1 时，弹簧 6 将压板 3 松开并压向四个滑柱 4。

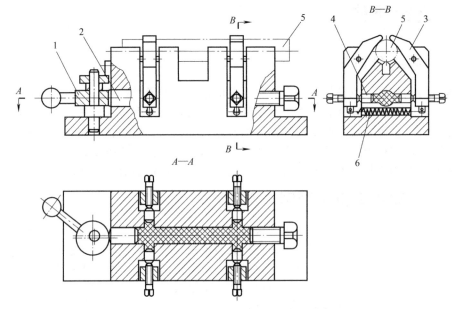

图 10-36　四力交叉多点联动夹紧机构
1—偏心轮；2—柱塞；3—压板；4—滑柱；5—工件；6—弹簧

10. 6. 3　定心夹紧机构图例与说明

在机械加工中，对于几何形状对称的工件，为保证定位精度，工件的定心和定位常常是和夹紧结合在一起的，这种机构称为定心夹紧机构。定心夹紧机构中与工件定位基准相接触的元件既是定位元件，又是夹紧元件。

定心夹紧机构的工作原理是利用定位、夹紧元件的等速移动或均匀弹性变形的方式，来消除定位副不准确或定位尺寸偏差对定心或对中性的影响，使这些误差和偏差相对于所定中心的位置，能均匀而对称地分配在工件的定位基准面上。

如图 10-37 所示为内孔定心的弹簧夹头式夹紧机构。在夹具体 1 中装有锥套 2 及弹簧夹头 3。当旋动螺母 4，锥套 2 迫使弹簧夹头 3 收缩变形，从而实现工件 5 以外圆定心的夹紧。

如图 10-38 所示为外圆定心的弹簧夹头式夹紧机构。弹簧夹头 2 装在夹具体 1 及锥套 3

的外面。当旋动螺母 4 时，锥套 3 及夹具体 1 上的锥面迫使弹簧夹头 2 向外扩张，从而实现工件 5 以内孔定心的夹紧。

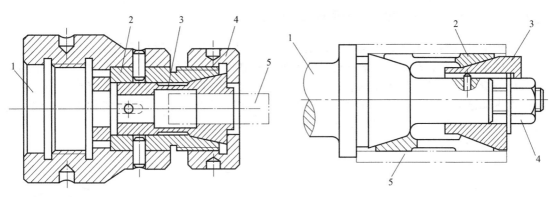

图 10-37　内孔定心的弹簧夹头式夹紧机构
1—夹具体；2—锥套；3—弹簧
夹头；4—螺母；5—工件

图 10-38　外圆定心的弹簧夹头式夹紧机构
1—夹具体；2—弹簧夹头；3—锥
套；4—螺母；5—工件

如图 10-39 所示为正锥弹簧夹头式夹紧机构。装在夹具体 1 上的操纵筒 2 可以将原始作用力 F 传递给弹簧夹头 4，使其向右运动，通过锥套 3 和弹簧夹头锥面的作用，迫使弹簧夹头收缩变形，从而实现工件 5 以外圆定心的夹紧。

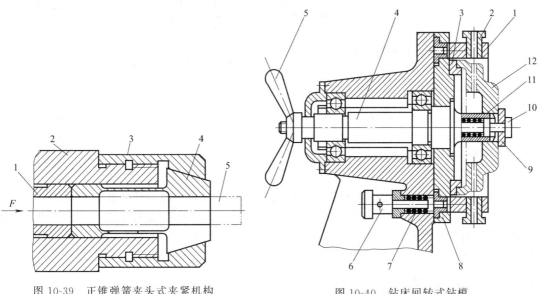

图 10-39　正锥弹簧夹头式夹紧机构
1—夹具体；2—操纵筒；3—锥套；
4—弹簧夹头；5—工件

图 10-40　钻床回转式钻模
1—环形钻模板；2—钻套；3—定位支承环；4—轴；
5—手柄；6—定位销；7—弹簧；8—分度盘；
9—开口垫圈；10—拉杆；11—弹簧；12—工件

10.6.4　钻床回转式钻模图例与说明

如图 10-40 所示为钻床回转式钻模。工件 12 在钻模上以内孔和端面在定位支承环 3 上定位，定位支承环 3 和环形钻模板 1 均固定在绕轴回转的分度盘 8 上，分度盘 8 套压在轴 4 上。在轴 4 的孔内装有拉杆 10，其左端的螺纹与手柄 5 相连，右端套有开口垫圈 9，在装卸工件 12 时，定位销 6 插入分度盘 8 的定位孔内，使分度盘 8 不会转动。转动手柄 5 可使拉杆 10 左右移动，通过开口垫圈 9 和弹簧 11 压紧和松开工件，钻套 2 固定在环形钻模板 1 上。拔出定位销 6，转动手柄 5，便可使轴 4 带动分度盘 8 转动进行分度。

10.6.5　手动滑柱式钻模图例与说明

手动滑柱式钻模的锁紧机构常见的有锥面锁紧机构、滚柱锁紧机构和偏心锁紧机构。

如图 10-41 所示为锥面锁紧机构。轴 1 的两端锥面与夹具体的锥孔相配合，轴 1 中间的斜齿轮与滑柱 2 上的斜齿条相啮合。当逆时针转动手柄 3 时，通过齿轮及齿条的作用，使滑柱 2 向下移动并夹紧工件，由于斜齿轮的轴向力作用，当锥角 $\alpha \leqslant 5°$ 时，机构产生自锁。这种机构简单，自锁可靠，能承受较大的切削力。

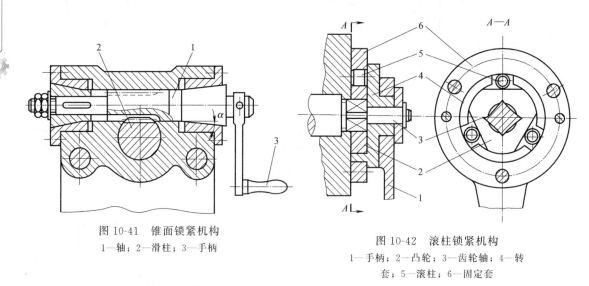

图 10-41　锥面锁紧机构
1—轴；2—滑柱；3—手柄

图 10-42　滚柱锁紧机构
1—手柄；2—凸轮；3—齿轮轴；4—转
套；5—滚柱；6—固定套

如图 10-42 所示为滚柱锁紧机构。当手柄 1 逆时针方向转动时，由于键相连而使带槽的转套 4 随着转动，迫使滚柱 5 推动凸轮 2 转动，并带动齿轮轴 3 随着转动，使钻模板向下压住工件，此时若继续转动手柄 1，则使滚柱 5 挤进固定套 6 和凸轮 2 之间的楔角，达到自锁状态。

如图 10-43 所示为偏心锁紧机构。在齿轮轴 1 的一端装有偏心环 2 和偏心套筒 3。当逆时针转动手柄 4 时由于方榫的连接，使偏心套筒 3 带动偏心环 2 及齿轮轴 1 一起转动。当钻模板压到工件后，若继续转动手柄 4，则会使偏心套筒 3 楔入夹具体 7 及偏心环 2 之间，将偏心环 2 锁紧。反转手柄时，在销钉 6 和弹簧 5 的作用下松开。

10.6.6　气动虎钳图例与说明

如图 10-44 所示为气动虎钳的原理图。

气动虎钳的下部是圆形底座 1，夹具体 2 用四个螺栓与底座 1 紧固在一起。在夹具体 2 上装有活动钳口 4 和导向板 6，在导向板 6 上装有可以由差级螺杆 7 调节位置的钳口 5。气缸位于虎钳的下方，所占空间很小。

当压缩空气从进气嘴 12 进入气室上部后，薄膜 11 及圆盘 10 便向下运动，使杠杆 9 摆动而通过杆 8 推动活动钳口 4，使它向钳口 5 移动，因此可将工件夹紧。当转动手柄 13 使压缩空气通入大气后，在弹簧 3 的作用下，使活动钳口 4 回到原始位置，从而松开工件。

钳口的张开距离可以用螺杆 7 进行调节。也可以通过螺杆 7 直接进行手动夹紧。夹具体 2 以上的部分可以对圆形底座 1 发生相对转动，转动的角度可以由底座上的刻度读出。

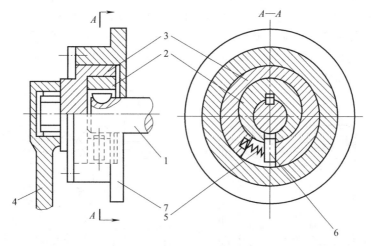

图 10-43 偏心锁紧机构

1—齿轮轴；2—偏心环；3—偏心套筒；4—手柄；5—弹簧；6—销钉；7—夹具体

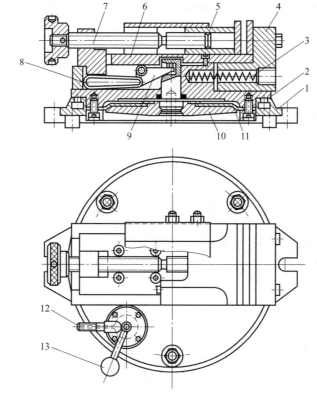

图 10-44 气动虎钳

1—圆形底座；2—夹具体；3—弹簧；4—活动钳口；5—钳口；6—导向板；7—差级
螺杆；8—杆；9—杠杆；10—圆盘；11—薄膜；12—进气嘴；13—手柄

10.6.7 不停车车床卡头图例与说明

如图 10-45 所示为不停车车床卡头的原理图。在车床上加工棒料和套类工件时，采用不停车卡头，可以缩短开车及停车的辅助时间。

整个卡头如图 10-45 所示，其中拨叉 11 与齿条 12、导柱 10 相连接。当转动支座 1 上的转动轴 2 时，齿轮 13 带动齿条 12，使拨叉 11 做前后运动，拨叉通过镶块 9 拨动外滑套 3，滑套内的锥孔迫使钢珠 4 运动，带动内滑套 5，使弹性卡头 7 压紧或松开，从而夹紧或松开工件 8。调整环 6 用来调整夹紧行程。α 角一般取 10°～15°，以保证自锁性。

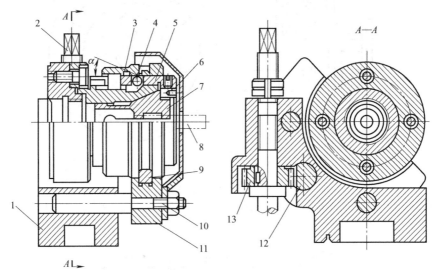

图 10-45　车床卡头

1—支座；2—转动轴；3—外滑套；4—钢珠；5—内滑套；6—调整环；7—弹性卡头；
8—工件；9—镶块；10—导柱；11—拨叉；12—齿条；13—齿轮

10.6.8　肘杆自动夹紧机构图例与说明

如图 10-46 所示为肘杆自动夹紧机构的原理图。气缸 1 用于夹紧机构的驱动源是简便易行的，但是气源中断时夹紧力会缩减；图示肘杆机构可以克服上述缺点。4 为杆 A 的限位块；B 是连杆，3 是被夹紧的工件，2 为空气入口。

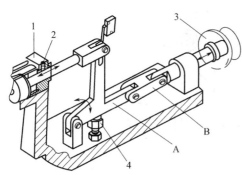

图 10-46　肘杆自动夹紧机构

1—气缸；2—空气入口；3—工件；4—限位块

10.6.9　空间端面凸轮压紧机构图例与说明

图 10-47(a) 所示机构中，在按给定方向转动凸轮 1 时，构件 2 上的凸出部分 b 压紧工件 3。绕固定轴 A 旋转并具有歪斜垫圈形状的端面凸轮 1，用自己的廓线沿构件 2 上的凸出部分 a 滑动，构件 2 绕固定轴 B 旋转，凸轮 1 的位置可以用螺钉 4 调节。

图 10-47(b) 所示为另一种形式，其主要不同之处是把图 10-47(a) 的中间构件 2 的转动运动改成移动运动，凸轮 1 的廓线改成升距较大的螺旋线，使中间构件 2 有较大的行程。

10.6.10　四角形零件夹紧机构图例与说明

图 10-48 所示机构是机器人操作现场的四角形工件夹紧装置，工件的装入、取出工作可由机器人操作；工件夹紧后可由机器人进行去毛刺、修光、装配等操作。夹紧杆 3 上的转块

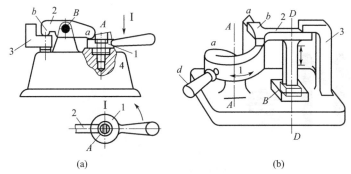

(a)   (b)

图 10-47 空间端面凸轮压紧机构

1—凸轮；2—构件；3—工件；4—螺钉

2 能转动一定角度，以适应不同尺寸工件的需要；若夹紧杆为三个时也可夹紧圆柱形工件；图中 4 为肘杆，1 为气缸。图 10-48(a) 为工件未装入时的状态；图 10-48(b) 是装入工件后的状态。

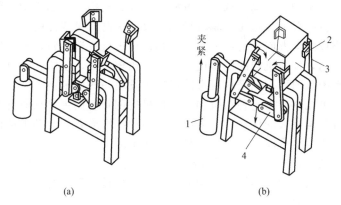

(a)   (b)

图 10-48 四角形零件夹紧机构

1—气缸；2—转块；3—夹紧杆；4—肘杆

第11章

创新机构应用实例

机构设计是机械创新设计的关键，在科学技术飞速发展的今天，机构的门类变得越来越多，机构的种类和形式已经从传统机构基础上迅速地拓展和延伸。现代机构除了纯机械式的传统机构，还有液动机构、气动机构、光电机构、电磁机构、微动机构、信息机构等广义机构，将各种机构有机组合灵活运用，是机构创新设计中富有挑战性的环节。

机构创新主要按两个方向进行：一是对已知机构进行改造创新，称为机构变异设计；另一是构造全新的机构，称为机构的构型设计。两者比较而言，创造一种以前人们从未见过的新机构是一件非常困难的事，但是从现有的机构中发现一些尚未被人察觉的某些性能，并巧妙地加以利用，就可能创造出一种新机构。现代机构创新者们主要从原有机构基础上进行改进组合，发挥原有机构更大的优势，创造出新的运动特性或者新的动力特性。

机构创新要求机构尽可能简单，在满足工作要求的同时，机构尺寸尽可能小，从而减小机构自身的重量。同时，运动副尽可能减少磨损，这样可以提高机构的使用寿命，除此之外，合理选择原动机以减少运动转换机构的数量，选择具备良好的传力条件和动力特性的机构，可以达到提高机构效率的目的。

机构创新的方法主要有以下几种。

（1）组合法

基本机构的组合包括串联式、并联式、复合式和叠加式四种常用的组合方式。

（2）机构变异设计法

通过对构成机构的结构元素进行变化改造，使机构产生出新的运动特性和使用功能。对结构元素进行改造包括：

① 改变构件，如改变构件的形状、尺寸、原动件的位置及性质和机架位置等；

② 改变运动副，如改变运动副元素形状、运动副约束、运动副数量和相互之间顺序；

③ 运动副替代，如低副之间的替代，高副之间的替代及高副低副之间替代。

（3）移植法

把已知机构的原理、方法、结构、用途甚至材料运用到另一机构中，使所研究的机构产生新的性质和新的使用功能，称为移植法。如将齿轮行星轮系的原理应用到带传动和链传动中；将胶带材料改为金属，如带式制动器、金属带无级变速器、带锯机等。

（4）还原法

从产品创造的原点出发，即保证实现既定功能的前提下，运用其他原理实现运动特性和动力特性。如合理引入机、电、磁、光、热、生、化等各种物理效应和化学效应并综合运用。例如无叶片的风扇，无链传动的自行车，电磁控制器，液压设备等。

机构创新不是简单的模仿，创新可以通过研究现有的成果获得启发，并在此基础上进行改进，有所发展。创新需要创新者丰富的理论知识，积极探索的兴趣，严谨科学的态度，敢于怀疑、突破、锲而不舍的精神，只有这样才能在实践创新中有所成就。

11.1 机构的组合创新

11.1.1 运动分析

将基本机构进行组合，是机构创新的重要方法。实际生产中，单独的机构有时不能满足生产需要，连杆机构难以实现一些特殊的运动规律；凸轮机构虽然可以实现任意运动规律，但行程不可调；齿轮机构虽然具有良好的运动和动力特性，但运动形式简单；棘轮机构、槽轮机构等间歇运动机构的运动和动力特性均不理想，具有不可避免的速度、加速度波动，以及冲击和振动。为了解决这些问题，可以将两种以上的基本机构进行组合，充分利用各自的良好性能，改善其不良特性，创造出能够满足原理方案要求的、具有良好运动和动力特性的新型机构。

组合机构的类型很多，每种组合机构具有各自特有的类型组合、尺寸综合及分析设计方法。

11.1.2 绣花机挑线刺布机构图例与说明

本实例以上海协昌公司电脑多头绣花机为例，介绍机构的组合创新。该机是引进日本的刺绣机技术研制的 GY4-1 型电脑多头绣花机，要在竞争激烈的国际市场中取胜，就要求应用创新设计方法，设计出新型的、具有特色的挑线刺布机构。

如图 11-1 所示为绣花机挑线刺布机构简图，该机构使用一个单自由度凸轮-齿轮-连杆机构，属于机构组合，它可以分解成挑线机构和刺布机构。

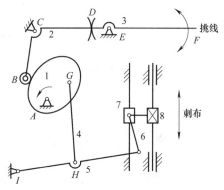

图 11-1 绣花机挑线刺布机构简图
1—驱动凸轮；2—挑线驱动杆；3—挑线杆；
4～6—连杆；7—滑块；8—针杆

挑线机构主要由驱动凸轮 1、挑线驱动杆 2、挑线杆 3 组成，其中挑线杆 3 是执行件，F 是挑线孔，杆 2 和杆 3 通过一对扇形齿轮相连，这对扇形齿轮主要是起换线作用。刺布机构为曲柄摇杆滑块机构，主要由驱动凸轮 1、连杆 4、连杆 5、连杆 6 和滑块 7 组成，其中滑块 7 上装有针杆传动块，在手控或直动电磁控制下能离合针杆 8，为简便起见，将滑块 7 看作是执行件针杆。

由此机构可以归纳创新设计思路，原始机构申请专利是建立在挑线机构使用凸轮机构的基础上，因此在设计中尽量避免使用凸轮机构。凸轮-齿轮-连杆机构实现挑线功能，凸轮-曲柄-摇杆-滑块机构实现刺布功能，可以将家用缝纫机的原理与此机构结合，得到两类机构的本体知识。挑线机构可以设计为四连杆机构，或者六杆齿轮机构，也可用空间凸轮实现，如图 11-2 所示，考虑到高速和耐磨性方便考虑，挑线机构六杆齿轮机构和四杆齿轮机构稍逊于原始机构，但连杆机构比凸轮机构节省成本，也可选用。

刺布机构可以用曲柄摇杆滑块机构，或者曲柄摇杆齿轮齿槽机构，或者正弦机构实现，如图 11-3 所示。刺布机构凸轮和机构六杆滑块机构较优。

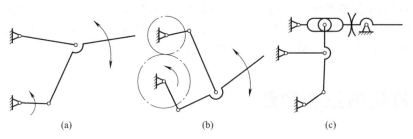

图 11-2　挑线机构被选方案简图

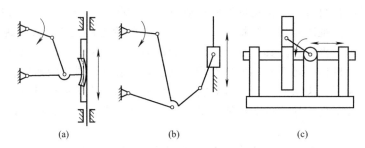

图 11-3　刺布机构被选方案简图

　　对原始机构进行分析，还可得知机架是一个具有最多副数的杆；齿轮副起到换线作用，在一般运动链中用一对串联的两副杆来表示，组成齿轮副的一对齿轮必须与机架相邻，并且由于主动齿轮作非匀速转动，它不能作为整个机构的原动件；原动件应该是个三杆副，并且与机架相邻。创新设计过程中要根据这些约束对原始机构进行改进设计，在设计过程中尽量减少改动量，甚至保持原始的安装孔的位置，保证机构的运动性能。

　　将挑线机构与刺布机构组合，得到新的挑线刺布机构，如图 11-4 所示。

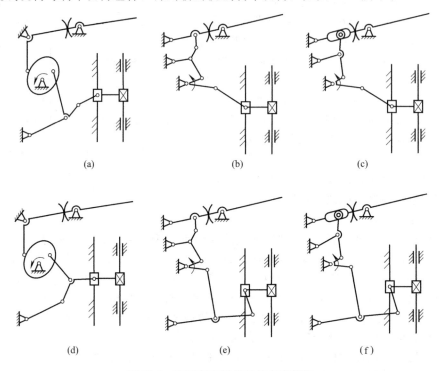

图 11-4　新型刺布挑线机构方案简图

从图中可以看出，几种机构方案组合并不是都可行，挑线刺布机构要求占用空间较小，并且机架上 A、C、E、I 位置不能变，如图 11-1 所示，滑块 7 的导杆位置也不可变，因此图 11-4(b)、图 11-4(c) 所示创新机构中的刺布机构是偏心曲柄滑块机构，并且偏心距较大，会使刺布机构的运动和动力性能较差；图 11-4(a)、图 11-4(d) 机构仍含有凸轮，并且比原始机构复杂，实现起来比较困难；图 11-4(e)、图 11-4(f) 所示的刺布机构中结构和参数不变，在挑线机构中用连杆机构代替凸轮机构，降低了制造成本，另外图 11-4(f) 所示机构比图 11-4(e) 所示机构节省空间，也容易实现，所以方案选定图 11-4(e)。

11.1.3 天线测试转台图例与说明

天线测试转台是用来对天线的指向、增益、波瓣宽度、副瓣电平等性能参数进行测试的主要设备之一。可以为天线提供几种运动，并通过测角元件给出天线的位置信号。

如图 11-5 所示为天线测试转台传动系统简图。该转台系统主要由三套传动装置组成：第一套是由极化驱动电机 1，同步齿形带轮 2、3，内齿轮传动齿轮 6、7，摆线针轮行星齿轮传动摆线轮 4，针轮 5，极化旋转变压器 8 组成，使安装在转盘上的被测天线绕极化轴转动；第二套是由俯仰驱动电机 9，同步齿形带轮 10、11，摆线轮 12，针轮 13，齿轮 14、15，扇形齿轮传动齿轮 16，齿扇 17，俯仰旋转变压器 18 组成，俯仰轴通过联轴器使俯仰旋转变压器转动，使天线作俯仰运动；第三套是由方位驱动电机 19，同步齿形带轮 20、21，摆线轮 22，针轮 23，齿轮 24、25，方位旋转变压器 26 组成，使天线作方位运动，方位轴通过联轴器使方位旋转变压器转动。另外，转动螺套 28，通过螺旋传动，可使天线绕垂直轴转动。

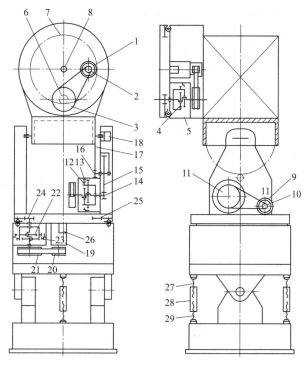

图 11-5　天线测试转台传动系统简图

1—极化驱动电机；2,3,10,11,20,21—同步齿形带轮；4,12,22—摆线轮；5,13,23—针轮；6,7—内齿轮传动齿轮；
8—极化旋转变压器；9—俯仰驱动电机；14,15,24,25—齿轮；16—扇形齿轮传动齿轮；17—齿扇；
18—俯仰旋转变压器；19—方位驱动电机；26—方位旋转变压器；27,29—螺杆；28—螺套

三套传动装置组合一起完成极化转台、俯仰转台、方位转台和基座倾角调整等多自由度

运动任务。天线测试转台架设在调平基座上，工作在野外露天环境中。工作时，被测天线安装（或通过支架安装）在极化转台的转盘上。在伺服系统的控制下，天线以所需要的转速绕极化轴、俯仰轴和方位轴转动。倾角可调基座可用来调整被测天线的倾斜角，使它与设置在远处高塔上的发射天线对准。

11.2 机构的演化变异

11.2.1 运动分析

机构的演化变异，可以是改变构件的形状、尺寸、原动件的位置及性质和机架位置，也可以是改变运动副元素形状、运动副约束、运动副数量和相互之间顺序，还可以是运动副之间的替代。

如图 11-6(a) 所示铰链四杆机构，若想使铰链 D 变为移动副，则从转动副和移动副都具有一个自由度的原则出发，直接可得单移动副机构 [图 11-6(d)]；如按运动副尺寸、位置演变过程来看，先使运动副 D 的销轴直径尺寸变大 [图 11-6(b)]，变到直径圆达到 C 点附近时，构件 3 形成圆环 [如图 11-6(c) 双点画线所示]，若将构件 4 做成槽，环 3 放在槽 4 中，则环只取一段仍能保持 3、4 作相对转动，继而使 CD 尺寸变长，即槽 3 的内半径尺寸变至无限大时，圆槽就趋近于直槽，从而转动副 D 变为移动副 [图 11-6(d)]。

若图 11-6(c) 的圆弧状滑块改成滚子形状，则转动副 D 变成滚滑副 [图 11-6(e)]，构件 3 成了局部自由度构件，而槽的另一边成了为保证滚滑副接触而设的虚约束运动副元素，此机构虽然机构运动副类型变了，但机构中构件 2 的运动性质仍未变；只有槽成了变曲率槽的时候 [如图 11-6(f) 所示]，相当于图 11-6(a) 机构中的构件 3 和 4 成了变长度的构件，此时图 11-6(f) 所示的机构中构件 2 的运动特性比图 11-6(a)、图 11-6(e) 有了变化。

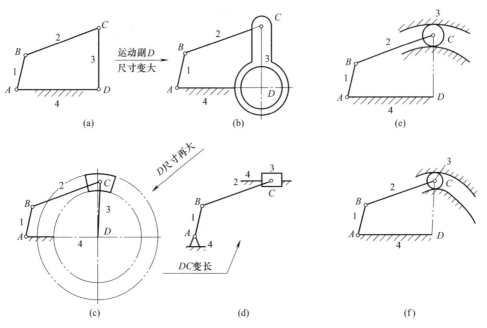

图 11-6　转动副变异为移动副或滚动副

按照上述思路，由滚滑副变异成转动副或移动副的反变换，也是可行的。

运动副变异也可以实现机构的变异,如运动副的合成,运动副的分解。几个简单运动副元素组成一个有复杂功能的运动副或一个运动副只取一段而重复设置以达到接力传递或时分时合传递运动的运动副群称为运动副的合成;而相反,一个运动副分为几个简单运动副的过程称为运动副的分解。

图 11-7(a) 所示为典型的一种凸轮机构,它的从动件根据凸轮廓线可作任意规律的往复运动,凸轮廓线可认为是有几种或无数种不同曲率的运动副元素连接起来形成的合成运动副元素。当要求主动构件作顺时针方向连续转动,与主动构件组成滚滑副的从动构件作逆时针方向的连续转动(整圈转动)时,图 11-7(a) 所示仅有一对廓线组成的凸轮机构是实现不了上述运动要求的。要实现上述要求,只能取多条相同的廓线段,按"接力"的条件等距安排才行。"接力"的条件即是前一对廓线将要脱离前,后一对廓线已经开始接触的条件。

图 11-7(b) 所示机构即是满足上述要求的齿轮机构,其轮齿的廓线是由正向齿廓、圆弧顶线和反向齿廓组合而成,反向齿廓是与正向齿廓相同但作对称于径向线安排。两齿轮的圆弧顶线是不参加工作的,正向转动时,一对正向齿廓接触组成滚滑副传递运动;转动方向相反时,一对反向齿廓接触组成滚滑副,传递运动。

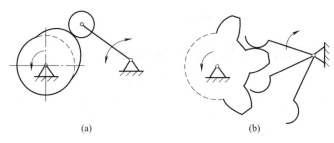

(a)   (b)

图 11-7　凸轮及其变异机构

当要求主动件只能自由地向某一方向转动而不能向其相反方向转动时,实现这一运动要求的机构是不少的,这里还是顺着上边思路,如果将图 11-7(b) 所示齿轮机构的从动轮只保留一个齿,而将主动轮轮齿的反向齿廓像图 11-8所示机构轮 3 的方式安排,其反向齿廓的齿形及安置的方位只要在轮 3 作顺时针方向转动时推动从动件 2 的齿廓(滚子)向轮 3 的齿槽中楔紧,这时的轮 3 就称为棘轮。图 11-8所示棘轮机构能实现的上述运动要求又称为"反向止动"。

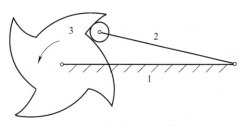

图 11-8　齿轮变异成棘轮
1—机架;2—从动件;3—棘轮

齿轮还可变异其形状,即成为非圆齿轮,如椭圆齿轮等。圆齿轮作为实现定传动比的传动副对于有些机构,特别是一些有自动化要求的机构,难以满足变传动比传动。而非圆齿轮,可以看作是一种带有轮齿的凸轮机构,综合了圆形齿轮和凸轮机构的优点,可以传动两轴间的非匀速运动,能准确地以变传动比传递较大的动力。非圆齿轮是圆齿轮的一种变形,其滚动节圆已变为非圆形,称之为节曲线,非圆齿轮的节曲线通常是按照要求的传动比函数关系精确设计的,如图 11-9 所示。

非圆齿轮技术的设想最初是在 20 世纪 30 年代由德国一位机械专家提出,但由于制造条件限制,半个世纪以来未能得到广泛应用。随着计算机技术、数控技术的发展,使非圆齿轮的设计、制造水平有了很大发展,非圆齿轮开始在各种轻、重机械中得到应用。

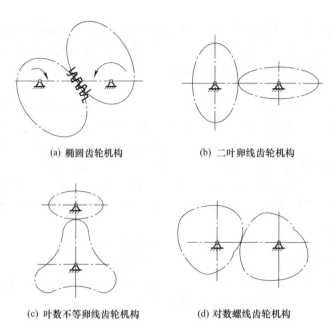

(a) 椭圆齿轮机构   (b) 二叶卵线齿轮机构

(c) 叶数不等卵线齿轮机构   (d) 对数螺线齿轮机构

图 11-9　非圆齿轮

11.2.2　调速器非圆齿轮机构图例与说明

　　纯机械的调速器，一类是直接调节原动机来实现调速的目的，还有另一类机械式调速器，是通过调节执行机构的运动输入来设计速度输出的。如图 11-10 所示的马达非圆齿轮驱动系统，马达 1 与马达轴 3 相连，输出动力，在马达轴 3 上装有椭圆齿轮 2，为主动轮，从动轮 5 也是椭圆齿轮，装在凸轮轴 4 上，椭圆齿轮 2 和 5 啮合，调节输出速度。

　　如果没有加设一对非圆齿轮，马达提供给凸轮轴的是一个理论上恒定的速度，加了非圆齿轮后，通过非圆齿轮节线的设计，为凸轮轴传递一个可变的速度输入函数，从而产生所要求的速度输出函数。

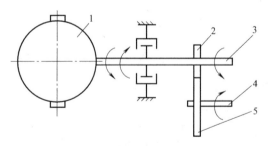

图 11-10　马达和椭圆齿轮驱动系统示意图
1—马达；2,5—椭圆齿轮；3—马达轴；4—凸轮轴

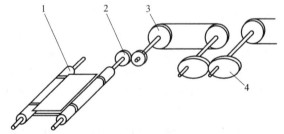

图 11-11　印刷机输纸机构示意图
1—输纸滚筒；2—齿轮副；3—带传动机构；4—椭圆齿轮副

11.2.3　印刷机输纸机构图例与说明

　　图 11-11 所示为在滚筒式平板印刷机的自动输纸机构中采用的非圆齿轮机构。椭圆齿轮副 4 将动力传递给带传动机构 3，再通过齿轮副 2 传递给输纸滚筒 1。

　　该输纸机构用椭圆齿轮进行调节纸张送入速度，可使纸张送到印筒的前面时，送进速度最小，以便对纸张的位置进行校准、对位和避免将纸张压皱。而当纸张送进滚筒后，纸张的送进速度则近似等于印刷滚筒的圆周速度。

11.2.4 机床转位机构图例与说明

如图 11-12 所示为自动机床上的转位机构。椭圆齿轮副由齿轮 1 和齿轮 2 组成，利用椭圆齿轮机构的从动轮 2 带动转位槽轮机构，使槽轮 4 在拨杆 3 速度较高的时候运动，以缩短运动时间，增加停歇时间。亦即缩短机床加工的辅助时间，而增加机床的工作时间。

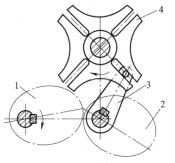

图 11-12　机床转位机构
1,2—齿轮；3—拨杆；4—槽轮

11.2.5 包装盒自动封盖机构图例与说明

如图 11-13 所示的包装盒，1、2 是固定模板，3、4、5 是包装盒翻盖，6 是滚轮。如果包装盒不动，要设计一台能将盒端翻盖 3、4、5 翻向盒体，并自动将盒封好的机构不是一件容易的事。但如果让包装盒运动起来，则只需将封装机构设计成如图 11-13 所示的两对固定在机器上的靠模板就行了。当包装盒运动时，第一对模板将纸盒上翻盖 3 折向盒体，第二对模板依次将纸盒上翻盖 4、5 折向盒体。在翻盖 5 经过滚轮 6 时为其涂上胶水，则整个纸盒就包装好了。

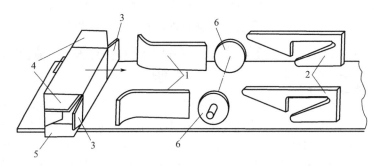

图 11-13　包装盒自动封盖机构
1,2—固定模板；3~5—包装盒翻盖；6—滚轮

11.2.6 自动包装机图例与说明

让工件相对于机架运动，通过对机架形状的巧妙设计来实现一些复杂的工艺动作，这在自动流水生产线上广泛地被采用。如图 11-14 所示的自动包装机，1 是薄膜卷，2 是漏斗状靠模，3 是热压辊，4 是间歇运动封底热压辊，5 是剪切机构。当机器工作时，包装薄膜从卷筒 1 上被连续拉出，薄膜在移动过程中，固定的漏斗形靠模板将平整的薄膜挤压对折成筒状，在通过热压辊 3 后，对折的两薄膜边被压合形成薄膜筒。薄膜筒继续向下运动，间歇运动的热压辊 4 定时对薄膜筒横压一次形成包装袋底，与此同时，一定量的被包装物经漏斗 2 被送入包装袋中。装有物料的薄膜筒继续下移，热压辊 4 在压制另一个包装袋底的同时，将装有包装物的袋口封好，包装完成的产品在后续运动中由剪切机构 5 将其剪下，从而完成了从制袋、填料到封口的自动化生产流程。

11.2.7 增程凸轮机构图例与说明

如图 11-15(a) 所示空间圆柱凸轮机构一改从动杆规律由凸轮一条廓线确定的常规，在圆柱凸轮两端制出两个轮廓曲面，圆柱凸轮用圆柱副与机架相连，圆柱凸轮的下端面的轮廓曲面与固定在机架上的滚子接触，上端面的轮廓曲面推动滚子从动杆。这样，在凸轮转动的

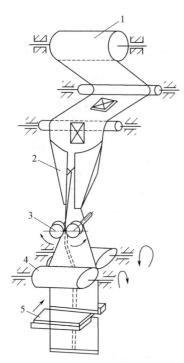

图 11-14 自动包装机
1—薄膜卷；2—漏斗状靠模；3—热
压辊；4—间歇运动封底热
压辊；5—剪切机构

同时，凸轮将按下端面的曲面廓线作上、下往复运动，于是从动杆的移动量将是凸轮上端曲面引起的移动量与凸轮移动量的和。图 11-15（b）是另一种增程凸轮机构。盘形凸轮上有两条廓线，滚子 2 沿 2′廓线运动，滚子 3 沿 3′廓线运动，滚子 3 固定在机架上。凸轮转动时，从动杆 1 的位移量将是 2′廓线引起的位移与 3′廓线引起的凸轮位移之和。这种创意设计可以在不增大凸轮机构压力角和体积的前提下，增大从动杆的行程。

11.2.8　浮动盘式等速输出机构图例与说明

如图 11-16 所示浮动盘式等速输出机构可以看成是将十字滑块联轴器 1 中的带转动副的移动副用销槽副替代而得到的。销子可以在槽中既滑动又转动，但单销却不能像滑块那样传递运动和转矩。因此，设计者在行星轮上安装了 4 只销子来驱动十字槽浮动盘转动并输出转矩。十字槽浮动盘联轴器是十字滑块联轴器的同性异形机构，是一种适用于低速的新颖的等速输出机构。

11.2.9　钢球直槽式等速输出机构图例与说明

按照相同的构思，将图 11-16 所示销槽式等速输出机构中的销-槽高副用球-圆柱曲面高副替代就得到了图 11-17所示钢球直槽式等速输出机构。图中，1 是行星轮盘，2 是中间圆盘，3 是输出圆盘。在行星轮盘的右端面与输出圆盘的左端面上，分别对应地加工四条平行的安置钢球的直凹槽，其中一个端面上的槽全部水平，另一个端面上的槽全部竖直。此外，再制作一个中间圆盘，该圆盘的两面各有四条直凹槽与两端面的直凹槽对应，将三圆盘叠合，并在对应的凹槽中分别置入 8 个钢球，就构成了钢球直槽等速输出机构。该机构的工作原理与十字滑块联轴器的工作原理完全一样，只是这里用滚动副代替了原来的移动副，因此，机构运动副的摩擦小，传动效率较高。由于中间圆盘是浮动的，减少了机构中的多余约束，机构的自适应能力增强，传动更加平稳。由于机构中各运动副元素的间隙可以轴向调节，因此，机构运动回差小，传动精度高。

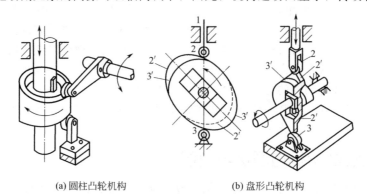

(a) 圆柱凸轮机构　　　　　　(b) 盘形凸轮机构

图 11-15　增程凸轮机构
1—从动杆；2,3—滚子；2′,3′—廓线

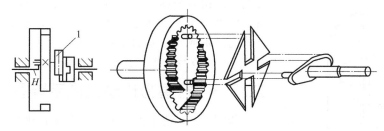

图 11-16　浮动盘式等速输出机构

1—十字滑块联轴器

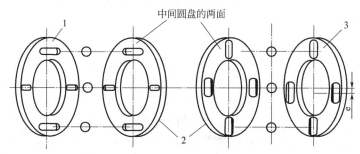

图 11-17　钢球直槽式等速输出机构

1—行星轮盘；2—中间圆盘；3—输出圆盘

11.3　机构的移植创新

11.3.1　运动分析

移植创新也是机构创新中常用到的方法，通过将已知的方法、结构、原理、材料应用到新的领域。随着地球资源的消耗，人们对环保要求的提高，机构设计也要考虑到环保特性，产品中常见到以纸代木，以塑代钢的例子，还有很多仿生学的例子，突出体现了移植创新法的优越性。

11.3.2　带锯机图例与说明

带锯机在木材工业中应用广泛，机型繁多。按工艺用途可分为大带锯、再剖带锯机和细木工带锯机；按锯轮安置方位分为立式的、卧式的和倾斜式的，立式的又分为右式的和左式的；按带锯机安装方式分为固定式的和移动式的；按组合台数分为普通带锯机和多联带锯机等。

如图 11-18 所示为立式带锯机原理图。带锯机移植了带传动原理，可以实现锯条的连续运动。带锯机以环状无端的带锯条为锯具，绕在两个锯轮上作单向连续的直线运动来锯切木材。带锯机主要由锯轮 1 和锯轮 6，带锯条张紧装置 3，上锯轮升降和仰俯装置 4，锯条导向装置 7，工作台 8 和床身 9 等组成。

锯轮分为辐条式的上锯轮和幅板式的下锯轮；下锯轮为主动轮，上锯轮为从动轮，上锯轮的重量应比下锯轻 2.5～5 倍。带锯条的切削速度通常为 30～60m/s。上锯轮升降装置用于装卸和调整带锯条的松紧；上锯轮仰俯装置用于防止带锯条在锯切时从锯轮上脱落。带锯条张紧装置则能赋予上锯轮以弹性，保证带锯条在运行中张紧度的稳定；旧式的采用弹簧或杠杆重锤机构，新式的则采用气压、液压张紧装置。导向装置 7 俗称锯卡，用以防止锯切时

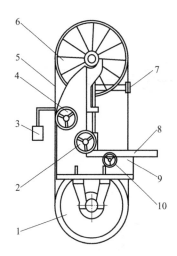

图 11-18　立式带锯机工作原理图

1,6—锯轮；2—纵向调节装置；3—带
锯条张紧装置；4—上锯轮升降和
仰俯装置；5—锯条；7—锯条导
向装置；8—工作台；9—床
身；10—横向调节装置

带锯条的扭曲或摆动；下锯卡固定在床身下端，上锯卡则可沿垂直滑轨上下调节；锯卡结构有滚轮式和滑块式，滑块式用硬木或耐磨塑料制成。工作台可以在纵向调节装置 2 和横向调节装置 10 的调节下移动。

11.3.3　行星带传动机械手臂图例与说明

如图 11-19 所示为行星带传动旋转机械手传动原理图，由圆锥齿轮机构、两套行星齿形带传动机构（Ⅰ、Ⅱ）和凸轮机构串联组合而成。平动是由行星齿形带传动机构来实现的，而提升平台 16 在水平面内的摆动，则是由凸轮机构来实现的。

以右半部分行星机构为例说明，右半部分是由行星机构Ⅰ和行星机构Ⅱ（如图中虚线所示）串联组合而成的。在行星机构Ⅰ中，齿形带轮 5 是中心轮，齿形带轮 6 是行星轮，转臂 4 是系杆。在行星机构Ⅱ中，由于齿形带轮 7 与圆盘 14 是固定连接，故齿形带轮 7 相对圆盘 14 不能转动，齿形带轮 8 是行星轮，转臂 11 是系杆。

这表明在整个系统回转过程中，同步带轮 8 相对本系统而言的合成转速为 0，这就满足了提升平台 16 的平动工作要求。

由于该旋转二爪机械手工作时，要求两个提升平台在铅垂面内作平动，以防圆盘倾倒，所以支撑两个提升平台的轴相对于本系统不能转动。将旋转二爪机械手水平放置，以回转中心为原点 O，建立图示直角坐标系，得到行星带轮 8 的椭圆曲线轨迹方程，如图 11-20所示。

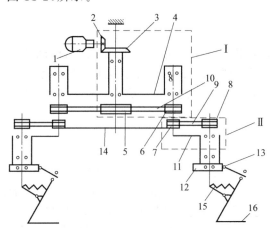

图 11-19　行星带传动旋转机械手传动原理图

1—电动机；2,3—锥齿轮；4,11—转臂；
5～8—同步带轮；9,10—带；12—齿轮；
13—辊子；14—圆盘；15—拉伸弹簧；16—提升平台

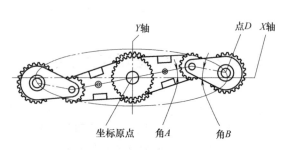

图 11-20　行星带轮 8 轨迹图

将图 11-19 所示的行星齿形带传动机构Ⅰ和Ⅱ（如图 11-19 中虚线所示）由串联组合改为并联组合，也就是将图 11-19 所示的同步带轮 8 的中心与同步带轮 5 的中心同轴线，同步带轮 8 的轴线位置原地不动，但与圆盘 14 的固定连接改为可动连接，从而衍生出一种新的结构上仍然左右对称的行星传动机构。

如图 11-21 所示为衍生的并联行星传动机构的传动原理图。

如果将此传动装置设计成其他种类的行星带传动或链传动，选定合适的带轮尺寸或链轮齿数，从理论上也可实现工作要求，从而为该机构的维修或改造找到一条新的思路。

11.3.4　气动管道爬行器图例与说明

如图 11-22 所示是仿效爬行动物运动而设计的管道爬行器。爬行器由三段柔性微致动体组成，1 是腿，2 是连杆，3 是铝片，4 是铰链。每段柔性微致动体的结构如图 11-22(a) 所示。柔性微致动体两端是两个圆形薄铝片，中间用橡胶管连接成为一个气囊。两铝片外缘用四个四连杆机构连接，每个四连杆机构的连杆中部有一只径向外伸的支撑腿。将爬行器植入管道中，如图 11-22(b) 所示，这时将第一、三节气囊充气，第二节气囊排气，这样一、三节的八条腿就支撑在管道中。然后将第二节气囊充气的同时，对第一节气囊排气，于是爬行器头部开始向前移。此后将第一节气囊充气，让第三节气囊排气，爬行器尾部开始向前移。随着三节气囊交替地充、排气，使爬行器身体的三部分交替地伸缩和交替地更换支撑腿，爬行器就像小虫一样地在管道中爬行。实验中，一个长 85mm、直径为 25mm 的这种爬行器，爬行速度可达 2.2mm/s。

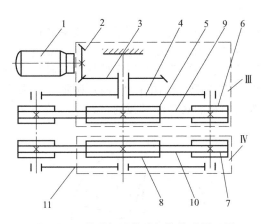

图 11-21　并联行星传动机构传动原理图

1—电动机；2,3—锥齿轮；4,11—转
臂；5～8—同步带轮；9,10—带

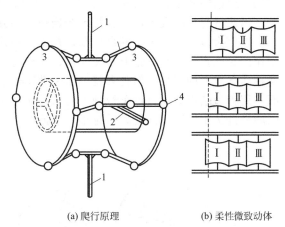

(a) 爬行原理　　(b) 柔性微致动体

图 11-22　气动管道爬行器

1—腿；2—连杆；3—铝片；4—铰链

11.4　机构的还原创新

11.4.1　运动分析

一切机械产品的基本功能都是通过机械的运动来实现的，这是机械产品与其他类型产品最显著的区别。在机械设计中，设计者必须根据设计任务要求拟定出相应的机械运动方案，综合各方面的因素选择动力、机构和控制方式，使之构成一个机械传动系统，最终通过动力使机械系统运动来实现产品的功能。机械传动系统设计中，机构设计是一项极富创造性的工作。因为机构种类繁多，性能相同的机构数量也不少，能够实现相同运动的机构并不是唯一的。这就为设计者提出了一个问题：当机构所要求的运动及功能确定了以后，怎样去寻找和创造能实现这些运动和功能尽可能多的同性异形机构，为提高机构的性能创造条件，为创造

新机构提供可能。

还原创造原理认为：产品创造的原点是实现产品的功能，在保证实现功能的前提下，可以采用各种原理、方法和结构。既然机构最基本的功能是实现机械运动，设计者在针对某一设计目标创造机构时，应当努力排开已有机械的工作原理和结构形式对设计思维的束缚，突破传统，开阔思路，围绕既定的设计目标，综合运用机、光、电、磁、热、生、化等各种物理效应，搜寻实现机械运动的各种可能的工作原理。设计者在构思运动方案时，应当追根溯源，从运动产生的最基本原理入手去探索标新立异的新机构和新结构。

还原创新将机构的创造起点作为创新原点，很多机构都可以实现同一结果的运动。随着光电技术的发展，声、光、热、电、磁也成为还原创新中很好的素材。如洗衣机的发明，是模仿人手搓衣服的动作，虽然机械不能实现同样的动作，但是可以利用洗涤剂和搅拌功能实现同样效果，还可以利用电磁振动、超声波等技术创造出性能更优的洗衣机。自行车的发展历程也印证了还原创新法的作用。

11.4.2　自行车图例与说明

第8章链传动部分已经对自行车传动部分做了介绍，本实例主要以自行车的发展过程学习创新理论的应用。自行车主要工作部分是前后车轮，两轮的转动带动车架及车上的人前进，因此自行车的发展过程也是围绕这一功用开始的。

能称为自行车的第一辆自行车，是由曲柄连杆机构驱动后轮，是苏格兰的麦克米伦发明制作的。该自行车在后轮上安装曲柄，曲柄与脚踏板之间用两根连杆连接，只要反复蹬踏安装在前支架上的踏板，驾驶者就可以驱动车子前进了，这一发明使自行车使用者双脚离开地面，用脚蹬踏板驱动自行车行驶，是自行车发展的一次飞跃，如图11-23(a)所示。后来法国的米肖父子发明了前轮大后轮小，在前轮上装有曲柄和能转动的踏板的自行车，后来又经

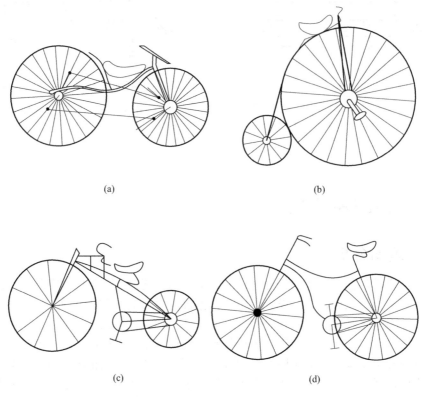

(a)　　　　　　　　　　　　　(b)

(c)　　　　　　　　　　　　　(d)

图11-23　自行车的发展过程

历了材料的改进，这样提高了车速并减小自行车重量，但是这种自行车车轮较大，驾驶高度不方便，也不安全，如图 11-23(b) 所示。1874 年，英国的劳森开始在自行车上采用链传动机构，并将驱动方式改为后轮驱动，从而使自行车车轮小，重量轻，速度快，骑车者也可以在合适的高度驾驶，称为安全型自行车，如图 11-23(c) 所示。自行车又向前迈进了一大步，但是，此时的自行车还是前轮大后轮小。1886 年，英国的斯塔利在自行车上装上车闸，并使用滚动轴承，提高传动效率，同时又将前轮缩小，并将钢管组成菱形车架，提高自行车强度，同时进一步减小自行车的重量，这样今天的自行车雏形就形成了，如图 11-23(d) 所示。两年后，英国的邓洛普将充气轮胎应用在自行车上，显著提高了自行车的骑行性能和舒适性，成为了真正的自行车。

在自行车的传动系统上，人们一直努力改进，使自行车样式更加丰富。如图 11-24 所示为双人自行车示意图，由两人驱动，分别设有单向离合器，两副链传动，使驱动力可以同时驱动车轮互相不干涉。图中 1 为座椅，2 为车把，3 为车轮，4 为脚蹬，5 为链传动，一个人操作时，其基本原理同单车一样，双人骑乘时，有所不同的是，后面座椅上的人可以通过脚蹬，带动后轮转动，给前面的骑车人以辅助力。

另外还有齿轮传动自行车，如图 11-25 所示。该车在结构上将链传动改为齿轮传动，将链条开式传动改为全封闭式传动，不仅润滑条件有所改善，而且使传动部件受到保护。将棘爪飞轮改为超越式飞轮，保证齿轮高精度的传动。齿轮传动自行车采用两对锥齿轮实现脚蹬对车轮驱动力的传递，如图 11-25 所示 1、2 为两对锥齿轮，封闭在传动箱内（未画出），脚蹬 3 与锥齿轮 2 固连，作为动力输入端，4 为自行车车架及车轮。

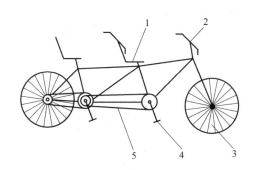

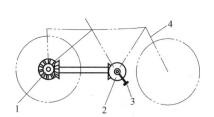

图 11-24 双人自行车
1—座椅；2—车把；3—车轮；
4—脚蹬；5—链传动

图 11-25 齿轮传动自行车
1,2—锥齿轮；3—脚蹬；
4—自行车车架及车轮

以上都是人们对自行车的大胆创新，随着汽车对环境污染的日益加重，人们对环境的保护意识不断增强，因此自行车作为一种低能耗、低污染的交通工具越来越受人们青睐。同时，为了提高自行车的使用性能，人们一直在研究，从动力、材料、功能上进行改进，如电动自行车，非金属材料车架自行车等。

11. 4. 3　送纸包装联动光电控制自动停车装置图例与说明

如图 11-26 所示为送纸包装联动光电控制自动停车机构，由螺旋机构、曲柄滑块机构、齿轮齿条机构及双摇杆机构组合而成，其工作原理如下：12 为水银开关，6 为光电开关，8 为光源，构件 2 上有线圈，当线圈中通电时，构件 2 和衔铁 3 吸合，组成不变长度的连杆；断电时，构件 2、3 可相对伸缩，可调长度的曲柄 1 虽继续转动，但连接包装系统的齿条 4 和齿轮 5 仍保持不动。如果包装纸 7 或被包装物 10 中有一个没有被送到包装位置，则水银

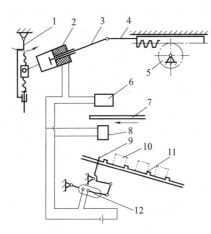

图 11-26　送纸包装联动光
控制自动停车装置

1—曲柄；2—构件；3—衔铁；4—齿条；5—齿
轮；6—光电开关；7—包装纸；8—光源；
9—摇杆；10—被包装物；11—输送
杆；12—水银开关

开关 12 或光电开关 6 中就有一个没有闭合，线圈中则无电，包装系统停止工作。

11.4.4　重力分流、分选机构图例与说明

如图 11-27 所示为利用重力设计的自动分流机构。图 11-27（a）可对流体或微粒物粒进行定量分流；图 11-27（b）则对固态工件进行分流；图 11-27（c）可根据工件的重力进行分流；图 11-27（d）则可根据钢球的直径自动进行分选。在图 11-27（d）所示的分选机构中，钢球是机构的运动构件，又是机构的工作对象，重力是机构的原动力，这些机构结构简单，分选效率高，分选精度好，是具有极高创造性的机构设计例子。

11.4.5　整列机构图例与说明

自动流水生产线中批量生产的小零件广泛地采用整列机构来对零件进行整列。如图 11-28（a）所示为螺栓整列机构，1 是固定嵌入槽，2 是上下运动槽，3 是滑块，4 是待整列物。该机构利用螺栓的重心和外形特点，设计了一个作上下往复运动、带槽的斜滑块，让滑块穿过盛放螺栓的料盘不断地运动，使螺栓有机会嵌入槽中，并在自重和惯性力的作用下向下滑移排列整齐，最后

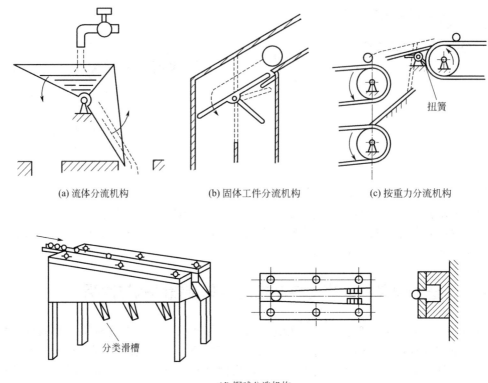

(a) 流体分流机构　　　　　(b) 固体工件分流机构　　　　　(c) 按重力分流机构

(d) 钢球分选机构

图 11-27　重力分流、分选机构

滑入固定嵌槽中以备进一步加工。图 11-28（b）为弹头形圆柱零件的整列机构。因为该零件的重心在圆柱体部分，因此，不论待整列零件是弹头朝上或是朝下，从上送料槽落下时，零件均能在被推入下送料槽的过程中，利用零件重心位置变化自行整列，使零件全部呈弹头向上地被推入下送料槽中。上述整列动作的实现并未用复杂的机构，仅仅利用了被整列物体的外形和重心特点，是一个很巧妙的构思。

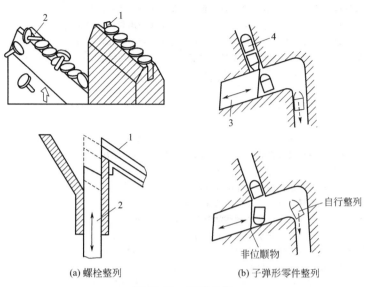

(a) 螺栓整列　　　　　　　(b) 子弹形零件整列

图 11-28　整列机构

1—固定嵌入槽；2—上下运动槽；3—滑块；4—待整列物

参 考 文 献

[1]　国家质量监督检验检疫总局发布．国家标准《机械制图》．北京：中国标准出版社，2004.

[2]　国家质量技术监督局发布．国家标准《技术制图》．北京：中国标准出版社，1998.

[3]　国家质量技术监督局发布．国家标准《技术制图与机械制图》．北京：中国标准出版社，1989.

[4]　黄平主编．常用机械零件及机构图册．北京：化学工业出版社，1999.

[5]　成大先主编．机械设计手册：第1卷．第4版．北京：化学工业出版社，2004.

[6]　成大先主编．机械设计手册：第2卷．第4版．北京：化学工业出版社，2004.

[7]　成大先主编．机械设计手册：第3卷．第4版．北京：化学工业出版社，2004.

[8]　机械设计手册编委会．机械设计手册：第1卷．北京：机械工业出版社，2007.

[9]　机械设计手册编委会．机械设计手册：第2卷．北京：机械工业出版社，2007.

[10]　机械设计手册编委会．机械设计手册：第3卷．北京：机械工业出版社，2007.

[11]　吴宗泽主编．机械设计实用手册．北京：化学工业出版社，2003.

[12]　龚桂义主编．机械设计课程设计图册．北京：高等教育出版社，2003.

[13]　陈铁鸣主编．新编机械设计课程设计图册．北京：化学工业出版社，1999.

[14]　吴宗泽，罗圣国主编．机械设计课程设计手册．北京：高等教育出版社，2003.

[15]　王大康，卢颂峰主编．机械设计课程设计．北京：北京工业大学出版社，1999.

[16]　邱宣怀主编．机械设计．北京：高等教育出版社，1997.

[17]　吴宗泽主编．机械设计禁忌500例．北京：机械工业出版社，2000.

[18]　陈继平，李元科主编．现代设计方法．武汉：华中科技大学出版社，1997.

[19]　陈健元主编．机械可靠性设计．北京：机械工业出版社，1992.

[20]　陈屹，谢华主编．现代设计方法及其应用．北京：国防工业出版社，2004.

[21]　黄纯颖主编．设计方法学．北京：机械工业出版社，1992.

[22]　黄雨华，董遇泰主编．现代机械设计理论与方法．沈阳：东北大学出版社，2001.

[23]　华大年主编．连杆机构设计与应用创新．北京：机械工业出版社，2004.

[24]　符炜编著．机械创新设计构思方法．长沙：湖南科学技术出版社，2006.

[25]　华大年，唐之伟主编．机构分析与设计．北京：纺织工业出版社，1985.

[26]　华大年，华志宏，吕静平主编．连杆机构设计．上海：上海科学技术出版，1995.

[27]　洪允楣主编．机构设计的组合与变异方法．北京：机械工业出版社，1982.

[28]　史习敏主编．精密机械设计．上海：上海科学技术出版社，1987.

[29]　杨基厚．机构运动学与动力学　北京：机械工业出版社，1987.

[30]　许洪基，雷光主编．现代机械传动手册．北京：机械工业出版社，2002.

[31]　张春林主编．机械创新设计．北京：机械工业出版社，1999.

[32]　孟宪源，姜琪编著．机构构型与应用．北京：机械工业出版社，2004.

[33]　藤森洋三著［日］．机构设计实用构思图册．北京：机械工业出版社，1990.

[34]　天津大学主编．机械原理：上册．北京：人民教育出版社，1979.